普通高等教育"十三五"规划教材（计算机专业群）

数据库技术与应用实践教程
（SQL Server 2008）
（第二版）

主　编　严　晖　周肆清

副主编　李小兰　杨莉军　田　琪

主　审　施荣华

中国水利水电出版社
www.waterpub.com.cn

·北京·

内 容 提 要

本书是与《数据库技术与应用（SQL Server 2008）》（第二版）配套的教学参考书，以 SQL Server 2008 数据库管理系统为实验平台，介绍了 SQL Server 的主要功能和数据库的基本操作方法，其中 SQL 语法均用实例验证，大部分例题配有图片说明。系统开发平台使用 Windows 7 环境下的 Visual Basic.NET 2010，书中全部例题均在该系统环境中运行通过，图片为 SQL Server 2008 系统运行界面和 Visual Basic.NET 2010 运行界面的截图，直观、清晰，方便读者对照学习。

全书分为两篇：实验指导和课程设计案例。实验指导篇共安排 19 个实验，内容选择恰当，具有启发性和实用性，与教材内容紧密结合，强调对学生动手能力的培养，达到即学即用的目的；课程设计案例篇共安排 5 个案例，分别从文学、法学、医学和工学的角度考虑，并结合各个专业的特点开发了相关信息管理系统，对数据库管理系统的开发与应用能起到较好的启发和引导作用。

本书既可作为高等院校"数据库应用"课程的教材，又可作为计算机应用人员的阅读参考书。

本书配有案例源代码，读者可以从中国水利水电出版社网站以及万水书苑免费下载，网址为：http://www.waterpub.com.cn/softdown/和 http://www.wsbookshow.com。

图书在版编目（CIP）数据

数据库技术与应用实践教程 : SQL Server 2008 / 严晖, 周肆清主编. -- 2版. -- 北京 : 中国水利水电出版社, 2017.12（2021.12 重印）
普通高等教育"十三五"规划教材. 计算机专业群
ISBN 978-7-5170-6000-0

Ⅰ. ①数… Ⅱ. ①严… ②周… Ⅲ. ①关系数据库系统－高等学校－教材 Ⅳ. ①TP311.138

中国版本图书馆CIP数据核字(2017)第267654号

策划编辑：周益丹　责任编辑：封 裕　加工编辑：赵佳琦　封面设计：李 佳

书 名	普通高等教育"十三五"规划教材（计算机专业群） **数据库技术与应用实践教程（SQL Server 2008）（第二版）** SHUJUKU JISHU YU YINGYONG SHIJIAN JIAOCHENG（SQL Server 2008）
作 者	主 编 严 晖 周肆清 副主编 李小兰 杨莉军 田 琪 主 审 施荣华
出版发行	中国水利水电出版社 （北京市海淀区玉渊潭南路 1 号 D 座 100038） 网址：www.waterpub.com.cn E-mail：mchannel@263.net（万水） 　　　　sales@waterpub.com.cn 电话：（010）68367658（营销中心）、82562819（万水）
经 售	全国各地新华书店和相关出版物销售网点
排 版	北京万水电子信息有限公司
印 刷	三河市德贤弘印务有限公司
规 格	184mm×260mm　16 开本　15.75 印张　387 千字
版 次	2014 年 4 月第 1 版　2014 年 4 月第 1 次印刷 2017 年 12 月第 2 版　2021 年 12 月第 5 次印刷
印 数	9001—10000 册
定 价	32.00 元

前　言

　　本书是与《数据库技术与应用（SQL Server 2008）》（第二版）配套的教学参考书，以 SQL Server 2008 数据库管理系统为实验平台，介绍了 SQL Server 2008 的主要功能和数据库的基本操作方法，其中 SQL 语法均用实例验证，大部分例题配有图片说明。系统开发平台使用 Windows 7 环境下的 Visual Basic.NET 2010，书中全部例题均在该系统环境中运行通过，图片为 SQL Server 2008 系统运行界面和 Visual Basic.NET 2010 运行界面截图，直观、清晰，方便读者对照学习。

　　本书分为两篇：实验指导和课程设计案例。通过实验和课程设计，学生可全面练习编写关系数据库 SQL 语句、练习使用 SQL Server 数据库、练习使用数据库的各种连接技术、用 Visual Basic.NET 2010 编程等。全书重点与实效并重，既有相对基本的编程内容，又有较为高级的应用实例。每个实验都与课程内容相配合，包括实验目的、实验准备、实验内容及步骤、实验思考。每个案例都包括系统需求分析、系统设计、系统实现等环节，适合不同层次的读者学习和使用。特别是课程设计案例篇的 5 个案例，分别从文学、法学、医学和工学的角度考虑，并结合各个专业的特点开发了相关信息管理系统，应用了多种数据库开发编程技术，这对数据库管理系统的开发与应用能起到较好的启发和引导作用。

　　为了便于读者在案例基础上进行进一步开发，本书提供全部案例的源代码。

　　本书由严晖、周肆清任主编，李小兰、杨莉军、田琪任副主编，施荣华任主审，另外参加本书部分编写工作的还有刘卫国、杨长兴、曹岳辉、奎晓燕、童键、邵自然、温国海、孙岱、刘泽星、王新英等。在本书的编写过程中，作者得到了所在学校和学院领导、教学管理人员、计算机教学实验中心全体教师的大力支持和指导，在此表示衷心感谢。

　　由于本书编写人员都是长期工作在课程教学一线的教师，教学、教改和科研任务繁重，书中不当或错误之处在所难免，恳请广大读者批评指正，读者可以通过邮箱 yanh1029@163.com 与作者联系。

编　者

2017 年 9 月

目　　录

第一篇　实验指导

实验 1　SQL Server 2008 的环境

一、实验目的

1. 熟悉 SQL Server 2008 的安装方法与步骤。
2. 熟悉 SQL Server 2008 的实例配置。
3. 熟悉 SQL Server 2008 的服务器配置。
4. 掌握 SQL Server 2008 安装中的数据库引擎配置方法。

二、实验准备

1. 了解 SQL Server 2008 常用的版本和适用的操作系统平台。
2. 了解 SQL Server 2008 安装的软、硬件要求。
3. 了解 SQL Server 2008 支持的身份验证模式。
4. 了解 SQL Server 2008 的安装规则。

三、实验内容及步骤

1. 安装 SQL Server 2008 的准备工作。

首先要了解安装 SQL Server 2008 所需的必备条件，然后检查计算机的软、硬件配置是否满足 SQL Server 2008 的安装要求。具体条件如表 1.1 所示。

表 1.1　安装 SQL Server 2008 所需的必备条件

软硬件	描述
软件	Microsoft Windows Installer 4.5 或更高版本以及 Microsoft 数据访问组件（MDAC）2.8 SP1 或更高版本；Microsoft Windows .NET Framework 3.5；Microsoft SQL Server Native Client
处理器	Intel Pentium III或更高性能的处理器 1.4GHz 处理器，建议使用 2.0GHz 或更高性能的处理器
内存（RAM）	Enterprise、Developer、Workgroup 及 Standard Editions：512 MB（1GB 或者更高） Express Edition：192MB（512MB 或者更高）
可用硬盘	至少 2GB 的可用磁盘空间，其中： 数据库组件：至少 280MB Analysis Services（分析服务）：至少 90MB Reporting Services（报表服务）：至少 120MB 客户端组件：850MB
CD-ROM 或 DVD-ROM 驱动器	从磁盘进行安装时需要相应的 CD 或 DVD 驱动器
显示器	SQL Server 2008 图形工具需要使用 VGA 分辨率至少为 1024 像素×768 像素

2．安装 SQL Server 2008 的操作。

在 Windows 7 下安装 SQL Server 2008（Enterprise Edition，企业版）的操作步骤如下：

（1）将 SQL Server 2008 安装盘放入光驱，在弹出的"SQL Server 安装中心"对话框左侧，单击"安装"选项，再单击"全新 SQL Server 2008 独立安装或向现有安装添加功能"选项，启动 SQL Server 2008 安装。

（2）打开"安装程序支持规则"对话框，系统进行安装程序支持规则检查，以确定在安装 SQL Server 2008 安装程序支持文件时可能发生的问题。必须更正所有的失败，单击"确定"按钮，安装程序才能继续运行。

（3）在打开的"产品密钥"对话框中输入产品密钥。

（4）单击"下一步"按钮，进入"许可条款"对话框，选中"我接受许可条款"单选按钮。

（5）单击"下一步"按钮，进入"安装程序支持文件"对话框，单击"安装"按钮，安装程序支持文件。

（6）安装完程序支持文件后，对话框上会出现"下一步"按钮，单击"下一步"按钮，进入"安装程序支持规则"对话框，在此对话框中，如果所有规则都通过，则"下一步"按钮可用。

（7）单击"下一步"按钮，进入"功能选择"对话框，这里可以选择要安装的功能，如果全部安装，则可以单击"全选"按钮进行安装。

（8）单击"下一步"按钮，进入"实例配置"对话框，在该对话框中选择实例的命名方式并命名实例，然后选择实例根目录。

（9）单击"下一步"按钮，进入"磁盘空间要求"对话框，对话框中显示安装 SQL Server 2008 所需的磁盘空间。

（10）单击"下一步"按钮，进入"服务器配置"对话框，在该对话框中，单击"对所有 SQL Server 服务使用相同的账户"按钮，以便为所有的 SQL Server 服务设置统一账户。

（11）单击"下一步"按钮，进入"数据库引擎配置"对话框，在该对话框中选择身份验证模式，并输入密码，然后单击"添加当前用户"按钮。

（12）单击"下一步"按钮，进入"Analysis Services 配置"对话框，在该对话框中单击"添加当前用户"按钮。

（13）单击"下一步"按钮，进入"Reporting Services 配置"对话框，在该对话框中选择"本机模式默认配置"单选按钮。

（14）单击"下一步"按钮，进入"错误和使用情况报告"对话框，在该对话框中设置是否将错误和使用报告发送到 Microsoft，通常选择默认设置。

（15）单击"下一步"按钮，进入"安装规则"对话框，在该对话框中如果所有规则都通过，则"下一步"按钮可用。

（16）单击"下一步"按钮，进入"准备安装"对话框。该对话框中显示准备安装的 SQL Server 2008 功能。

（17）单击"安装"按钮，进入"安装进度"对话框，在该对话框中显示 SQL Server 2008 的安装进度。

（18）单击"下一步"按钮，进入"完成"对话框，单击"关闭"按钮，即可完成 SQL Server 2008 的安装。

3．连接 SQL Server 2008 服务器。

提示： 参看教材的 1.5.3 节。

4．查看本机登录的身份验证模式。

提示： 在 SSMS 中选择登录的服务器并右击，在弹出的快捷菜单中选择"连接"命令，即可查看。

四、实验思考

1．在 Windows 7 操作系统上，可以安装 SQL Server 2008 的哪些版本？

2．安装 SQL Server 2008 进入"实例配置"对话框时，在该对话框中选择实例的命名方式并命名实例，然后选择实例根目录。请问什么是实例？在默认情况下，实例根目录路径是什么？

3．在 SQL Server 2008 中，身份验证的模式有几种？分别是什么？如何设置？

4．SQL Server 2008 的服务器配置是指什么？是否可以为所有的 SQL Server 服务分配相同的登录账户？

5．什么是数据库引擎？数据库引擎组件是指什么？数据库引擎组件的作用是什么？

实验 2   SQL Server 2008 管理工具的使用

一、实验目的

1. 熟悉 SQL Server Management Studio 主窗口的组成及基本操作。
2. 熟悉对象资源管理器窗口界面的组成。
3. 熟悉模板资源管理器的基本操作。
4. 熟悉查询设计器窗口的使用方法。
5. 掌握 SQL Server 配置管理器的基本操作。

二、实验准备

1. 了解 SQL Server 2008 的常用管理工具及其功能。

（1）已注册服务器：启动、停止、暂停 SQL Server 服务。在对 SQL Server 中的数据库和表进行任何操作之前需要先启动 SQL Server 服务。

（2）对象资源管理器：有助于用户对 SQL Server 数据库进行管理和操作。

（3）查询设计器：帮助用户调试 T-SQL 程序，测试、查询及管理数据库。

（4）联机丛书：是在使用 SQL Server 时可以随时参考的帮助说明。

2. 了解 SQL Server 配置管理器的基本功能及操作。

三、实验内容及步骤

1. 使用已注册的服务器。

（1）创建服务器组。通过使用 SSMS 中"已注册的服务器"页面创建服务器组，并将服务器放置在服务器组中来管理和组织服务器。可以随时在已注册的服务器中创建服务器组。

创建服务器组的操作步骤如下：

1）启动 SQL Server Management Studio，在菜单中选择"视图"→"已注册的服务器"命令，弹出"已注册的服务器"对话框，右击"数据库引擎"节点下的 Local Server Groups，在弹出的快捷菜单中选择"新建服务器组"命令，如图 2.1 所示。

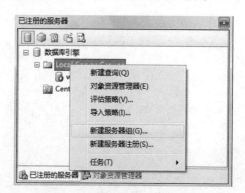

图 2.1   "新建服务器组"命令

2）在弹出的"新建服务器组属性"对话框中的"组名"文本框中输入要创建的服务器组名称（sql server groups），在"组说明"文本框中输入关于这个服务器组的简要说明（新建的一个服务器组），如图 2.2 所示。

图 2.2　"新建服务器组属性"对话框

3）信息输入完毕，单击"确定"按钮，即可完成服务器组的创建。

（2）注册新的服务器。用户管理服务器中的数据库，需要注册方可。服务器既可以是网络服务器也可以是本地服务器，若是本地服务器，则在安装完成后自动完成注册。

注册新的服务器的操作步骤如下：

1）参照创建服务器组的步骤 1），在图 2.1 的快捷菜单中选择"新建服务器注册"命令。

2）在弹出的"新建服务器注册"对话框中，单击"常规"选项卡。在"服务器名称"文本框中输入要注册的服务器名称，如图 2.3 所示。在"连接属性"选项卡中可以指定要连接到的数据库名称和使用的网络协议等其他信息。

图 2.3　"新建服务器注册"对话框

3）设置完成后单击"测试"按钮测试连接，若成功则单击"保存"按钮，完成新建服务器注册的设置。此时，在"已注册的服务器"对话框中就可以看到刚才所注册的服务器的图标。

2．使用对象资源管理器。

（1）了解系统数据库有几个，它们分别叫什么名字。

（2）认识数据库对象。选择系统数据库 master，观察 SQL Server 2008 对象资源管理器中数据库对象的组织方式，并在下列横线处填上适当的内容。

1）表、视图在_____文件夹下。

2）"可编程性"文件夹下有_____对象。

（3）体验不同数据库对象的操作方法。

1）展开系统数据库 master，展开"表"→"系统表"，右击表 dbo.spt_values，查看系统弹出的快捷菜单有哪些内容。

2）展开表 dbo.spt_values 下的"列"文件夹，查看此表有哪些列，即认识表的结构。

3．使用模板资源管理器。

操作步骤如下：

（1）在 SSMS 主窗口的菜单中选择"视图"→"模板资源管理器"命令，弹出"模板资源管理器"窗格。

（2）在"模板资源管理器"窗格中，按下 F1 键寻求帮助，学习和认识 SQL Server 2008 提供的模板。

（3）在"模板资源管理器"窗格中找到 Database，双击 Create Database，查看 CREATE DATABASE 语句的结构，如图 2.4 所示。

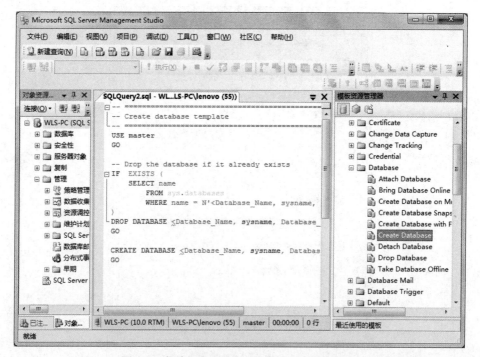

图 2.4　查看 CREATE DATABASE 语句的结构

4．使用查询设计器。

（1）在 SSMS 主窗口中单击"新建查询"按钮，观察主窗口有什么变化。

（2）在"查询设计器"的文本窗口中输入以下查询语句：

　　　SELECT * FROM dbo.spt_values

（3）选择"查询"→"执行"菜单命令或单击工具栏上的相应按钮执行查询语句，注意观察输出结果，然后关闭"SQL 查询设计器"窗口。

注意：执行查询语句之前，可以先执行"查询"→"分析"菜单命令，分析 SQL 代码的语句。

四、实验思考

1．什么是对象资源管理器？它的作用是什么？什么是查询设计器？它的作用是什么？

2．使用什么方法可以改变查询设计器中的当前数据库？

3．什么是 SQL Server 配置管理器？如何使用 SQL Server 配置管理器管理 SQL Server 2008 服务？

4．在 SQL Server 2008 中，如何将 Windows 身份验证改为混合模式身份验证？

5．SQL Server Profiler 的中文意思是什么？它的作用是什么？如何使用？

实验 3　数据库的创建、修改和删除

一、实验目的

1．了解 SQL Server 数据库的构成和数据库对象。
2．了解数据库的物理结构和逻辑结构。
3．掌握在对象资源管理器中创建、修改和删除数据库的操作方法。
4．学会使用 T-SQL 的 CREATE DATABASE、ALTER DATABASE 和 DROP DATABASE 命令创建、修改和删除数据库。

二、实验准备

1．了解和明确创建、修改和删除数据库的权限范围，能够创建数据库的用户必须是系统管理员。
2．确定要创建的数据库的名称、所有者、数据库容量和存放数据文件的位置。
3．了解要修改的数据库名称、所有者、存放数据文件的位置、数据库容量的基本要求和方法。
4．了解创建、修改和删除数据库的常用方法。

三、实验内容及步骤

1．在对象资源管理器中创建、修改和删除数据库。
（1）不指定文件创建数据库。要求是：创建的数据库名为 MYTEST。创建完成后，在对象资源管理器中右击 MYTEST 数据库并选择"属性"命令，查看 MYTEST 数据库的属性，并在下列横线上按要求填入 MYTEST 数据库的相关数据。

1）主数据文件的逻辑文件名：_____。
2）物理文件名：_____。
3）存放的位置：_____。
4）初始大小：_____。
5）最大文件大小：_____。
6）事务日志文件的逻辑文件名：_____。
7）物理文件名：_____。
8）存放的位置：_____。
9）文件增长情况：_____。

注意：由于不指定文件，所以创建的数据库 MYTEST 的主数据文件大小为系统数据库 MODEL 的主数据文件大小。事务日志文件的大小为 MODEL 数据库事务日志文件的大小。而文件的最大大小可以增长到填满所有可用的磁盘空间为止。

（2）创建指定数据文件和事务日志文件的数据库。要求是：创建学生信息 Student 数据库，主数据文件的物理文件名为 Student.mdf，存放的位置为 D:\Mydb，初始大小为 5MB，最大大小为 25MB，自动增长量为 5MB；事务日志文件的物理文件名为 Student_log.ldf，存放的位置为 D:\Mydb，初始大小为 5MB，最大大小为 20MB，自动增长量为 5MB。

注意：在创建 Student 数据库前必须先确定 D:盘上是否已建立 Mydb 文件夹，若没有则创建该文件夹。

（3）对（2）中创建好的 Student 数据库进行以下修改：修改主数据文件的最大大小为无限大，自动增长量为 10%；修改事务日志文件的最大大小为 30MB。

（4）删除数据库 MYTEST。

2．在查询设计器中创建、修改和删除数据库。

（1）使用 CREATE DATABASE 命令创建简单的数据库。要求先阅读下述语句，然后上机完成操作：

```
/*创建简单数据库的语句*/
CREATE DATABASE Products
ON
( NAME = prods_dat,
    FILENAME = 'D:\program files\microsoft SQL Server\mssql\data\prods.mdf',
    SIZE = 4,
    MAXSIZE = 10,
    FILEGROWTH = 1 )
```

完成上机操作后，在下列横线上填入相关数据。

1）创建的数据库名：_____。

2）主数据文件的逻辑名：_____。

3）主数据文件的最大大小：_____。

4）事务日志文件的逻辑名：_____。

注意：在执行创建 Products 数据库的命令前，必须先确定 D:盘上是否有路径:\program files\microsoft SQL Server\mssql\data，若没有则改变或建立该路径。

（2）使用 CREATE DATABASE 命令指定多个数据文件和事务日志文件创建数据库。要求先阅读下列语句，在"/* */"中的横线处填入相应的注释。

```
/*指定多个数据文件和事务日志文件创建数据库*/
CREATE DATABASE Archive
ON
/* 创建_____文件_____*/
PRIMARY
( NAME=Arch1,
    FILENAME= 'D:\Mydb\Archdat1.mdf',
    SIZE=5MB,
    MAXSIZE =30,
    FILEGROWTH =2),
/* 创建次数据文件 Arch2 */
( NAME=Arch2,
    FILENAME = 'D:\Mydb\Archdat2.ndf',
    SIZE=5MB,
```

```
        MAXSIZE=30,
        FILEGROWTH=2),
    /*创建次数据文件_____*/
    ( NAME=Arch3,
        FILENAME='D:\Mydb\Archdat3.ndf',
        SIZE=5MB,
        MAXSIZE=30,
        FILEGROWTH=2)
LOG ON
    /*_____*/
    ( NAME=Archlog1,
        FILENAME='D:\Mydb\Archlog1.ldf',
        SIZE=5MB,
        MAXSIZE=20,
        FILEGROWTH=2),
    /*_____*/
    ( NAME=Archlog2,
        FILENAME='D:\Mydb\Archlog2.ldf',
        SIZE=5MB,
        MAXSIZE=20,
        FILEGROWTH=2)
```

完成上机操作后，在下列横线上填入相关数据。

语句中使用了_____个_____MB 数据文件，使用了_____个_____MB 事务日志文件。

（3）使用 CREATE DATABASE 命令和文件组创建人事信息管理 Rsxxgl_db 数据库。要求阅读下列语句，并在 "/* */" 中的横线处填入相应的注释。

```
    /*使用文件组创建人事信息管理 Rsxxgl_db 数据库的语句*/
    CREATE DATABASE Rsxxgl_db
    ON
    /*_____*/
    PRIMARY
    ( NAME=Rsx1_dat,
        FILENAME='D:\Mydb\Rsx1dat.mdf',
        SIZE=3,
        MAXSIZE=20,
        FILEGROWTH=5% ),
    ( NAME=Rsx2_dat,
        FILENAME='D:\Mydb\Rsx2dat.ndf',
        SIZE=3,
        MAXSIZE=20,
        FILEGROWTH=5% ),
    /*_____*/
    FILEGROUP RsxxglGroup1
    ( NAME=RGrp1Fi1_dat,
        FILENAME='D:\Mydb\RG1Fi1dt.ndf',
```

```
    SIZE=3,
    MAXSIZE=20,
    FILEGROWTH=5),
( NAME=RGrp1Fi2_dat,
    FILENAME='D:\Mydb\RG1Fi2dt.ndf',
    SIZE=3,
    MAXSIZE=20,
    FILEGROWTH=5),
/* _____ */
FILEGROUP RsxxglGroup2
( NAME=RGrp2Fi1_dat,
    FILENAME='D:\Mydb\RG2Fi1dt.ndf',
    SIZE=3,
    MAXSIZE=20,
    FILEGROWTH=5),
( NAME=RGrp2Fi2_dat,
    FILENAME='D:\Mydb\RG2Fi2dt.ndf',
    SIZE=3,
    MAXSIZE=20,
    FILEGROWTH=5)
/* _____ */
LOG ON
( NAME='Rsxxgl_log',
    FILENAME='D:\Mydb\Rsxxgllog.ldf',
    SIZE=1MB,
    MAXSIZE=25MB,
    FILEGROWTH=3MB )
```

完成上机操作后，在下列横线上填入相关数据。

语句中包含_____个文件组，其中主文件组包含文件_____和_____。这些文件的 FILEGROWTH 增量为_____。

（4）使用 ALTER DATABASE 命令修改数据库 Archive。

1）下述语句的功能是将数据库 Archive 的主数据文件的逻辑文件名 Arch1 修改为 Arch1_main。要求在横线处填入正确的内容，完成操作。

```
ALTER DATABASE Archive
MODIFY FILE _____
```

注意：修改数据文件的逻辑文件名的语法格式为：

```
MODIFY FILE (NAME = logical_file_name, NEWNAME = new_logical_name)
```

2）下列语句的功能是将数据库 Archive 的主数据文件中的最大大小修改为 35，文件自动增长量修改为 5。要求在下列横线处填入正确的内容，完成操作。

```
ALTER DATABASE Archive
MODIFY FILE
( NAME= _____ ,
    MAXSIZE =35,
    _____ )
```

注意： 当修改数据库的容量时，容量的大小必须比文件当前容量的大小要大。若要修改数据库文件的属性，每次只能更改这些属性中的一个。

3）下列语句的功能是将数据库 Archive 中逻辑文件名为 Arch3 的文件删除。要求在横线处填入正确的内容，完成操作。

    ALTER DATABASE Archive

    _____

（5）使用 DROP DATABASE 命令一次删除 Archive 和 Rsxxgl_db 两个数据库。要求在横线处填入正确的语句。

    _____

注意： 删除数据库与删除数据库文件的区别。

（6）请在横线处填入合适的内容，使得下列语句可以将 Sales 数据库名改为 NewSales。

    ALTER _____ Sales _____ NAME=NewSales

提示： 重命名数据库的语法格式如下：

    ALTER DATABASE database MODIFY NAME = new_dbname

（7）请在横线处填入合适的内容，将数据库 Products 中的数据文件 Prods_dat 的文件大小增加到 10MB。

    ALTER DATABASE Products

    _____ FILE

    (NAME = Prods_dat,

    SIZE =10MB)

四、实验思考

1．在对象资源管理器中对数据库更名有什么要求？是否能对创建好的数据文件或事务日志文件更名？

2．在数据库 Products 已存在的情况下，使用 CREATE DATABASE 语句创建新数据库 Products，查看错误信息。

3．SQL Server 2008 服务器正在运行，当用户将已经创建好的数据库 Test1 在对象资源管理器中删除时，系统提示不能进行删除操作，这是什么原因？正确的操作是什么？

4．在实验内容及步骤 2（4）的 3）中，若数据库 Archive 的逻辑文件 Arch3 有信息，是否能删除？

5．分析在对象资源管理器和查询设计器中创建数据库有什么异同？

实验 4　数据库的分离、附加和收缩

一、实验目的

1．掌握数据库分离和附加的基本概念。
2．掌握数据库分离和附加的基本操作方法。
3．掌握设置 SQL Server 数据库收缩的操作方法。

二、实验准备

1．了解数据库分离和附加的基本概念，明确分离数据库的目的。
2．了解数据库附加的基本操作方法。
3．了解 SQL Server 数据库收缩。

三、实验内容及步骤

1．复制在实验 3 中创建的学生信息 Student 数据库文件。

提示：停止 SQL Server 服务器的运行，找到 Student 数据库存放的位置 D:\Mydb，并选定 Student.mdf 和 Student_log.ldf 两个文件进行复制，然后粘贴至目的位置。

2．将在实验 3 中创建的学生信息 Student 数据库移动至 E:\Mytest 下。

根据题意分析，可选择数据库分离和附加的方法实现。

提示：将 Student.mdf 和 Student_log.ldf 两个文件复制并粘贴至 E:\Mytest 下（参考实验内容及步骤 1 的操作提示），然后启动 SQL Server 服务器。右击"数据库"文件夹并在弹出的快捷菜单中选择"所有任务"→"附加数据库"命令，在弹出的"附加数据库"窗口中单击"添加"按钮，指定要附加数据库的 Student.mdf 文件，如图 4.1 所示。单击"确定"按钮执行附加操作。

3．删除实验 3 中创建的数据库 Rsxxgl_db，再检查与数据库相对应的操作系统文件是否还存在。

4．将 Student 数据库设置为自动收缩方式。

提示：为了观察数据库收缩前后的变化，收缩前打开数据库的属性，查看一下文件大小，收缩后再查看一下文件大小。

5．将 Student 数据库的日志文件 stu_info.ldf 设置为手动收缩。

四、实验思考

1．当用户对已经创建好的数据库进行分离后，会发现在"对象资源管理器"中该数据库的名称已经不存在了，此时是否可以认为该数据库不存在了呢？为什么？

2．当 SQL Server 服务器正在运行时，用户需要将自己创建好的数据库复制带走，应该如何操作？

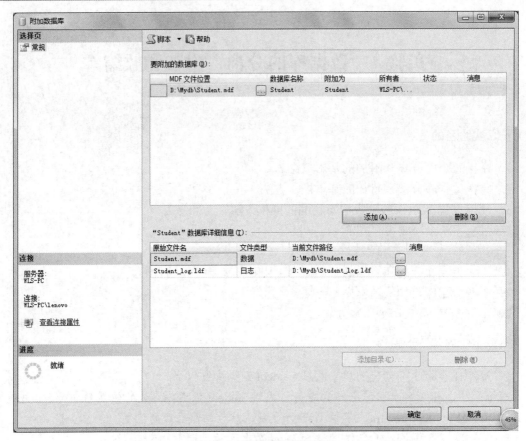

图 4.1 "附加数据库"窗口

3．在什么情况下要进行数据库分离？为什么？什么情况下要进行收缩数据库？其目的是什么？

实验 5　数据表的创建和管理

一、实验目的

1. 了解 SQL Server 数据表的构成和 SQL Server 的常用数据类型。
2. 掌握在对象资源管理器中创建、修改和删除数据表的操作方法。
3. 学会使用 T-SQL 创建、修改和删除数据表。
4. 掌握在对象资源管理器中创建、修改和删除记录的操作方法。
5. 学会使用 T-SQL 添加、修改和删除记录。

二、实验准备

1. 了解创建、修改和删除数据表的常用方法。
2. 根据实际需要定义好要创建的数据表中列的数据类型，了解哪些列允许空值，是否要使用以及何时使用约束。
3. 了解添加、修改和删除记录的常用方法。

三、实验内容及步骤

1. 在对象资源管理器中创建数据表。

（1）向学生数据库 Student 中添加学生信息 St_Info 表，表结构和表记录分别如图 5.1 和图 5.2 所示。

提示： 在数据表中输入数据时，应按行输入表记录。

（2）向学生数据库 Student 中添加课程信息 C_Info 表，表结构和表记录分别如图 5.3 和图 5.4 所示。

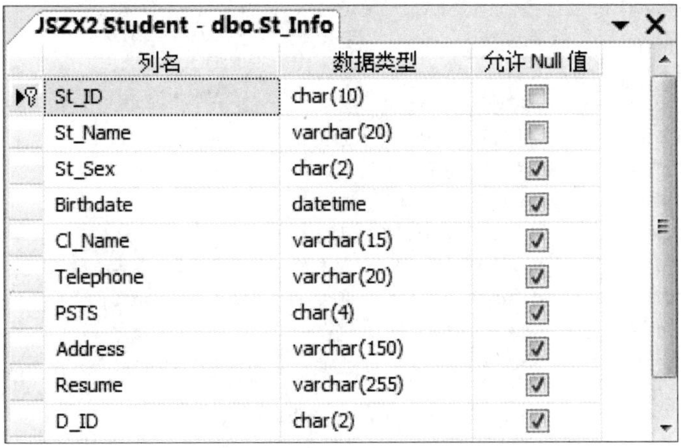

图 5.1　学生信息 St_Info 表的表结构

St_ID	St_Name	St_Sex	Birthdate	Cl_Name	Telephone	PSTS	Address	Resume	D_ID
0603170108	徐文文	男	1998-12-10 …	材料科学1701	0731_20223388	团员	湖南省长沙市…	NULL	06
0603170109	黄正刚	男	1999-12-26 …	材料科学1701	0851_86541235	党员	贵州省平坝县…	NULL	06
0603170110	张红飞	男	1999-03-29 …	材料科学1701	0370_74586321	团员	河南省焦作市…	NULL	06
0603170211	曾莉娟	女	1998-08-15 …	材料科学1702	0710_65234237	团员	湖北省天门市…	NULL	06
0603170212	张红飞	男	1988-03-29 …	材料科学1702	0370_54586336	团员	河南省焦作市…	NULL	06
2001160115	邓红艳	女	1997-07-03 …	法学1601	0770_35687957	无	广西桂林市兴…	NULL	20
2001160206	金萍	女	1996-11-06 …	法学1602	0770_55687958	团员	广西桂平市社…	NULL	20
2001160307	吴中华	男	1997-04-10 …	法学1603	0310_45687959	党员	河北省邯郸市…	NULL	20
2001160308	王铭	男	1998-09-09 …	法学1603	0371_64586366	团员	河南省上蔡县…	2003年获…	20
2001170103	郑远月	男	1997-06-18 …	法学1701	0731_88837342	团员	湖南省邵阳市…	2003年获…	20
2001170104	张力明	男	1998-08-21 …	法学1701	0550_88341023	团员	安徽省太湖县…	NULL	20
2001170205	张好然	女	1999-04-19 …	法学1702	010_86634234	团员	北京市西城区…	NULL	20
2001170206	李娜	女	1999-10-21 …	法学1702	13518473581	无	重庆市黔江中学…	NULL	20
2201150101	张炜	男	1996-05-05 …	临床（五年）1501	020_44614259	团员	广东省中山市…	NULL	22
2201150204	宋羽佳	女	1997-06-07 …	临床（五年）1502	0550_78341025	团员	安徽省黄山市…	NULL	22
2201150205	赵彦	男	1998-08-05 …	临床（五年）1502	NULL	团员	湖北省汉阳市…	NULL	22
2212150102	刘永州	男	1995-04-06 …	临床（五年）1501	0591_54514289	无	福州泉秀花园…	NULL	22
2602170105	杨平娟	女	1998-05-20 …	口腔（七）1701	010_11425867	团员	北京市西城区…	NULL	26
2602170106	王小维	男	1998-12-11 …	口腔（七）1701	0595_21425875	团员	泉州泉秀花园…	NULL	26
2602170107	刘小玲	女	1999-05-20 …	口腔（七）1701	0592_45142586	无	厦门市前埔二…	NULL	26
2602170108	何邵阳	男	1998-06-01 …	口腔（七）1701	020_34514258	团员	广东省韶关市…	NULL	26

图 5.2 学生信息 St_Info 表的表记录

WLS-PC.student_db - dbo.C_Info

列名	数据类型	允许 Null 值
C_No	char(10)	☐
C_Name	varchar(30)	☐
C_Type	char(4)	☑
C_Credit	smallint	☐
C_Des	varchar(255)	☑

图 5.3 课程信息 C_Info 表的表结构

C_No	C_Name	C_Type	C_Credit	C_Des
1805012	大学英语	必修	8	大学英语课程是…
19010122	艺术设计史	选修	4	NULL
20010051	民法学	必修	5	NULL
29000011	体育	必修	6	NULL
9710011	大学计算机基础	必修	2	NULL
9710021	VB程序设计基础	必修	4	NULL
9710031	数据库应用基础	必修	4	NULL
9710041	C++程序设计基础	必修	4	NULL
9720013	大学计算机基础实践	实践	2	NULL
9720033	数据库应用基础实践	实践	3	本实践是在学完…
9720043	C++程序课程设计	实践	4	NULL
9720044	网络技术与应用	选修	4	NULL
9720045	Web开发技术	选修	3	NULL

图 5.4 课程信息 C_Info 表的表记录

（3）向学生数据库 Student 中添加学院信息 D_Info 表，表结构和表记录分别如图 5.5 和图 5.6 所示。

JSZX2.Student - dbo.D_Info*

列名	数据类型	允许 Null 值
D_ID	char(2)	☐
D_Name	varchar(30)	☐

图 5.5　学院信息 D_Info 表的表结构

D_ID	D_Name	D_ID	D_Name
01	地学与环境工程学院	14	物理科学与技术学院
02	资源与安全工程学院	15	化学化工学院
03	资源加工与生物工程学院	16	商学院
04	信息物理工程学院	17	文学院
05	冶金科学与工程学院	18	外国语学院
06	材料科学与工程学院	19	艺术学院
07	粉末冶金研究院	20	法学院
08	机电工程学院	21	政治学与行政管理学院
09	信息科学与工程学院	22	湘雅医学院
10	能源科学与工程学院	23	药学院
11	交通运输工程学院	24	护理学院
12	土木建筑学院	25	公共卫生学院
13	数学科学与计算技术学院	26	口腔医学院

图 5.6　学院信息 D_Info 表的表记录

完成以上操作后，根据创建的数据表在下列横线处填入相关数据。

① 学生信息 St_Info 表的主键名是：____。

② 学生信息 St_Info 表中不允许为空的字段有：______________________________。

③ 学生信息 St_Info 表中的 Birthdate 字段是__________类型，其宽度由_____设定。

④ 课程信息 C_Info 表中的 C_Credit 字段是 smallint 类型，其宽度为______字节。

2．在查询设计器中使用 CREATE TABLE 命令创建数据表。

（1）阅读下列语句，语句中的 S_NO 表示学生学号，NAME 表示学生名称，AGE 表示学生年龄，然后在查询窗口中输入：

```
CREATE TABLE Std
( S_NO CHAR(7)   PRIMARY KEY(S_NO),
   NAME CHAR(10),
   AGE SMALLINT CHECK(AGE BETWEEN 15 AND 20))
```

执行上述语句后，在下列横线处填入相关数据。

① 创建的数据表的表名是：____________________________________。

② 数据表的主键名是：____。

③ AGE 列的数据类型是：______________________________________。

④ 语句 CHECK(AGE BETWEEN 15 AND 20)表示__________________。

（2）阅读下列语句，语句中的 St_ID 表示学生号，C_NO 表示课程号，Score 表示所修课程的成绩，然后在查询窗口中输入：

```
CREATE TABLE S_C_Info
( St_ID CHAR(10) NOT NULL,
  C_NO CHAR(10) NOT NULL,
```

```
                Score INT NULL,
                PRIMARY KEY(St_ID, C_NO),
                FOREIGN KEY(St_ID) REFERENCES St_Info(St_ID),
                FOREIGN KEY(C_NO) REFERENCES C_Info(C_NO) )
```

完成上机操作后，在下列横线处填入相关数据。

① 数据表 S_C_Info 的主键名是：＿＿＿＿＿＿＿＿＿＿＿＿＿＿＿＿＿＿＿＿。

② Score 列的数据类型是：＿＿＿＿＿＿＿＿＿＿＿＿＿＿＿＿＿＿＿＿＿＿＿。

③ 语句 FOREIGN KEY(St_ID) REFERENCES St_Info(St_ID)表示＿＿＿＿＿＿＿＿。

3．在对象资源管理器中将实验内容及步骤 2（2）中创建的 S_C_Info 数据表的记录输入，记录内容如图 5.7 所示。

St_ID	C_No	Score	St_ID	C_No	Score
0603170108	9710021	56	2001160308	9710011	66
0603170108	9710041	67	2001160308	9720013	88
0603170109	9710041	78	2602170105	29000011	77
0603170110	9710041	52	2602170106	29000011	97
0603170211	9710041	99	2602170107	29000011	92
0603170211	1805012	85	2602170108	29000011	83
2001160115	9710011	88	0603170212	1805012	92
2001160115	9720013	90	2201150101	9720045	75
2001160206	9710011	89	2201150101	1805012	86
2001160206	9720013	93	2201150101	29000011	90
2001160307	9710011	76	2201150204	9720044	90
2001160307	9720013	77			

图 5.7　选课信息 S_C_Info 表的表记录

4．在对象资源管理器中修改和删除记录。

（1）将学生信息 St_Info 表中学生号为 2001160308 的记录删除。

提示：由于建立了 St_Info 表和 S_C_Info 表的外键约束，故应先删除 S_C_Info 表中的 2001160308 学生的所有选课记录，再删除 St_Info 表中的该生记录。

（2）将课程信息 C_Info 表中"民法学"的学分修改为 6 学分。

5．将下列语句在查询设计器中完成上机操作后，在横线处填入相关数据。

（1）INSERT INTO St_Info
　　　　VALUES ('2001150109', '杨柳', '女', '1996-12-12', '法学 1501', NULL, NULL, NULL, NULL,NULL)

这个语句的功能是：＿＿＿＿＿＿＿＿＿＿＿＿＿＿＿＿＿＿＿＿＿＿。

（2）UPDATE St_Info
　　　　SET CL_Name='计算机科学 1601'
　　　　WHERE St_ID='0603170109'

这个语句的功能是：＿＿＿＿＿＿＿＿＿＿＿＿＿＿＿＿＿＿＿＿。

（3）在 S_C_Info 表中删除 9720013 课程的选课信息。
　　　DELETE FROM S_C_Info
　　　　WHERE C_No=' 9720013'

6．在对象资源管理器和查询设计器中分别实现以下操作：

（1）在 S_C_Info 表中添加一个新列：修课类别，列名为 xklb，类型为 char(4)。

（2）将 C_Info 表中的 C_Credit 列的类型修改为 tinyint。

（3）将 S_C_Info 表中新添加的列 xklb 的类型改为 char(6)。

（4）将 S_C_Info 表中的 xklb 列删除。

四、实验思考

1. 在对象资源管理器中能否对数据表更名？

2. 在对象资源管理器中能否对数据表进行复制？复制的内容和方法是什么？

3. 在数据库中，取 NULL 值与取零值的含义相同吗？如果不同，它们的区别是什么？

4. 主键的设置如何操作？在对象资源管理器中使多列作主键时应如何操作？

5. 如何创建临时表？如何查看临时表的表结构？

实验 6　数据库完整性设置

一、实验目的

1. 掌握用对象资源管理器创建关系图的方法。
2. 掌握用对象资源管理器和 CREATE TABLE 语句创建主键约束、唯一性约束和 NOT NULL 约束的方法。
3. 掌握用对象资源管理器和 CREATE TABLE 语句创建 CHECK 约束和 DEFAULT 约束的方法。
4. 掌握用对象资源管理器删除约束的方法。

二、实验准备

1. 了解关系图的概念。
2. 了解数据库完整性的概念。
3. 了解约束的类型和创建、删除约束的语法。

三、实验内容及步骤

1. 使用对象资源管理器在数据库 Student 中创建 StCSCD 关系图。关系图由实验 5 中创建的学生信息 St_Info 表、课程信息 C_Info 表、选课信息 S_C_Info 表组成，如图 6.1 所示。

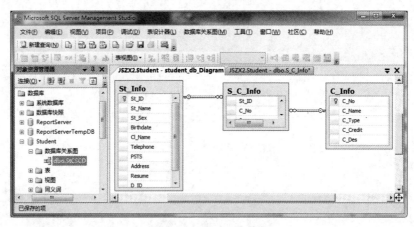

图 6.1　StCSCD 关系图

提示：创建 StCSCD 关系图之前必须先创建好 St_Info 表和 C_Info 表的主键。

2. 打开 St_Info 表并修改 Telephone 字段，将长度 varchar(20)修改为 varchar(15)。

注意：要修改此选项，需在"工具"菜单中单击"选项"命令，打开"选项"对话框，如图 6.2 所示，单击"表设计器和数据库设计器"，清除"阻止保存要求重新创建表的更改"复选框的选择。

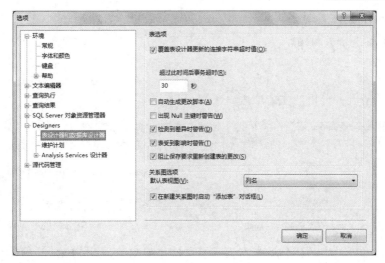

图 6.2　"选项"对话框

3．在表 St_Info 中，为学号创建一个 CHECK 约束 CK_St_id，限制所输入的学号为 10 位数，由 0～9 的阿拉伯数字组成。

提示：

（1）创建 CHECK 约束 CK_St_id 的表达式为：

St_ID LIKE '[0-9][0-9][0-9][0-9][0-9][0-9][0-9][0-9][0-9][0-9]'

（2）在 St_Info 表中输入记录，学号为 2602170A08，检验 CHECK 约束的有效性。

4．在 St_Info 表的"性别"列中创建一个 CHECK 约束 CK_St_info_sex，以保证输入的性别值只能是"男"或"女"。

提示：约束 CK_St_id 的表达式为"St_Sex LIKE '[男女]'"。

5．删除 CK_St_info_sex 约束。

6．在 Student 数据库中建立日期、货币和字符等数据类型的 DEFAULT 约束。

（1）在 Student 数据库中创建 stu_fee 数据表，表结构如图 6.3 所示。

（2）在 stu_fee 的表结构中选择"交费日期"列，在"列"选项卡的"默认值或绑定"文本框中输入'20170913'，即设置交费日期的默认值为 2017 年 9 月 13 日。

（3）参照以上操作，在 stu_fee 的表结构中为"学费"列和"电话号码"列创建 DEFAULT 约束，其值分别为$100 和 unknown。

（4）在对象资源管理器中对 stu_fee 数据表输入以下 3 条记录，输入时观察 stu_fee 表的数据变化情况。

2001160102	张山	200	
2001160203	李铭	150	20170912
2001160304	王小明		

（5）删除 DEFAULT 约束。

7．用对象资源管理器在 Student 数据库中创建表 St_c，数据结构如图 6.4 所示。

要求：

（1）将 St_ID 设置为主键，主键名为：＿＿＿＿＿＿＿＿＿＿＿＿＿。

（2）为 St_Name 创建唯一性约束（UNIQUE），约束名为 uk_stname。

（3）设置 Born_Date 允许为空。

（4）为表 St_c 插入以下记录：

| 0011 | 王芳 | 1997-02-10 |
| 0012 | 王芳 | 1996-12-12 |

观察出现的情况并分析产生的原因。

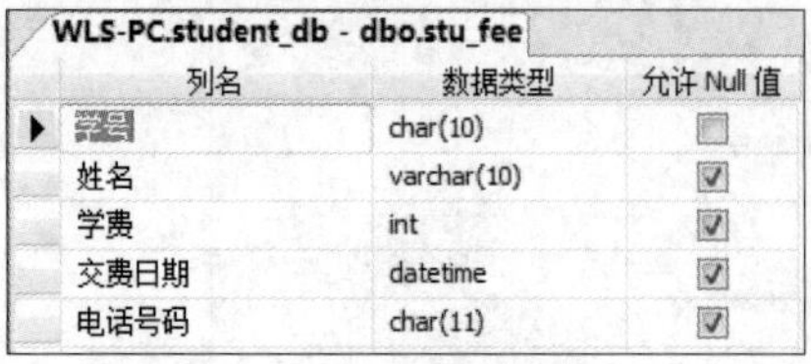

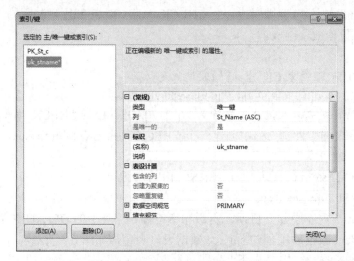

图 6.3　stu_fee 数据表的表结构 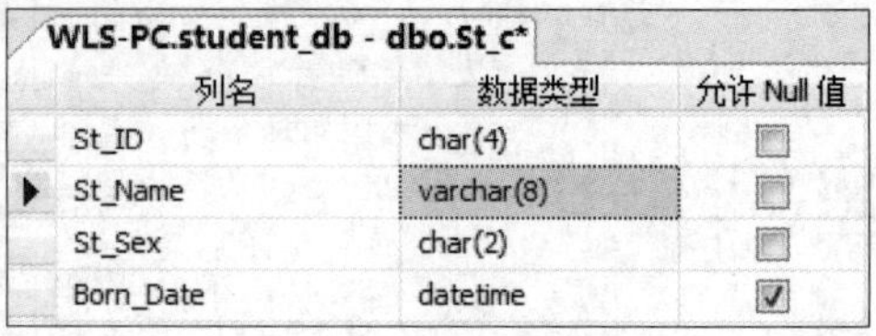　　　　　　　图 6.4　St_c 表的数据结构

提示：创建唯一约束的操作是先在设计器中选中列 St_Name 并右击，在弹出的快捷菜单中单击"索引/键"命令，在打开的"索引/键"对话框中进行设置，如图 6.5 所示。

图 6.5　为 St_Name 创建唯一性约束

（5）使用 ALTER TABLE 语句的 DROP CONSTRAINT 参数项在查询设计器中删除为 St_c 表所建的约束。

四、实验思考

1．实体完整性和域完整性分别是对数据库的哪些方面进行保护？如何设置？

2．在数据库中，主键是唯一的吗？如果新输入的记录主键和原来的主键重复会出现什么后果？

3．实现参照完整性有什么意义？假设存在学生信息表 Student(s_no,s_name,age,d_no)和院系信息表 dept(d_no,d_name,address,tel)，为什么要确保 Student 表中的 d_no 列的取值参照 dept 表的 d_no 列？

4．SQL Server 提供了哪两个独立于表的数据对象用以维护数据库的完整性？它们各自的作用和功能是什么？如何设置？

实验 7　基本查询

一、实验目的

1．掌握数据查询的概念和查询语句的执行方法。
2．掌握简单查询和条件查询的查询方法。
3．掌握查询结果的处理方法。
4．掌握嵌套查询的查询方法。
5．掌握等值内连接的查询方法。

二、实验准备

1．复习数据查询的概念和查询语句的一般格式。
2．复习查询条件的表示方法。
3．了解查询结果的各种实现方法。

三、实验内容及步骤

1．根据题目要求，在下列横线处填入适当内容，实现相关操作或回答相关问题。
（1）在数据库 Student 的数据表 C_Info 中查询所有课程信息，查询结果集如图 7.1 所示。
　　　SELECT　*　_____　C_Info

C_No	C_Name	C_Type	C_Credit	C_Des
1805012	大学英语	必修	8	大学英语…
19010122	艺术设计史	选修	4	NULL
20010051	民法学	必修	5	NULL
29000011	体育	必修	6	NULL
9710011	大学计算机基础	必修	2	NULL
9710021	VB程序设计基础	必修	4	NULL
9710031	数据库应用基础	必修	4	NULL
9710041	C++程序设计基础	必修	4	NULL
9720013	大学计算机基础实践	实践	2	NULL
9720033	数据库应用基础实践	实践	3	本实践是…
9720043	C++程序课程设计	实践	4	NULL
9720044	网络技术与应用	选修	4	NULL
9720045	Web开发技术	选修	3	NULL

图 7.1　实验内容 1（1）的查询结果集

（2）查询前 10 个学生的姓名、出生年份和所在班级的信息，查询结果集如图 7.2 所示。
　　　SELECT TOP 10 St_name AS 姓名, _____ (Birthdate) AS 出生年份, CL_Name AS 班级
　　　FROM St_info
（3）查询 1998 年出生的学生的姓名及其年龄，查询结果集如图 7.3 所示。
　　　SELECT St_name AS 姓名, Year(GETDATE())-Year(Birthdate) AS 年龄
　　　FROM St_info
　　　WHERE _____

	姓名	出生年份	班级
1	徐文文	1998	材料科学1701
2	黄正刚	1999	材料科学1701
3	张红飞	1999	材料科学1701
4	曾莉娟	1998	材料科学1702
5	张红飞	1998	材料科学1702
6	邓红艳	1997	法学1601
7	金萍	1996	法学1602
8	吴中华	1997	法学1603
9	王铭	1998	法学1603
10	郑远月	1997	法学1701

	姓名	年龄
1	黄正刚	18
2	张红飞	18
3	张好然	18
4	李娜	18
5	刘小玲	18

图 7.2　实验内容 1（2）的查询结果集　　　图 7.3　实验内容 1（3）的查询结果集

（4）查询考试成绩在 85 分以上的学生的学号。

SELECT DISTINCT St_ID FROM S_C_info WHERE Score>85

语句中的 DISTINCT 表示：_____。

SELECT St_ID FROM S_C_info WHERE Score>85

以上两条语句的区别是：_____。

（5）对 S_C_info 表列出成绩在 70～80 分之间的学生名单。

SELECT * FROM S_C_info WHERE Score BETWEEN 70 AND 80

这条语句的等价语句是：_____。

（6）查询所有姓"王"的学生的姓名、学号和性别。

SELECT St_name, St_ID, St_sex

FROM St_Info

WHERE St_name LIKE _____

（7）查询所有"法学"专业的学生的学号、姓名、性别、班级名等信息，查询结果集如图 7.4 所示。

SELECT St_name, St_ID, St_sex,Cl_Name

FROM St_Info

WHERE _____

	St_name	St_ID	St_sex	Cl_Name
1	邓红艳	2001160115	女	法学1601
2	金萍	2001160206	女	法学1602
3	吴中华	2001160307	男	法学1603
4	王铭	2001160308	男	法学1603
5	郑远月	2001170103	男	法学1701
6	张力明	2001170104	男	法学1701
7	张好然	2001170205	女	法学1702
8	李娜	2001170206	女	法学1702

图 7.4 实验内容 1（7）的查询结果集

（8）查询选修了课程号为 9710011 课程的学生的学号和成绩，并按分数降序排列。

SELECT St_ID, Score

FROM S_C_info

WHERE C_NO=_____

ORDER BY _____

（9）使用合并查询列出 C_Info 表中"艺术设计史"或"民法学"的课程代码、课程类型和学分。

SELECT C_NO, C_Type, C_credit FROM C_Info WHERE C_name='艺术设计史'

_____

SELECT C_no, C_Type, C_credit FROM C_Info WHERE C_name='民法学'

（10）查询全体学生的情况，查询结果按学号升序排列，将结果存入新表 new 中，并浏览 new 表中的信息。

SELECT * INTO new
FROM St_Info

_____

使用以下语句查询 new 表的所有数据：

SELECT * FROM new

（11）对 St_Info 表，分别统计各班级的学生人数，其查询结果集如图 7.5 所示。

SELECT _____

FROM St_Info
GROUP BY Cl_Name

（12）对 S_C_Info 表中选修了课程编号为 29000011 的体育课的学生的平均成绩生成汇总行和明细行，其查询结果集如图 7.6 所示。

SELECT St_ID, Score
FROM S_C_Info
WHERE C_No = '29000011'
COMPUTE _____

	班级名	人数
1	材料科学1701	3
2	材料科学1702	2
3	法学1601	1
4	法学1602	1
5	法学1603	2
6	法学1701	2
7	法学1702	2
8	口腔(七)1701	4
9	临床(五年)1501	2
10	临床(五年)1502	2

	St_ID	Score
1	2602170105	77
2	2602170106	97
3	2602170107	92
4	2602170108	83
5	2201150101	90
	avg	
1	87	

图 7.5　实验内容 1（11）的查询结果集　　　　图 7.6　实验内容 1（12）的查询结果集

2．根据下列内容写出 SELECT 语句，上机操作完成基本查询。

（1）在数据库 Student 的数据表 St_Info 中查询全体学生的所有信息。

（2）在 St_Info 表中查询每个学生的学号、姓名、出生日期信息。

（3）查询学号为 2001160307 的学生的姓名和家庭住址。

（4）找出所有男同学的学号和姓名。

（5）查询 St_Info 表中班级名为"材料科学 1702"的学生的学号、姓名、班级名。

（6）查询 C_Info 表中学分数为 3 和 4 的课程信息。

（7）统计 S_C_Info 表中每门课程的平均成绩，要求显示课程编号和平均成绩。

（8）查询所有姓"张"的学生的学号、姓名、性别和出生日期。

（9）查询 St_Info 表中"临床"专业学生的最大年龄和最小年龄。

（10）找出 St_Info 表中所有地址含有"山"的学生的学号、姓名、家庭住址。

3．上机完成下列语句的操作，观察输出结果。

（1）SELECT COUNT(*) FROM S_C_Info

（2）SELECT SUBSTRING(St_Name,1,1) FROM St_Info

（3）SELECT Year(Getdate()), Month(Getdate()), Day(Getdate())

四、实验思考

1．使用下列语句查询年龄最大学生的姓名和年龄时系统报错，为什么？

```
SELECT St_Name, MAX(year(getdate())-Year(Born_Date))
FROM St_Info
```

2．使用下列语句查询选修课成绩最高学生的学号时系统报错，为什么？

```
SELECT St_ID
FROM S_C_Info
WHERE Score=MAX(Score)
```

实验 8　嵌套查询

一、实验目的

1．理解数据库嵌套查询的概念与作用。
2．掌握数据查询中 IN、ANY、SOME 和 ALL 等操作符的使用方法。

二、实验准备

1．复习嵌套查询的概念与作用。
2．了解 IN、ANY、SOME 和 ALL 等操作符的功能与使用方法。

三、实验内容及步骤

1．阅读语句，上机完成查询操作。
（1）在表 St_info 中查找与杨平娟在同一个班级学习的学生信息。
```
SELECT * FROM St_info
WHERE Cl_name=
    (SELECT Cl_name FROM St_info
      WHERE St_name='杨平娟')
```
（2）使用 IN 子查询查找选修了课程名为"体育"的学生的学号和成绩。
```
SELECT St_ID, Score
FROM S_C_info
WHERE C_No IN
    (SELECT C_No FROM C_info
      WHERE C_name='体育')
```
（3）查询选修了课程编号为 9710011 和 9710041 的课程的学生的学号和姓名。
```
SELECT St_ID, St_name
FROM St_info
WHERE St_ID IN
    (SELECT St_ID FROM S_C_info
      WHERE C_NO IN ('9710011', '9710041'))
```
2．在下列横线处填入适当内容，完善语句并实现相应功能。
（1）查询成绩高于 92 分的学生的学号和姓名，查询结果集如图 8.1 所示。
```
SELECT St_ID, St_Name
FROM St_Info
WHERE St_ID _____
    (SELECT St_ID FROM _____
      WHERE Score>=92)
```
（2）查询选修了学分数为 4 的课程的学生的学号、课程编号、成绩信息，查询结果集如图 8.2 所示。

```
SELECT St_ID, C_No, Score
FROM S_C_Info
WHERE _____ IN
  ( SELECT C_No FROM C_Info
    WHERE _____ )
```

	St_ID	St_Name
1	0603170211	曾莉娟
2	0603170212	张红飞
3	2001160206	金萍
4	2602170106	王小维
5	2602170107	刘小玲

	St_ID	C_No	Score
1	0603170108	9710021	56
2	0603170108	9710041	67
3	0603170109	9710041	78
4	0603170110	9710041	52
5	0603170211	9710041	99
6	2201150204	9720044	90

图 8.1 实验内容 2（1）的查询结果集   图 8.2 实验内容 2（2）的查询结果集

（3）查询其他班级中比"法学 1603"的学生年龄都大的学生的姓名和年龄，查询结果集如图 8.3 所示。

```
SELECT   St_name, Year(Getdate())-Year(Birthdate) AS '年龄'
FROM St_Info
WHERE _____
  (SELECT Year(Getdate())-Year(Birthdate)
   FROM St_Info
   WHERE Cl_Name='法学 1603')
```

	St_name	年龄
1	金萍	21
2	张炜	21
3	刘永州	22

图 8.3 实验内容 2（3）的查询结果集

（4）列出选修 9710041 课程（即"C++程序设计基础"）的学生的成绩比选修 29000011 课程（即"体育"）的学生的最低成绩高的学生的学号和成绩，查询结果集如图 8.4 所示。

```
SELECT St_ID,Score
FROM S_C_Info
WHERE _____
  (SELECT Score
   FROM S_C_info
   WHERE C_NO='29000011')
```

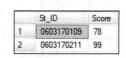

	St_ID	Score
1	0603170109	78
2	0603170211	99

图 8.4 实验内容 2（4）的查询结果集

（5）查询没有选修 9710041 和 9710011 课程的学生姓名和所在班级，查询结果集如图 8.5 所示。

```
SELECT St_Name,Cl_Name
FROM St_Info
WHERE _____
  (SELECT St_ID FROM S_C_info
   WHERE C_NO='9710041' OR C_NO='9710011')
```

（6）查询所有姓"王"的学生所修课程的成绩，查询结果集如图 8.6 所示。

```
SELECT C_No, Score
FROM S_C_Info
WHERE _____ IN
  (SELECT St_ID FROM St_Info
   WHERE St_Name LIKE _____ )
```

	St_Name	Cl_Name
1	张红飞	材料科学1702
2	郑远月	法学1701
3	张力明	法学1701
4	张好然	法学1702
5	李娜	法学1702
6	张炜	临床(五年)1501
7	宋羽佳	临床(五年)1502
8	赵彦	临床(五年)1502
9	刘永州	临床(五年)1501
10	杨平娟	口腔(七)1701
11	王小维	口腔(七)1701
12	刘小玲	口腔(七)1701
13	何邵阳	口腔(七)1701

	C_No	Score
1	9710011	66
2	9720013	88
3	29000011	97

图 8.5　实验内容 2（5）的查询结果集　　　　图 8.6　实验内容 2（6）的查询结果集

（7）查询平均成绩大于 90 分的学生的学号与姓名，查询结果集如图 8.7 所示。

```
SELECT St_ID, St_Name
FROM St_Info
WHERE   St_ID IN
    ( SELECT _____ FROM S_C_Info
      GROUP BY St_ID
      HAVING _____ )
```

（8）查询有 4 个以上（含 4 个）学生选修的课程的编号和名称，查询结果集如图 8.8 所示。

```
SELECT C_No, C_Name
FROM C_Info
WHERE _____
    (SELECT C_No   FROM S_C_Info
     GROUP BY _____
     HAVING COUNT(*)>=4 )
```

	St_ID	St_Name
1	0603170211	曾莉娟
2	0603170212	张红飞
3	2001160206	金萍
4	2602170106	王小维
5	2602170107	刘小玲

	C_No	C_Name
1	29000011	体育
2	9710011	大学计算机基础
3	9710041	C++程序设计基础
4	9720013	大学计算机基础实践

图 8.7　实验内容 2（7）的查询结果集　　　　图 8.8　实验内容 2（8）的查询结果集

四、实验思考

1．查询与"口腔（七）1701"班所有学生的年龄均不同的学生的学号、姓名和年龄。

2．查询选修了学号为 2001160115 的学生所选修的全部课程的学生的学号和姓名。

3．查询每个学生的最高成绩信息。

4．列出学号为 2001160308 的学生的分数比学号为 2001160115 的学生的最低分数高的课程编号和分数。

实验 9　多表连接查询和综合查询

一、实验目的

1．理解数据库多表查询的概念与作用。
2．掌握多表连接查询的方法。
3．掌握各种形式的查询方法。

二、实验准备

1．复习多表连接查询的概念与作用。
2．了解多表连接查询的种类、区别与实现方法。

三、实验内容及步骤

1．写出语句，上机完成查询操作。

（1）使用多表连接查询分数在 70～80 范围内的学生的学号、姓名和分数，查询结果集如图 9.1 所示。

（2）使用多表连接查询选修 "C++程序设计基础" 课程的学生的学号、姓名和分数，查询结果集如图 9.2 所示。

	St_ID	St_Name	Score
1	0603170109	黄正刚	78
2	2001160307	吴中华	76
3	2001160307	吴中华	77
4	2602170105	杨平娟	77
5	2201150101	张炜	75

图 9.1　实验内容 1（1）的查询结果集

	St_ID	St_Name	Score
1	0603170108	徐文文	67
2	0603170109	黄正刚	78
3	0603170110	张红飞	52
4	0603170211	曾莉娟	99

图 9.2　实验内容 1（2）的查询结果集

（3）查询所有课程的不及格成绩单，要求给出学生的学号、姓名、课程名称和成绩，查询结果集如图 9.3 所示。

	St_ID	St_Name	C_Name	Score
1	0603170108	徐文文	VB程序设计基础	56
2	0603170110	张红飞	C++程序设计基础	52

图 9.3　实验内容 1（3）的查询结果集

2．在下列横线处填入适当内容，完善语句并实现相应功能。

（1）查询 "法学" 专业的学生的学号、姓名、课程名称和成绩，并按学号升序排序，查询结果集如图 9.4 所示。

```
SELECT st.St_ID, St_Name, C_Name, Score
FROM St_Info st JOIN S_C_Info sc ON _____
```

JOIN C_Info c ON sc.C_NO=c.C_No
WHERE Cl_Name LIKE _____
ORDER BY st.St_ID

	St_ID	St_Name	C_Name	Score
1	2001160115	邓红艳	大学计算机基础	88
2	2001160115	邓红艳	大学计算机基础实践	90
3	2001160206	金萍	大学计算机基础	89
4	2001160206	金萍	大学计算机基础实践	93
5	2001160307	吴中华	大学计算机基础	76
6	2001160307	吴中华	大学计算机基础实践	77
7	2001160308	王铭	大学计算机基础	66
8	2001160308	王铭	大学计算机基础实践	88

图 9.4 实验内容 2（1）的查询结果集

（2）查询每门课程的名称和最高分，查询结果集如图 9.5 所示。
SELECT C_Name AS 课程名称, _____ AS 最高分
FROM S_C_Info sc JOIN C_Info c ON _____
GROUP BY C_Name

（3）将 C_Info 表左外连接 S_C_Info 表。
SELECT a.C_NO,a.C_Name, b.St_ID,b.Score
FROM C_Info _____
    S_C_Info b ON a.C_NO= b.C_NO

（4）将 C_Info 表右外连接 S_C_Info 表。
SELECT a.C_NO, a.C_Name,b.St_ID, b.Score
FROM C_Info _____
    S_C_Info b ON a.C_NO = b.C_NO

（5）将 C_Info 表全外连接 S_C_Info 表。
SELECT C_Info.C_NO, C_Name,S_C_Info.C_NO, S_C_Info.Score
FROM C_Info _____
    S_C_Info ON C_Info.C_NO = S_C_Info.C_NO

	C_Name	最高分
1	C++程序设计基础	99
2	VB程序设计基础	56
3	Web开发技术	75
4	大学计算机基础	89
5	大学计算机基础实践	93
6	大学英语	92
7	体育	97
8	网络技术与应用	90

图 9.5 实验内容 2（2）的查询结果集

（6）统计每个学生的平均成绩，显示平均成绩大于 85 的学生的学号、姓名、平均成绩，查询结果集如图 9.6 所示。
SELECT a.St_ID AS 学号, St_Name AS 姓名, AVG(Score) AS 平均成绩
FROM St_Info a INNER JOIN S_C_Info b   ON a.St_ID = b.St_ID
    INNER JOIN C_Info c   ON _____

GROUP BY _____

HAVING AVG(Score) > 85

	学号	姓名	平均成绩
1	0603170211	曾莉娟	92
2	0603170212	张红飞	92
3	2001160115	邓红艳	89
4	2001160206	金萍	91
5	2201150204	宋羽佳	90
6	2602170106	王小维	97
7	2602170107	刘小玲	92

图 9.6　实验内容 2（6）的查询结果集

提示：GROUP BY 分组字段如果有多个，则表示会根据多个字段的值来进行分组，SELECT 子句也会根据分组字段显示分组统计值。

3．查询所有必修课程的课程号、课程名称、学分及选修学生的姓名和分数。

4．查询每个学生所选课程的最高成绩，要求列出学号、姓名、课程编号和分数。

5．查询所有学生的总成绩，要求列出学号、姓名、总成绩，没有选修课程的学生的总成绩为空。

6．查询所有男同学的选课情况，要求列出学生的学号、姓名、课程名称和分数。

四、实验思考

1．如何查询"大学计算机基础"课程考试成绩前 3 名的学生的姓名和成绩？

2．SQL Server 数据库中的多表连接查询和子查询的区别是什么？

3．连接可以在 SELECT 语句的 FROM 子句或 WHERE 子句中建立，为什么？在 FROM 子句和 WHERE 子句连接的区别是什么？哪种连接方式好一些？为什么？

实验 10 创建数据库的索引和视图

一、实验目的

1. 学会使用对象资源管理器和 T-SQL 语句创建索引。
2. 学会使用对象资源管理器查看索引和删除索引。
3. 掌握使用对象资源管理器和 T-SQL 语句 CREATE VIEW 创建视图。
4. 掌握使用对象资源管理器和 T-SQL 语句 ALTER VIEW 修改视图。
5. 掌握使用对象资源管理器和 T-SQL 语句 DROP VIEW 删除视图。

二、实验准备

1. 了解索引的作用与分类；了解聚集索引和非聚集索引的概念。
2. 了解视图的概念。
3. 了解使用对象资源管理器创建索引的步骤。
4. 了解创建视图的 T-SQL 语句 CREATE VIEW 的语法格式及用法。
5. 了解修改视图的 T-SQL 语句 ALTER VIEW 的语法格式。
6. 了解删除视图的 T-SQL 语句 DROP VIEW 的用法。

三、实验内容及步骤

1. 在对象资源管理器中创建索引。

（1）为 Student 数据库的 S_C_Info 表的成绩 Score 字段创建一个非聚集索引，命名为 Score_index。

提示：具体操作见图 10.1。

图 10.1 为 Score 字段创建非聚集索引 Score_index

（2）为 Student 数据库的 S_C_Info 表的学号 St_ID 字段和课程编号 C_No 字段创建一个复合唯一非聚集索引，命名为 SC_id_c_ind。

提示：参照图 10.2 所示操作创建一个复合唯一非聚集索引。

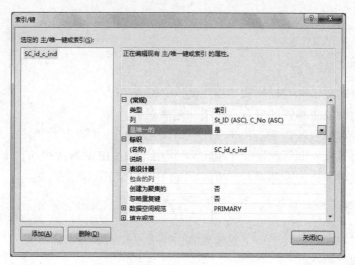

图 10.2　为学号 St_ID 字段和课程编号 C_No 字段创建的复合唯一非聚集索引

2．在对象资源管理器中查看所建的索引 Score_index 和 SC_id_c_ind，如图 10.3 所示。

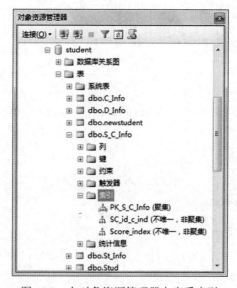

图 10.3　在对象资源管理器中查看索引

3．使用对象资源管理器为 S_C_Info 表的学号 St_ID 和课程编号 C_No 字段创建一个唯一聚集索引，命名为 S_C_index。

提示：若 S_C_Info 表为学号 St_ID 和课程编号 C_No 字段创建了主键，需先取消 S_C_Info 表的主键设置，才能再创建一个复合唯一聚集索引。这是为什么？

4．使用对象资源管理器删除索引 SC_id_c_ind。

5．使用对象资源管理器创建视图。

（1）在 Student 数据库中以 St_Info 表为基础，建立名为 v_stu_i 的视图，使视图显示学生的姓名、性别、家庭住址，如图 10.4 所示。

（2）基于表 St_Info、表 S_C_Info 和表 C_Info，建立一个名为 v_stu_c 的视图，显示学生的学号、姓名、所选课程的课程名称，如图 10.5 所示。

JSZX2.Student - dbo.v_stu_i		
姓名	性别	家庭住址
徐文文	男	湖南省长沙市韶山北路
黄正刚	男	贵州省平坝县夏云中学
张红飞	男	河南省焦作市西环路26号
曾莉娟	女	湖北省天门市多宝镇公益村六组
张红飞	男	河南省焦作市西环路26号
邓红艳	女	广西桂林市兴安县溶江镇司门街
金萍	女	广西桂平市社坡福和11队
吴中华	男	河北省邯郸市东街37号
王铭	男	河南省上蔡县大路李乡涧沟王村
郑远月	男	湖南省邵阳市一中
张力明	男	安徽省太湖县北中镇桐山村
张好然	女	北京市西城区新街口外大街34号
李娜	女	重庆市黔江中学
张炜	男	广东省中山市广东北江中学
宋羽佳	女	安徽省黄山市桐山村
赵彦	男	湖北省汉阳市多宝镇
刘永州	男	福州泉秀花园西区十二幢
杨平娟	女	北京市西城区复兴门内大街97号
王小维	男	泉州泉秀花园西区十二幢
刘小玲	女	厦门市前埔二里42号0306室
何邵阳	男	广东省韶关市广东北江中学

图 10.4　v_stu_i 视图的结果集

JSZX2.Student - dbo.v_stu_c		
学号	姓名	课程名称
0603170108	徐文文	VB程序设计基础
0603170108	徐文文	C++程序设计基础
0603170109	黄正刚	C++程序设计基础
0603170110	张红飞	C++程序设计基础
0603170211	曾莉娟	C++程序设计基础
0603170211	曾莉娟	大学英语
2001160115	邓红艳	大学计算机基础
2001160115	邓红艳	大学计算机基础实践
2001160206	金萍	大学计算机基础
2001160206	金萍	大学计算机基础实践
2001160307	吴中华	大学计算机基础
2001160307	吴中华	大学计算机基础实践
2001160308	王铭	大学计算机基础
2001160308	王铭	大学计算机基础实践
2602170105	杨平娟	体育
2602170106	王小维	体育
2602170107	刘小玲	体育
2602170108	何邵阳	体育
0603170212	张红飞	大学英语
2201150101	张炜	Web开发技术
2201150101	张炜	大学英语
2201150101	张炜	体育
2201150204	宋羽佳	网络技术与应用

图 10.5　v_stu_c 视图结果集

（3）基于表 St_Info、表 C_Info 和表 S_C_Info，建立一个名为 v_stu_g 的视图，显示所有学生的学号、姓名、课程名称、成绩，如图 10.6 所示。

JSZX2.Student - dbo.v_stu_g			
学号	姓名	课程名称	成绩
0603170108	徐文文	VB程序设计基础	56
0603170108	徐文文	C++程序设计基础	67
0603170109	黄正刚	C++程序设计基础	78
0603170110	张红飞	C++程序设计基础	52
0603170211	曾莉娟	C++程序设计基础	99
0603170211	曾莉娟	大学英语	85
2001160115	邓红艳	大学计算机基础	88
2001160115	邓红艳	大学计算机基础实践	90
2001160206	金萍	大学计算机基础	89
2001160206	金萍	大学计算机基础实践	93
2001160307	吴中华	大学计算机基础	76
2001160307	吴中华	大学计算机基础实践	77
2001160308	王铭	大学计算机基础	66
2001160308	王铭	大学计算机基础实践	88
2602170105	杨平娟	体育	77
2602170106	王小维	体育	97
2602170107	刘小玲	体育	92
2602170108	何邵阳	体育	83
0603170212	张红飞	大学英语	92
2201150101	张炜	Web开发技术	75
2201150101	张炜	大学英语	86
2201150101	张炜	体育	90
2201150204	宋羽佳	网络技术与应用	90

图 10.6　v_stu_g 视图的结果集

6．查询视图。

（1）在横线处写出使用视图 v_stu_g 查询学号为 2001160308 的学生的所有课程与成绩的查询语句，查询结果集如图 10.7 所示。

	学号	姓名	课程名称	成绩
1	2001160308	王铭	大学计算机基础	66
2	2001160308	王铭	大学计算机基础实践	88

图 10.7　学号为 2001160308 的学生的视图信息

（2）在横线处写出使用视图 v_stu_c 查询选修课程为"体育"的学生的查询语句，查询结果集如图 10.8 所示。

	学号	姓名	课程名称
1	2602170105	杨平娟	体育
2	2602170106	王小维	体育
3	2602170107	刘小玲	体育
4	2602170108	何邵阳	体育
5	2201150101	张炜	体育

图 10.8　选修课程为"体育"的学生的视图信息

7．请补全下列语句，实现对表 S_C_Info 创建视图 v_stu_a，以查询学号为 2001160307 的学生的所有课程编号和成绩，如图 10.9 所示。

```
CREATE VIEW _____
AS
SELECT * FROM S_C_Info
WHERE St_ID = _____
```

	St_ID	C_No	Score
1	2001160307	9710011	76
2	2001160307	9720013	77

图 10.9　视图 v_stu_a 信息

8．使用 T-SQL 语句在 Student 数据库中创建视图 v_Count，统计"材料科学与工程学院"的男生人数和女生人数，如图 10.10 所示，请补全以下语句：

```
CREATE VIEW v_Count
AS
SELECT _____ , COUNT(*) AS 人数
FROM St_Info, D_Info
WHERE St_Info.D_ID= D_Info.D_ID AND D_Name='材料科学与工程学院'
_____ St_Sex
```

	St_Sex	人数
1	男	4
2	女	1

图 10.10　视图 v_Count 信息

9．请补全下列语句，创建视图 v_stu_m 用于查询学生所获得的学分总数，查询结果集如图 10.11 所示。

```
CREATE VIEW v_stu_m
AS
SELECT a.St_ID 学号, St_Name 姓名, SUM(C_Credit) 总学分
FROM St_Info a JOIN S_C_Info b ON a.St_ID=b.St_ID JOIN C_Info c ON _____
WHERE _____
GROUP BY _____
```

	学号	姓名	总学分
1	0603170108	徐文文	4
2	0603170109	黄正刚	4
3	0603170211	曾莉娟	12
4	0603170212	张红飞	8
5	2001160115	邓红艳	4
6	2001160206	金萍	4
7	2001160307	吴中华	4
8	2001160308	王铭	4
9	2201150101	张炜	17
10	2201150204	宋羽佳	4
11	2602170105	杨平娟	6
12	2602170106	王小维	6
13	2602170107	刘小玲	6
14	2602170108	何邵阳	6

图 10.11　视图 v_stu_m 查询结果集

注意：只有成绩大于等于 60 分的课程才能获取学分。

10．写出使用视图 v_stu_m 查询总学分大于 10 的学生的查询语句，如图 10.12 所示。

_____

	学号	姓名	总学分
1	0603170211	曾莉娟	12
2	2201150101	张炜	17

图 10.12　总学分大于 10 的视图信息

11．使用 T-SQL 语句 DROP VIEW 删除视图 v_stu_c 和 v_stu_g。

12．使用 T-SQL 语句 ALTER VIEW 修改视图 v_stu_i，使其具有列名学号、姓名、性别、政治面貌，请补全该语句。

```
ALTER VIEW _____
AS
SELECT St_ID 学号,St_Name 姓名, _____
FROM St_Info
```

四、实验思考

1．索引和视图主要起什么作用？它们的区别是什么？

2．是否可以通过视图修改表 S_C_Info 中的数据？

3．通过对视图的操作，比较通过视图和基本表操作数据的异同。

实验 11　存储过程的创建和使用

一、实验目的

1. 了解存储过程的作用。
2. 掌握使用对象资源管理器和 T-SQL 语句创建存储过程的方法和步骤。
3. 掌握使用对象资源管理器和 T-SQL 语句执行存储过程的方法。
4. 掌握使用系统存储过程对用户自定义存储过程进行管理的方法。

二、实验准备

1. 了解存储过程的基本概念和分类。
2. 掌握通过对象资源管理器、向导和 T-SQL 语句创建存储过程的基本方法。
3. 掌握执行、查看、修改（内容和名称）、删除存储过程的使用方法。
4. 掌握在存储过程中使用参数的基本方法。

三、实验内容及步骤

存储过程是一系列预先编辑好的、能实现特定数据操作功能的 T-SQL 代码集，它与特定的数据库相关联，存储在 SQL Server 服务器上。用户可以像使用自定义函数那样重复调用这些存储过程，实现它所定义的操作。以下实验内容均以教材中所说明的学生数据库 Student 为例进行操作。

1. 在对象资源管理器中创建一个名为 selectScore 的存储过程，输入以下代码，查询所有考试课程成绩优秀（≥90 分）的学生的学号、姓名、课程名称和成绩，并按成绩降序排列。

```
CREATE PROCEDURE selectScore
AS
SELECT a.St_ID, a.St_Name, b.C_Name, c.Score
FROM St_Info a, C_Info b, S_C_Info c
WHERE a.St_ID = c.St_ID AND   b.C_No   = c.C_No AND c.Score >= 90
ORDER BY c.Score DESC
```

执行以上语句，展开对象资源管理器下的"可编程性"→"存储过程"节点，查看 Student 数据库中是否已创建了存储过程 selectScore。

单击工具栏中的"新建查询"按钮，在右侧"查询"窗格中使用 EXECUTE 命令执行存储过程 selectScore，并观察存储过程的输出结果是否如图 11.1 所示。

2. 补全以下语句，在对象资源管理器中创建一个名为 cCount 的存储过程，实现用存储过程查询 C_Info 表中的课程门数。执行存储过程并观察输出结果是否如图 11.2 所示。

```
CREATE _____   cCount
AS
SELECT   _____   AS 课程门数  FROM   C_Info
```

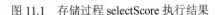

图 11.1　存储过程 selectScore 执行结果　　　　图 11.2　存储过程 cCount 执行结果

展开对象资源管理器，选择存储过程 cCount 目录项并右击，在弹出的快捷菜单中选择"执行存储过程"命令，打开"执行过程"对话框，单击"确定"按钮，观察执行的结果。

3．以下代码使用 T-SQL 语句创建了一个名为 studentScore 的带输入参数的存储过程，实现查询指定学号的学生所选修课程的成绩。

```
CREATE PROCEDURE studentScore @stuID varchar(20)
AS
SELECT a.St_Name, b.C_No, b.C_Name, c.Score
FROM St_Info a, C_Info b, S_C_Info c
WHERE a.St_ID = c.St_ID AND    b.C_No   = c.C_No AND a.St_ID = @stuID
```

单击工具栏中的"执行"按钮完成存储过程的创建。如果创建成功，在新建"查询"窗格中输入以下包含系统存储过程的命令序列：

```
sp_help studentScore
GO
sp_helptext studentScore
```

观察系统存储过程 sp_help 和 sp_helptext 输出的不同结果，理解系统存储过程的作用。

再打开新的"查询"窗格，使用 EXECUTE 命令执行存储过程 studentScore，并分别以参数值 2001160115、0603170109、2602170100 作为输入参数，观察存储过程的输出结果。

如果存储过程 studentScore 执行时没有提供参数，则按默认值查询（假设默认值为空字符串，表示查询所有学号的学生），如何修改该存储过程的定义？

4．使用 T-SQL 语句创建一个名为 stdCCnt 的带输入参数的存储过程，实现查询指定了选修课程门数的学生信息，补全以下语句：

```
CREATE PROCEDURE stdCCnt _____
AS
SELECT a.St_ID 学号, St_Name 姓名, COUNT(*) 课程门数
FROM St_Info a JOIN S_C_Info b ON a.St_ID=b.St_ID
GROUP BY _____
HAVING COUNT(*)=@cnt
```

分别使用以下语句执行，指定课程门数 2 作为参数，查看执行结果。

```
EXECUTE _____ 2
EXECUTE stdCCnt _____
```

5．利用 T-SQL 语句创建对表 C_Info 进行插入、修改和删除操作的 3 个存储过程 insertCInfo、updateCInfo、deleteCInfo，分别实现以下功能。

insertCInfo：将 C_No、C_Name、C_Credit 字段作为存储过程的输入参数，在 C_Info 表中插入一条新记录。

updateCInfo：将 C_No、C_Name、C_Type、C_Credit 字段作为存储过程的输入参数，且 C_Type 字段设置为默认参数，取值为"必修"，按课程编号 C_No 修改课程内容。

deleteCInfo：将课程编号 C_No 作为存储过程的输入参数，删除该课程记录。

6. 使用 T-SQL 语句创建一个名为 stdDname 的存储过程，实现查询指定学生姓名（输入参数@sname 指定），返回学生所在学院名称（输出参数@dname 返回），补全以下语句：

```
CREATE PROCEDURE stdDname @sname CHAR(10), @dname CHAR(30) _____
AS
SELECT @dname=D_name
FROM ST_info a JOIN D_Info b ON a.d_id=b.d_id
WHERE st_name=@sname
```

使用以下语句执行存储过程：

```
DECLARE @getdname CHAR(30)
EXEC _____ '吴中华', _____ OUTPUT
SELECT @getdname 学院名称
```

7. 使用 Student 数据库中的 St_Info 表、C_Info 表、D_Info 表，完成以下要求：

（1）创建一个存储过程 getPractise，查询指定院系（名称）中参与"实践"课程学习的所有学生的学号、姓名、所学课程编号和课程名称。

提示：D_Info 表中存储了院系代码和名称。

（2）分别执行存储过程 getPractise，查询"法学院"和"材料科学与工程学院"的学生参与"实践"课程学习的所有学生的学号、姓名、所学课程编号和课程名称。

（3）利用系统存储过程 sp_rename 将存储过程 getPractise 更名为 getPctStu。

（4）修改存储过程 getPctStu，返回指定院系中参与"实践"课程学习的学生人次数，并利用不同的输入参数验证存储过程执行的结果。

更进一步，如果希望让存储过程 getPctStu 返回学生的人数，那应该如何修改存储过程呢？

注意："人数"与"人次数"是两个概念，对于某一个学生而言，如果参与了多门实践课程，则"人次数"是其课程门数，而"人数"仍然等于 1。

（5）修改存储过程 getPctStu，实现如果输入的院系不存在，提示相应的信息并返回过程的状态码值等于-1，否则返回过程的状态码值等于 0。

（6）使用系统存储过程 sp_helptext 查看存储过程 getPctStu 的定义文本。

（7）使用 T-SQL 语句 DROP PROCEDURE 删除存储过程 getPctStu。

四、实验思考

1. 什么是存储过程？使用存储过程有什么好处？

2. 怎么给存储过程赋予使用授权？

3. 如果一个存储过程的定义需要修改但又不希望删除它，应使用何种方式操作？

实验 12 触发器的创建和使用

一、实验目的

1. 掌握使用对象资源管理器和 T-SQL 语句创建触发器的方法和步骤。
2. 掌握触发器的触发方法。
3. 掌握使用系统存储过程对触发器进行管理的方法。

二、实验准备

1. 了解触发器的基本概念和种类。
2. 了解通过对象资源管理器和 T-SQL 语句创建触发器的基本方法。
3. 了解查看、修改、删除触发器的 T-SQL 语句的使用方法。
4. 了解 inserted 逻辑表和 deleted 逻辑表的使用。

三、实验内容及步骤

触发器是一种实施复杂数据库完整性约束的特殊存储过程，在对表或视图执行 UPDATE、INSERT、DELETE 语句操作时自动触发执行，以防止对数据进行不正确、未授权或不一致的修改。一个触发器只适用于一个表，每个表最多只能有 3 个触发器，分别是 INSERT、UPDATE 和 DELETE。触发器仅在实施数据库完整性和处理业务规则时使用。以下实验内容均以教材中所说明的学生数据库 Student 为例进行操作。

1. 打开对象资源管理器，展开到触发器所属数据表的"数据库"→Student→"表"→"dbo.C_Info 触发器"目录项，右击"触发器"项，在弹出的快捷菜单中选择"新建触发器"命令，打开新建触发器窗格。

在该窗格中输入以下语句创建触发器 tr_AutoSetType，然后单击"执行"按钮完成创建。

```
CREATE TRIGGER tr_AutoSetType ON C_Info
    FOR INSERT AS
    UPDATE C_Info SET C_Type='必修'
```

展开"触发器"目录项，查看是否有 tr_AutoSetType 触发器，并理解该触发器的作用。

然后新建查询窗格，输入以下命令序列：

```
INSERT INTO C_Info (C_No,C_Name,C_Credit) VALUES('82021','数据库原理',2)
GO
SELECT * FROM C_info
```

观察结果窗格中课程名称为"数据库原理"的新增记录，分析其 C_Type 字段值为什么是"必修"？是否与触发器 tr_AutoSetType 相关？是何时完成的？

2. 使用 T-SQL 语句创建一个 DELETE 触发器 tr_CheckDeptNo，实现的功能是：当在 D_Info 表中删除记录时，检测 St_Info 表中是否存在学号前两位数值与 D_Info 中的 D_ID 相同的记录，如果存在，给出提示信息"不能删除该条记录"；如果不存在，则删除该条记录。

新建查询窗格，输入以下命令序列：

```
CREATE TRIGGER tr_CheckDeptNo ON D_Info
FOR DELETE AS
BEGIN
    DECLARE @stid VARCHAR(10)
    SELECT @stid=D_ID FROM DELETED
    IF EXISTS (SELECT * FROM St_Info WHERE LEFT(St_ID,2)=@stid)
        BEGIN
            PRINT '不能删除该条记录，因为该院系还有学生!'
            ROLLBACK TRANSACTION
        END
END
```

注意：其中 ROLLBACK TRANSACTION 用于对在 BEGIN...END 中间的所有数据库操作事务进行回退，恢复先前数据。

单击工具栏的"执行"按钮完成触发器的创建，然后在新建查询窗格输入以下命令序列来检测触发器的作用。

```
DELETE FROM D_info WHERE D_ID='20'
GO
DELETE FROM D_Info WHERE D_ID='88'
```

单击工具栏的"执行"按钮，观察命令执行的输出结果，结合 tr_CheckDeptNo 触发器的代码，分析以上哪条删除语句会输出"不能删除该条记录，因为该院系还有学生!"信息。

3．基于 St_Info 表创建一个 INSERT 和 UPDATE 触发器 tr_CheckStID，如果输入的学生学号 St_ID 的前两位未出现在 D_Info 表的 D_ID 中，则不允许插入或更新记录，并显示相应提示"无此学院，不能输入这样的学号"。补全以下语句：

```
CREATE TRIGGER tr_CheckStID   ON St_Info
FOR  _____
AS
BEGIN
  DECLARE @stid VARCHAR(10)
  SELECT @stid=st_ID FROM inserted
  IF NOT EXISTS (SELECT * FROM d_Info WHERE _____=LEFT(@stid,2) )
    BEGIN
        PRINT '无此学院，不能输入这样的学号'
        ROLLBACK TRANSACTION
    END
END
```

向 St_Info 表中插入以下记录：

```
INSERT INTO St_Info(St_ID,St_Name) VALUES('2701160101','张星')
```

检查触发器的作用，观察插入数据时的运行情况。

4．基于 S_C_Info 表创建一个 INSERT 触发器 tr_CheckStIDandCNo，如果 St_Info 表中没有 St_ID 所对应的学号或者 C_Info 表中没有 C_No 所对应的课程编号，则不允许插入记录，并显示相应提示"不能插入无学号或无课程编号的成绩记录"。然后设计向 S_C_Info 表中插入记录的命令序列，检查触发器的作用。

5．为 St_info 表建立一个删除触发器 tr_AutoDelete，实现的功能是：当删除 St_Info 表内的某个学生后，利用该触发器自动删除 S_C_Info 表中所有该学生的成绩记录，并进行实例操作：删除 St_Info 表中的某个学生记录，然后检查 S_C_Info 表中的学生成绩记录是否正常删除（注意实验前如果 St_Info 表的 St_ID 有到 S_C_Info 表的外键存在，则先使用对象资源管理器删除此处键）。

6．使用系统存储过程 sp_helptext 查看触发器 tr_AutoDelete 的定义文本。

7．使用系统存储过程 sp_rename 对指定触发器进行更名。

8．使用 T-SQL 语句 DROP TRIGGER 删除指定的触发器。

四、实验思考

1．什么是触发器？它与存储过程有什么区别？使用触发器有什么好处？触发器有坏处吗？

2．触发器主要用于实施什么类型的数据库完整性？

3．触发器能代替外键约束吗？

实验 13　SQL Server 2008 的维护

一、实验目的

1. 了解数据导入和导出的作用。
2. 掌握使用导入/导出向导在 SQL Server 实例与各种数据源之间导入和导出数据的操作方法。
3. 掌握创建和执行 SQL 脚本文件的操作方法。
4. 掌握数据备份和还原的基本概念。
5. 掌握数据库备份和还原的几种方式。
6. 掌握 SQL Server 备份和还原的基本操作方法。

二、实验准备

1. 了解数据转换的概念。
2. 了解使用导入和导出向导在 SQL Server 和其他数据源之间导入和导出数据的方法和步骤。
3. 了解创建和执行 SQL 脚本文件的步骤。
4. 了解数据库备份和还原的基本概念，明确备份的目的。
5. 确定备份类型，选好备份设备，制定备份策略。
6. 学习使用对象资源管理器对数据库进行备份。

三、实验内容和步骤

1. 在对象资源管理器中，创建一个新的 St_db 数据库，然后使用"导入/导出"向导将 Student 数据库中的所有表导入到 St_db 数据库中。

2. 将 Student 数据库的 St_info 表中的所有数据导出到文本文件中，文本文件存储位置和名称为 F:\Xsjbxx.txt。数据之间用"，"隔开，字符型数据用单引号括起来。

3. 使用 Access 创建一个 Student.mdb 数据库，并在其中创建一个名为 Xsjbxx 的数据表，在表中录入如图 13.1 所示的 4 条记录，然后将 Student.mdb 数据库的 Xsjbxx 表中的所有数据追加到 Student 数据库的 St_Info 表的末尾，并查看 St_Info 表是否增加了 Student.mdb 数据库中的 Xsjbxx 表的 4 条记录。

学号	姓名	性别	出生日期	专业班级	电话	住址	简历
1501060101	王小兰	女	1988/6/22	中文0601	8808246	福建省上杭县白沙中心小学	
1501060102	王大海	男	1989/7/26	中文0601	8809624	安徽省安庆市大观区龙门小区1栋4-710	
1501060103	李大鹏	男	1987/12/29	中文0601	8809624	广东省佛山市顺德区龙江镇人民南路	
1501060105	彭顺清	女	1988/12/18	中文0601	8809246	云南省昆明市虹山东路安全新村	

图 13.1　Xsjbxx 表数据录入情况

提示：在"选择源表和源视图"窗口的"目标"列中，系统自动给出了默认的目标表名称 Xsjbxx，此时应将系统给出的默认表名改为要添加数据的表名[dbo].[St_Info]，如图 13.2 所示。单击此窗口中的"编辑映射"按钮，弹出"列映射"窗口，在此窗口中，选定"向目标表中追加行"单选按钮，并确定对应的源表与目标表的对应列字段，如图 13.3 所示。

图 13.2 选择源表和视图

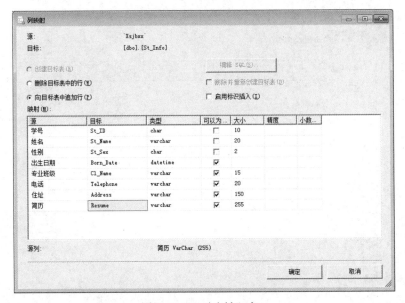

图 13.3 "列映射"窗口

4. 将 Student 数据库的 St_Info 表中的 St_ID、St_Name、St_Sex、Cl_Name 四个数据列的数据导出到 Stu.xls 中，保存数据的工作表名为"学生基本信息"。

提示：在"指定表复制或查询"窗口中，选定"编写查询以指定要传输的数据"单选按钮，如图 13.4 所示，单击"下一步"按钮，弹出"提供源查询"窗口，在此窗口中手动输入 SQL 查询语句，如图 13.5 所示。

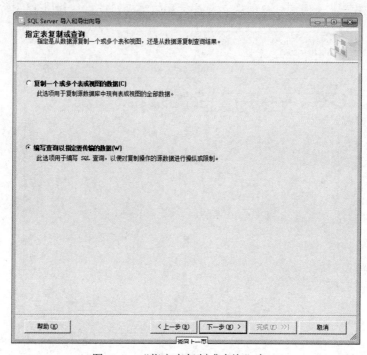

图 13.4　"指定表复制或查询"窗口

图 13.5　输入 SQL 查询语句

5．将 Student 数据库生成的 SQL 脚本文件命名为 studb1.sql，打开、修改并执行该文件，在 SQL Server 中生成数据库 studb1。

6．将 Student 数据库的 St_Info 表生成的 SQL 脚本文件命名为 stinfo.sql，打开、修改并执行该文件，实现在 studb1 数据库中创建表 St_Info。

7．用对象资源管理器创建备份设备 STUBACK1（物理位置为 D:\Mydb），如图 13.6 所示。

图 13.6　创建备份设备 STUBACK1

8．将学生信息数据库 Student 备份至 STUBACK1 设备中。

提示：操作中可参看图 13.7 和图 13.8 所示的选择。

图 13.7　备份数据库时选择备份目标

图 13.8　备份完成

9．查看备份设备 STUBACK1 的相关信息。

10．从备份设备 STUBACK1 进行还原完整数据库操作，还原后的数据名称为 Student_BAK。

四、实验思考

1．不涉及 SQL Server 数据库，利用导入/导出向导将 Access 数据库直接导出到 Excel 文档，应该如何操作？

2．使用导入/导出向导实现从 Student 数据库的 St_Info 表中提取"性别"为"男"的所有数据，并导出到一个 Excel 文件中，应该如何操作？

实验 14 数据库的安全管理

一、实验目的

1．了解 SQL Server 数据库安全管理的概念及意义。
2．了解 SQL Server 数据库安全管理的基本内容及相关概念。
3．掌握在对象资源管理器中进行安全管理的基本操作方法。
4．学会综合运用多种安全管理方法完成网络环境下的数据库安全设置。

二、实验准备

1．明确所要进行的安全管理的组合方式及优点。
2．规划所要创建的登录账户、数据库用户的名称及密码等属性。
3．规划实验所涉及对象的权限、角色等设置情况。
4．了解安全管理各项操作的一些方法和步骤。
5．了解局域网的一些基础知识。

三、实验内容及步骤

1．在 Windows 系统中新建一用户，练习并掌握将其加入/删除某用户组的操作，掌握删除 Windows 用户、修改用户密码的操作方法。

2．在 SQL Server 对象资源管理器中新建一登录账户，用户名及密码自定。练习并掌握删除登录账户，修改其相关属性的操作方法。

3．新建一数据库用户，并与上面创建的登录账户关联。所要操作的数据库和用户名等参数自定。练习并掌握删除数据库用户、取消与登录账户关联和修改相关属性的操作方法。

4．对以上用户设置一定的权限（要求进行权限组合设置，即必须具有对象权限、语句权限和隐含权限三种权限中的两种或以上），并且要以权限管理和角色管理两种方式来完成以上设置。练习并掌握权限修改、权限取消等基本操作方法。

5．以本机为服务器、邻机为客户机，创建查询来验证以上步骤新建的登录及设置的权限是否正确，以判断上述实验内容是否正常完成。如出现异常，请分析并重复以上实验步骤，查找原因，直至结果正确。

6．以邻机为服务器、本机为客户机，重复上一步骤的实验内容，最终完成局域网环境下的安全管理实验。

四、实验思考

1．当同一用户同时属于不同的角色时，该用户所具有的权限是如何确定的？
2．如果这些角色的权限之间有冲突，系统是如何来确定该用户最终权限的？

实验 15　VB.NET 简单程序的应用

一、实验目的

1．掌握 VB.NET 的基本数据类型以及变量、常量的使用。
2．学会使用选择、循环等语句编写应用程序。
3．学会使用一些常用的标准函数。
4．学会应用数组并解决与数组相关的问题。

二、实验准备

1．熟悉 VB.NET 集成开发环境。
2．了解变量和常量的定义和引用方法。
3．了解数组的声明、数组元素的引用。
4．了解程序设计的三种基本结构，学会使用 If、Select Case、For、Do 等语句控制程序结构。

三、实验内容及步骤

1．在窗体 Form1 中添加 Label1、Label2、Label3、Label4 控件对象。分析以下 Form1_Click 事件的运行结果。

```
Private Sub Form1_Click(ByVal sender As Object,
    ByVal e As System.EventArgs) Handles Me.Click
    Dim i1 As Integer, a2 As Double, s3 As String, b4 As Boolean
    i1 = 123.45
    a2 = 123.45
    s3 = "123.45"
    b4 = True
    Label1.Text = i1
    Label2.Text = a2
    Label3.Text = s3
    Label4.Text = b4
End Sub
```

在当前的 Form1 窗体中输入以上代码，运行时单击 Form1 窗体，窗体上会出现什么数据？
若是将 Form1_Click 事件的 Label1、Label2、Label3、Label4 控件对象分别赋值为以下表达式，运行时单击 Form1 窗体，窗体上会出现什么数据？注意数据之间的关系。

```
Label1.Text = DateTime.Now
Label2.Text = Now.ToString("yyyy-mm-dd")
Label3.Text = DateTime.Today
```

　　Label4.Text = Now.Hour

　　提示： DateTime.Now 和 Now 是获取当前系统日期和时间的函数。

　　若是将 Label1、Label2、Label3、Label4 分别赋值为以下表达式，分析运行时窗体上出现的数据。

　　　Label1.Text = i1 ^ 2 + Sqrt(a2) + s3
　　　Label2.Text = i1 & a2 & s3
　　　Label3.Text = Rnd()
　　　Label4.Text = "生成 10～20 之间的随机数:"　&　Int((20 - 10 + 1) * Label3.Text + 10)

　　提示： Rnd 函数为产生(0,1)之间随机数（任意的一个数）的函数；Int 是取整函数，Int((20 - 10 + 1) * Rnd + 10)的功能是产生一个[10,20]之间的随机整数；"&"运算符与操作数之间至少有一个空格。

　　2. 以下程序的功能是从键盘输入 x、y、z 三个整数，求其中的最大值，并以消息框显示出来，其形式如图 15.1 所示。

图 15.1　运行时消息框界面

```
Private Sub Form1_Click(ByVal sender As Object,
    ByVal e As System.EventArgs) Handles Me.Click
    Dim x As Integer, y As Integer, z As Integer
    Dim max As Integer                'max 用于存放最大值
    ' 以下三个语句用于从键盘输入 x、y、z 的值
    x = _____ ("输入整数 x:", "输入")
    y = _____ ("输入整数 y:", "输入")
    z = _____ ("输入整数 z:", "输入")
     ' 以下 If 语句求 x、y、z 中的最大值，并存放到 max 中
    If x > y Then
        max = x
    Else
        max = _____
    End If
    If max < z Then
        _____ = z
    End If
    ' 以下代码使用消息框输出如图 15-1 所示的信息
    _____ (x & "," & y & "," & z & "中的最大值为:" & max, , "求最大值")
    End Sub
```

　　在当前项目的 Form1 窗体的代码窗口中输入并完成以上程序，使之能实现题目功能。

提示：

① InputBox 函数的功能是产生一个对话框作为输入数据的界面，等待用户从键盘输入数据并作为函数值赋给左边的变量，其格式为：

变量名=InputBox ("提示信息", "标题信息")

② MsgBox 函数将在对话框中显示消息，等待用户单击按钮，并返回一个 Integer 告诉用户单击哪一个按钮，其格式为：

MsgBox("显示信息"[, buttons] [,"标题信息"] [, helpfile, context])

3．某运输公司的运费计算标准如下：运输 1 吨货物，距离 50 公里以下，收费 1 元/公里；50 公里以上，每超过部分加收 0.1 元/公里；超过 1000 公里，按上述收费标准打九五折。试计算某人将 t 吨货物运输 s 公里，应收多少运费。

要求使用 Select Case 语句实现，运行界面如图 15.2 所示。

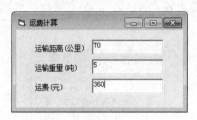

图 15.2　运费计算运行界面

提示：

① 运输距离与货物重量通过文本框输入，使用 Val（<字符串表达式>）函数将<字符串表达式>转换为数字，如 Val("10xy")的返回值是数值 10。

② Case 引导的表达式使用 To 关键字确定范围，如 Case 1 To 50 表示运输距离 50 公里以下。

4．编程求 n!=1×2×3×…×n，要求程序用文本框输入 n 和 n!的值。读者可以参照图 15.2 的界面进行设计。

5．在数组 a 中存放 10 个数：20、32、13、4、78、94、43、6、57、86，求其中最小值。要求数据在程序运行过程中通过键盘输入，运行结果由消息框给出。读者可参照实验内容 2 实现。

6．在标题为"打印图案"、背景色为黄色的窗体 Form1 上，设置一标题为"开始"、名称为 Button1 的按钮；设置一文本框（命名为 TextBox1），用于接收输入；设置一个标签（命名为 Label1），Text 属性清空。运行时，在文本框中输入一个表示行数的整数 n，单击"开始"按钮，先判断 n 是否为正整数，若是，则在窗体上打印类似以下的图案，图案颜色为红色，图案的对齐方式为右对齐，实际的行数为文本框中正整数；若不是，则在窗体上打印"请输入正整数"。

```
          1
        2 2
      3 3 3
    4 4 4 4
  5 5 5 5 5
6 6 6 6 6 6
```

（1）设计符合题意的界面，改正以下代码中的错误并补充代码以满足题意要求。

```
Private Sub Button1_Click(ByVal sender As System.Object,
    ByVal e As System.EventArgs) Handles Button1.Click
    Dim n As Integer
    n = TextBox1.Text
    For i = 1 To n
        Label1.Text = Label1.Text & Space(n - i) & StrDup(i, Trim(Str(i))) & vbCrLf
    Next i
End Sub
```

提示：

① StrDup(number,character) 函数返回 number 个 character 代表的字符串的首字符组成的字符串，如 StrDup(3,"abc") 的返回值是"aaa"。

② str(number)函数将数值 number 转换成字符串，通常正数前面会加入一前导空格，如 str(5)的返回值是" 5"、str(-5)的返回值是"-5"。

③ trim(character) 函数将字符串的前导空格和尾随空格去掉，如 trim(" abc ")的返回值是 "abc"。

④ vbCrLf 为 VB.NET 的字符常数，用于回车换行控制。

（2）程序运行时，分别在文本框中输入 6、-4，分析程序运行结果。

（3）程序运行正确后，填写下面的空白。

① 窗体的_____属性设为 "打印图案"。

② 窗体的_____属性设为黄色。

③ 标签的_____属性设为红色。

四、实验思考

1. 怎样设置对象属性？

2. 窗体响应单击的事件名是不是 "窗体名_Click" ？

实验 16   常用控件的操作

一、实验目的

1. 掌握 VB.NET 中常用控件的属性、方法和事件。
2. 初步掌握建立基于图形用户界面应用程序的过程。
3. 学会使用 VB.NET 的常用控件设计用户界面。

二、实验准备

1. 了解文本框的 ForeColor、Font、SelectionStart、SelectionLength、SelectedText 等属性。
2. 了解列表框、组合框的使用以及列表选项的添加。
3. 了解菜单的设计方法。
4. 使用定时器控件设计简单动画。

三、实验内容及步骤

1. 字体大小、颜色控制。新建项目，在窗体 Form1 中设计如图 16.1 所示的界面，要求文本框中的字体大小由组合框中选择的字号决定，字体颜色由单选按钮选定的颜色决定。

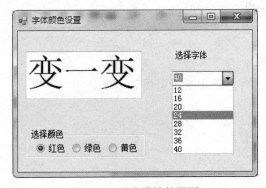

图 16.1   要求设计的界面

提示：

① 将组合框的 Items 属性设置为 12、16、20、24、28、32、36、40，可在"属性"窗口 → "字符串集合编辑"对话框中设置，每输入一个数就输入一个回车。

② 要将多个单选按钮设置成按钮组，需先画 GroupBox 控件，选定该控件后再添加单选按钮控件，且将第一个单选按钮的 Checked 属性设为 True，其他两个设为 False。

③ 在组合框的 SelectedIndexChanged 事件过程中改变文本框的字体大小，而在单选按钮控件数组的 CheckedChanged 事件过程中改变文本框的颜色。

④ 设置文本框的字体属性使用以下语句：
    TextBox1.Font = New Font("宋体", Val(ComboBox1.Text))

⑤ 设置文本框的颜色属性使用以下语句：

　　TextBox1.ForeColor = Color.Red

2．菜单设计。在实验内容1的项目中新建窗体 Form2，并将 Form2 设为启动窗体，窗体标题为"编辑菜单"；在 Form2 中添加 MenuStrip 菜单控件，进行如图16.2所示的菜单设计，其中"编辑"菜单具有两个子菜单项，即"复制"和"粘贴"。

图16.2　"编辑菜单"运行界面

提示：启动窗体的设置方法是，在"解决方案资源管理器"中的项目目录上右击，在打开的项目属性窗口的"应用程序"分类选项卡的"启动窗体"下拉列表框中选择"Form2"列表项，单击标签栏上的关闭按钮即将 Form2 设为启动窗体，如图16.3所示。

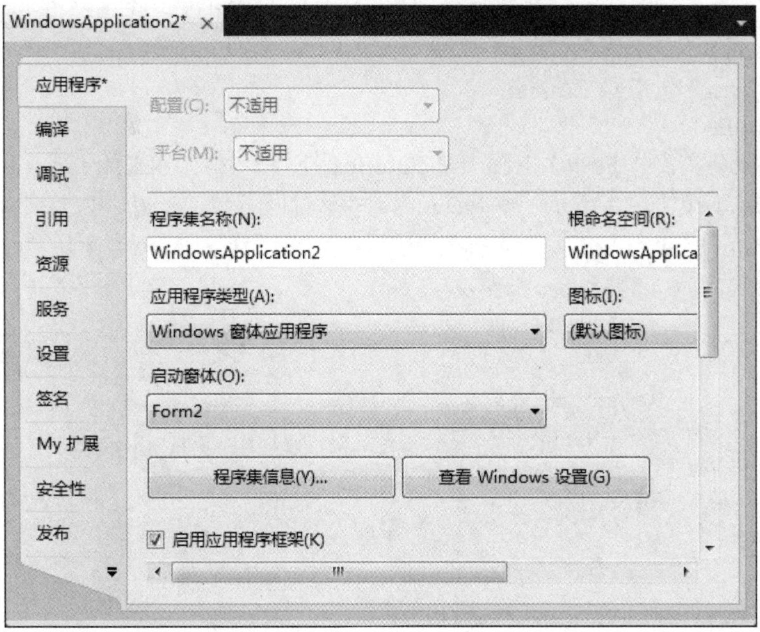

图16.3　项目属性窗口

3．文本的选定与复制。在如图16.2所示的窗体上添加两个文本框（TextBox1 和 TextBox2）、两个标签（Label1 和 Label2），参照图16.4设置其 Text 属性。

要求程序运行时，在文本框 TextBox1 中输入一串字符，选定其中一部分，单击"编辑"→"复制"菜单命令，则在标签 Label1 中显示所选字符串在原文本中的起始点，在 Label2 中显示其长度；单击"编辑"→"粘贴"菜单命令，在 TextBox2 显示 TextBox1 中的选定字符，如图16.5所示。

图 16.4 文本选定窗体界面设置

图 16.5 文本选定复制运行界面

提示：

① 参考教材中 9.5.2 节的文本框属性：SelectionStart、SelectionLength、SelectedText。

② 要在 Label1 中显示所选字符串起始点，可在"编辑"→"复制"菜单命令的 Click 事件过程中使用以下语句：

```
Label1.Text = Label1.Text + Str(TextBox1.SelectionStart)
```

③ 同样在"编辑"→"粘贴"菜单命令的 Click 事件过程中，给 TextBox2 赋值为 TextBox1 中的选定字符。

4．菜单调用窗体。在如图 16.2 所示的窗体上增加一个菜单项，如图 16.6 所示，当单击"字体颜色变化"菜单项时，调用 Form1 窗体，并关闭 Form2 窗体。

提示： 在"字体颜色变化"菜单控件的 Click 事件中使用以下代码调用 Form1：

```
Form1.Show()
```

释放窗体 Form2 使用以下代码：

```
Me.Finalize()
```

5．物体移动。在窗体 Form3 上画一 PictureBox 控件（命名为 PictureBox1），设置其 Image 属性为一个图片，如图 16.7 所示。使 PictureBox1 垂直向下匀速运动，当其底部碰到窗体边界时立即向上运动；同样，当其顶部碰到窗体边界时立即向下运动，如此往复。设置一定时器 Timer1，使得圆每隔 0.1 秒移动一定距离。

图 16.6 菜单调用窗体运行界面

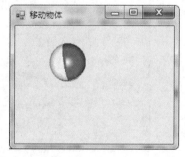
图 16.7 在窗体上设置 PictureBox 控件

要求设计符合题意的界面，并改正代码中隐含的 3 处错误，使程序能按照题意要求运行。

```
Dim x As Single, y As Single, w As Integer
Private Sub Timer1_Tick(ByVal sender As System.Object,
    ByVal e As System.EventArgs) Handles Timer1.Tick
    x = PictureBox1.Location.X
    If y > Me.Height And y < 0 Then            ' 若图片到了窗体边界
        w = -w
```

```
        End If
        y = y - w
        PictureBox1.Location = New Point(x, y)        ' 设置图片到新位置
    End Sub
    Private Sub Form3_Load(ByVal sender As System.Object,
        ByVal e As System.EventArgs) Handles MyBase.Load
        Timer1.Enabled = False
        w = 10                                        ' 每隔一定时间间隔图片移动的距离
    End Sub
```

思考：

① 定时器有哪些事件？

② 怎么确定图片到了窗体边界？

③ 每隔一定时间间隔，图片移动到一个新的位置，怎么让它移动？上下移动应改变其什么属性？

6. 密码验证。设计如图 16.8 所示的窗体 Form4，当用户单击"确定"按钮，程序检查用户输入的用户名和密码与程序设定的都相同时，则显示提示信息"验证成功！"，否则显示提示信息"用户名或密码不正确，验证失败！"。

图 16.8　密码验证运行界面

要求：

（1）窗体中包含两个标签、两个文本框、一个按钮，其属性设置参照图 16.8。

（2）当用户单击"确定"按钮时，验证密码，通过消息框显示成功与否的提示信息；若验证失败，则用户需要重新输入用户名或密码，程序应设置文本框中的字符被选定，使得用户不必先删除文本框中的字符才能输入新的字符；验证成功，可直接退出窗体，不成功可反复操作 3 次，再退出程序。

（3）运行程序时，输入用户名为 user，密码为 1111，可成功通过验证。

提示： 定义一个窗体级变量，用于存放验证尝试的次数。

四、实验思考

1. 若要求实验内容 1 的窗体一运行，就使组合框的当前选项为 12（即其下拉列表框的第 0 项），如何操作或编程？

2. 在实验内容 2 与 3 中增加一个"编辑"→"剪切"菜单项，应如何操作？

3. 为什么要将实验内容 5 中变量 y 定义在 Timer1_Tick 事件过程之前？

实验 17　VB.NET 综合应用

一、实验目的

1. 掌握多个窗体应用程序的设计及其相互调用。
2. 掌握过程的编写方法。
3. 理解变量作用域与生存期。
4. 综合应用所学的知识，编制具有可视化界面的应用程序。

二、实验准备

1. 了解过程的编写方法。
2. 了解启动窗体的设置方法。
3. 了解添加模块的过程。
4. 了解变量定义与引用。
5. 了解窗体装载和卸载。

三、实验内容及步骤

设计一个兴趣爱好调查统计应用程序，要求如下：

（1）欢迎窗体。程序运行时，首先显示图 17.1 所示的"欢迎"窗体，其中的"进入"图案文件装载在 PictureBox1 控件中。

提示：图 17.1 中的箭头图案装载在一个 PictureBox1 控件 image 属性中。

（2）"兴趣爱好调查"窗体。单击"进入"图案后卸载"欢迎"窗体，显示如图 17.2 所示的"兴趣爱好调查"窗体，即可进行多人次调查统计。

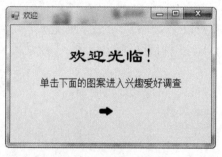

图 17.1　"欢迎"窗体

图 17.2　"兴趣爱好调查"窗体

图 17.2 中的窗体上预设了 4 种爱好：音乐舞蹈、体育活动、文学欣赏、影视游戏，由 4 个复选框组成（名称为 CheckBox1～CheckBox4），该 4 个控件顺序对应这 4 种爱好；另有 3 个按钮，"我喜欢"按钮（名称为 Button1）、"统计"按钮（名称为 Button2）、"退出"按钮（名称为 Button3）。

（3）"我喜欢"信息框。被调查者先将自己的兴趣爱好（一个或多个）勾选，然后单击"我喜欢"按钮，便弹出一消息框显示"你喜欢的是 XX"，即完成一人的调查，如图 17.3 所示。

（4）"统计"窗体。完成多人调查后，单击"统计"按钮将显示"统计"窗体，将调查的总人数和各种爱好的人数显示在标签（名称为 Label1）上，如图 17.4 所示。

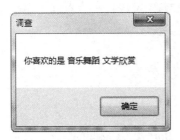

图 17.3　"兴趣爱好调查"消息框

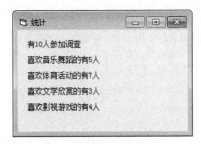

图 17.4　"统计"窗体

（5）公用变量定义。定义数组 a 来存放每种爱好的人数，变量 n 存放参加调查的人数。由于这些变量需要在窗体之间传递，因此它们必须是公用变量，需要在模块中声明：

    Public a(4) As Long, n As Long

提示：添加模块的方法是，单击"项目"→"添加模块"菜单项，在打开的"添加新项"对话框中单击"确定"按钮，即在"解决方案资源管理器"中添加一个 Module1.vb 模块文件。

（6）在"兴趣爱好调查"窗体中，单击"我喜欢"按钮，将执行 Button1_Click 事件过程代码。完成以下代码的注释填空：

```
Private Sub Button1_Click(ByVal sender As System.Object,
    ByVal e As System.EventArgs) Handles Button1.Click
    Dim str As String, i As Integer
    str = "你喜欢的是  "
    For i = 1 To 4
     ' 以下语句定义复选框控件对象 tempcheck，用于存放 GroupBox1 的一个复选框
     Dim tempcheck As CheckBox
     tempcheck = CType(GroupBox1.Controls("CheckBox" & i), CheckBox)
     If tempcheck.Checked Then              ' 若该复选框被____，
        str = str + tempcheck.Text + " "    ' 则将相应的标题_____，
        a(i) = a(i) + 1                      ' 和对应的_____加 1，
     End If
    Next i
    MsgBox(str, , "调查")
    n = n + 1
End Sub
```

提示：CType 函数用于将表达式转换为指定的数据类型、对象等，其语法格式如下：

    CType(<表达式>, <类型名称>)

<表达式>为任何有效的表达式；<类型名称>为任何在 Dim 语句的 As 子句内合法的表达式，即任何数据类型、对象、结构、类等的名称。例如：

    CType(GroupBox1.Controls("CheckBox" & i), CheckBox)

将 GroupBox1 组中的集合项转换为复选框控件对象。

（7）在"兴趣爱好调查"窗体中，单击"统计"按钮，则调用"统计"窗体，请读者根据自己设计的窗体完成以下代码：

```
Private Sub Button2_Click(ByVal sender As System.Object,
    ByVal e As System.EventArgs) Handles Button2.Click
    _____.Show()
End Sub
```

（8）当调用"统计"窗体时，将执行 Form_Load 事件过程代码，在其 Label1 控件中显示各种爱好的人数与参与调查的人数，完成以下程序实现该功能：

```
Private Sub Form3_Load(ByVal sender As System.Object,
    ByVal e As System.EventArgs) Handles MyBase.Load
    Dim i As Integer, str2 As String, tcheck As CheckBox
    str2 = ""
    For i = 1 To 4
        tcheck = CType(Form2.GroupBox1.Controls("CheckBox" & i), CheckBox)
        str2 = str2 & "喜欢" & _____.Text & "的有" & a(i) & "人" & vbCrLf
    Next i
    Label1.Text = "有" & n & "人参加调查" & vbCrLf & str2
End Sub
```

四、实验思考

1. 当某窗体卸载后，其代码还在内存吗？若其代码中定义了全局变量，还能用吗？
2. 若不添加模块，应怎样实现？怎样定义和使用全局变量？

实验 18　数据库访问

一、实验目的

1. 掌握 ADO.NET 数据控件连接 SQL Server 数据库的方法。
2. 掌握 VB.NET 的数据绑定方法。
3. 掌握编写 VB.NET 窗体程序维护数据记录的方法。
4. 掌握在 VB.NET 中查询数据的方法。

二、实验准备

1. 了解 VB.NET 数据控件的属性与方法，如 ComboBox、DataGridView 等控件。
2. 熟悉 ADO.NET 与 SQL Server 数据库建立连接的方法和步骤。
3. 熟悉 ADO.NET 的数据集操作数据记录的方法。

三、实验内容及步骤

1. 新建 VB.NET 项目，命名为 pdb1。
2. 创建数据集。

（1）单击"数据"→"添加新数据源"菜单命令，打开"数据源配置向导"对话框，如图 18.1 所示，选择"数据库"图标，单击"下一步"按钮。

图 18.1　"数据源配置向导"对话框

（2）打开"选择数据库模型"对话框，如图 18.2 所示，选择"数据集"图标，单击"下一步"按钮。

图 18.2　"选择数据库模型"对话框

（3）打开"选择您的数据连接"对话框，如图 18.3 所示，单击"新建连接"按钮。

图 18.3　"选择您的数据连接"对话框

（4）打开"添加连接"对话框，如图 18.4 所示，单击"更改"按钮。

图 18.4 "添加连接"对话框

（5）打开"更改数据源"对话框，选择"数据源"列表框中的 Microsoft SQL Server 选项，如图 18.5 所示，单击"确定"按钮。

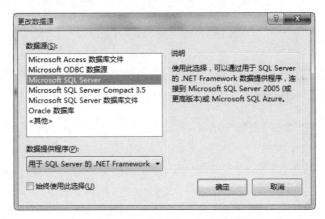

图 18.5 "更改数据源"对话框

（6）返回"添加连接"对话框，选择"服务器名"选项为本地服务器名（如 JSZX2 或者 (Local)）、"登录到服务器"选项为"使用 Windows 身份验证"单选项、"连接到一个数据库"选项的"选择或输入一个数据库名"列表项为需要连接的数据库（如 Student），如图 18.6 所示，单击"测试连接"按钮，弹出"测试连接成功"信息，再单击"确定"按钮。

（7）返回"选择您的数据连接"对话框，单击"下一步"按钮。打开"将连接字符串保存到应用程序配置文件中"对话框，使用默认选项，继续单击"下一步"按钮。

（8）打开"选择数据库对象"对话框，如图 18.7 所示，展开对象树，勾选"表"目录下要在应用程序中使用的数据库对象（如 C_Info 等），单击"完成"按钮，就创建了一个数据集（名称如 StudentDataSet），该数据集将出现在"数据源"窗口中。

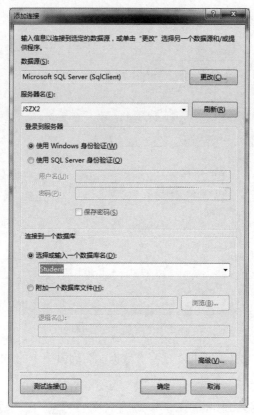

图 18.6   "添加连接"对话框

图 18.7   "选择数据库对象"对话框

注意: 以下实验内容默认使用 StudentDataSet 数据集。

3. 创建窗体 Form1,使用 BindingNavigator 控件浏览 St_Info 表中的学生信息,实现数据绑定,设计界面如图 18.8 所示。

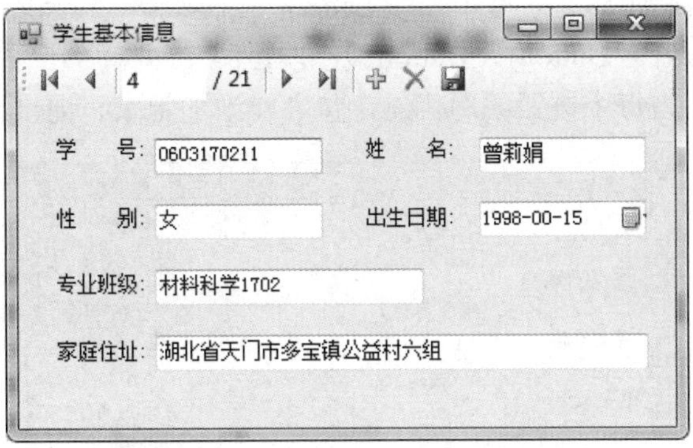

图 18.8 浏览 St_Info 表的程序界面

提示: 在"数据源"窗口中选择 StudentDataSet 数据集的 St_Info 表,展开目录项,选择 St_ID 节点,按住左键拖拽 St_ID 列到 Form1 窗体上,放置在合适位置,修改 St_IDLabel 标签的 Text 属性为"学号",同时文本框 St_IDTextBox 与数据源的 St_ID 列实现绑定,并且在窗体顶部显示 BindingNavigator 控件 St_InfoBindingNavigator,用于记录之间的导航,同样可添加其他各列。

程序运行时,单击 St_InfoBindingNavigator 控件的箭头按钮,将指针定位到姓名为"曾莉娟"的学生记录。

4. 参照实验步骤 3,在项目 pdb1 中建立访问 Student 数据库的 C_Info 表的新窗体 Form2,如图 18.9 所示。

图 18.9 Form2 界面布局

(1)选择 C_InfoBindingNavigator 控件,将其 Visible 属性设置为 False。

(2)分别为窗体 Form2 的按钮添加代码,使之可以通过 C_InfoBindingSource 控件控制 C_Info 数据集的移动,并且将记录指针定位在课程为"体育"的记录上。

提示:

① 修改工程 pdb1 的属性,使其"启动对象"为 Form2,以便 VB.NET 的"启动调试"命令能运行 Form2 窗体。

② 记录的移动使用 C_InfoBindingSource 控件的 MoveFirst、MovePrevious、MoveNext、MoveLast 方法来实现。

5．新建窗体 Form3，用于对 C_Info 表进行记录添加操作。

（1）在 Form3 中添加 5 个标签（名称 Label1～Label5）、5 个文本框（名称 TextBox1～TextBox5）、2 个按钮（名称 Button1～Button2），按钮的 Text 属性分别设置为"添加"和"退出"，如图 18.10 所示。为每个按钮编写代码，使之能添加记录、退出窗体。

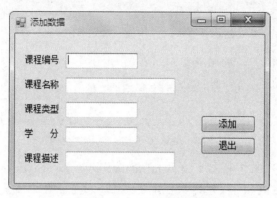

图 18.10　Form3 界面布局

（2）运行窗体 Form3，添加课程编号为 9720053、课程名称为"Fortran 程序课程设计"、课程类别为"实践"、学分为 1 的课程记录；再次运行窗体 Form2，浏览这些数据是否已添加，并将记录指针定位在课程名为"Fortran 程序课程设计"的记录上。

提示：由于不绑定数据控件，因此添加数据集使用以下方法，选择"工具箱"的"数据"控件组中的 BindingSource 控件图标，拖拽到窗体，设置名称属性为 C_InfoBindingSource、DataSource 属性为 StudentDataSet 数据集、DataMember 属性为 C_Info，在组件盘中出现 C_InfoBindingSource 图标，同时组件盘中将自动生成 StudentDataSet、C_InfoTableAdapter 对象图标。

6．新建窗体 Form4，用于对 C_Info 表进行修改和删除操作。

（1）参照实验步骤 3 设计窗体界面，添加 3 个按钮（名称 Button1～Button3），其 Text 属性分别设置为"修改""删除""退出"，如图 18.11 所示。

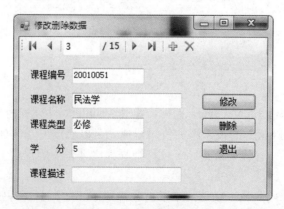

图 18.11　Form4 界面布局

（2）为每个按钮编写代码，使之能修改记录、删除记录及退出窗体。

```
Private Sub Button1_Click(ByVal sender As System.Object,
    ByVal e As System.EventArgs) Handles Button1.Click
    C_InfoBindingSource.EndEdit()
    C_InfoTableAdapter.Update(StudentDataSet.C_Info)
End Sub
Private Sub Button2_Click(ByVal sender As System.Object,
    ByVal e As System.EventArgs) Handles Button2.Click
    C_InfoBindingSource.EndEdit()
    C_InfoTableAdapter.Delete(Trim(TextBox1.Text), Trim(TextBox2.Text),
        Trim(TextBox3.Text), Trim(TextBox4.Text), Trim(TextBox5.Text))
End Sub
```

7．实现复杂数据绑定。

（1）新建窗体 Form5，在窗体上添加一个标签，标题为"课程编号"，添加一个文本框，名称为 TextBox1，添加一个 ComboBox 控件，名称为 ComboBox1，绑定数据源为 C_Info 表，设置 DataSource 属性为 C_InfoBindingSource、DisplayMember 属性为 C_Name、ValueMember 属性为 C_No，窗体布局如图 18.12 所示。

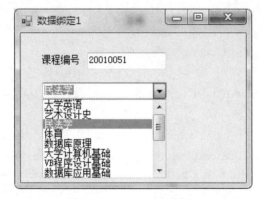

图 18.12 Form5 界面布局

（2）在 ComboBox1_SelectedIndexChanged 事件过程中添加以下代码：

```
Private Sub ComboBox1_SelectedIndexChanged(ByVal sender As System.Object,
    ByVal e As System.EventArgs) Handles ComboBox1.SelectedIndexChanged
    If ComboBox1.SelectedIndex >= 0 Then
        TextBox1.Text = ComboBox1.SelectedValue
    End If
End Sub
```

分析：TextBox1 控件的 Text 属性为什么是 ComboBox1 控件选择的课程名称所对应的课程编号？

（3）运行 Form5 窗体，单击 ComboBox1 控件的下拉按钮，查看其列表中是否列出所有课程名称；单击某一课程名称，观察课程编号文本框是否显示为其对应的课程编号。

8．查询指定班级的学生姓名。

（1）新建窗体 Form6，在窗体上添加一个 ComboBox 控件，名称为 ComboBox1，添加一个 ListBox 控件，名称为 ListBox1，窗体布局如图 18.13 所示。

图 18.13　窗体 Form6 运行界面

（2）在 SQL Server 中，使用以下语句创建视图 vClname，查询 St_Info 表的班级名称。

```
CREATE VIEW vClname
AS
SELECT DISTINCT Cl_Name FROM St_Info
```

在 VB.NET 的数据源窗口中，单击"使用向导配置数据源"按钮，打开"选择数据库对象"对话框，在对象树的"视图"目录中勾选 vClname 目录项。单击"完成"按钮，视图 vClname 就成为 StudentDataSet 中的一个数据源。

（3）ComboBox1 控件绑定数据源。设置 ComboBox1 控件的 DataSource 属性为 ClnameBindingSource、DisplayMember 属性为 Cl_Name。

（4）ListBox1 控件绑定数据源。设置 ListBox1 控件的 DataSource 属性为 St_InfoBindingSource、DisplayMember 属性为 St_Name。设置 St_InfoBindingSource 对象的 Filter 属性为 NULL。

（5）在 ComboBox1 控件的 SelectedIndexChanged 事件过程中添加以下代码：

```
Private Sub ComboBox1_SelectedIndexChanged(ByVal sender As System.Object,
    ByVal e As System.EventArgs) Handles ComboBox1.SelectedIndexChanged
    St_InfoBindingSource.Filter = "Cl_Name ='" & Trim(ComboBox1.Text)   &    "'"
End Sub
```

以上代码为 St_InfoBindingSource 数据源设置筛选条件：选择组合框 ComboBox1 所显示的班级对应的学生信息。

（6）运行 Form6 窗体，当用户在 ComboBox1 控件中选择一个班级名时，ListBox1 控件会显示该班级的学生姓名。例如选择了"口腔（七）1701"这个班级，窗体 Form6 显示的结果如图 18.13 所示。

9. 查询指定课程名称的学生成绩。

（1）新建窗体 Form7，添加一个 ComboBox 控件（名称为 ComboBox1）、一个 DataGridView 控件（名称为 DataGridView1）。窗体布局如图 18.14 所示。

（2）设置 ComboBox1 控件的属性，使得 ComboBox1 控件的 DataSource 属性为 C_InfoBindingSource、DisplayMember 属性为 C_Name、ValueMember 属性为 C_No。

提示：将 ComboBox1 控件的 DisplayMember 属性设置为 C_Name、ValueMember 属性设置为 C_No，这样设置的目的是 ComboBox1 控件列表显示的是课程名称 C_Name，而绑定的数据列是课程编号 C_No，通过 SelectedValue 属性可以直接获取当前选择课程的课程编号值。

图 18.14 Form7 运行界面

（3）设置 DataGridView1 控件的属性，使得 DataGridView1 控件的 DataSource 属性为 S_C_InfoBindingSource。设置 S_C_InfoBindingSource 对象的 Filter 属性为 NULL。

（4）参照实验步骤 8（5），为 Form7 的 ComboBox1 控件的 SelectedIndexChanged 事件过程添加代码，使得在 ComboBox1 控件中每选择一门课程，DataGridView1 控件就自动显示该课程的所有成绩信息，如选择"大学计算机基础"课程，DataGridView1 控件显示如图 18.14 所示数据。

四、实验思考

1. 要将实验步骤 6 的窗体 Form4 的修改记录的操作使用 SqlCommand 对象的 SQL 命令来实现，应该如何编写代码？

2. 在窗体 Form7 中，若 ComboBox1 控件的列表设置为学生姓名，要求每选择一个学生就在 DataGridView1 控件中显示该学生所修课程的名称及成绩，应如何操作？

实验 19　综合实验

一、实验目的

1. 掌握 VB.NET 编写数据库应用程序的方法。
2. 学会使用 SQL 实现数据查询与统计。
3. 掌握多文档窗体的建立及菜单的编辑方法。
4. 学会将工程构成一个完整的应用程序并生成 .EXE 程序。

二、实验准备

1. 了解 VB.NET 开发数据库应用的步骤。
2. 了解窗体之间的参数传递方法。
3. 了解菜单编辑器的使用与菜单项的编程方法。
4. 了解多文档窗体的建立及其子窗体属性设置方法。

三、实验内容及步骤

1. 通过用户选择学院、班级信息，查询某班的所有学生信息。

（1）新建 VB.NET 项目，命名为 pdb2。

（2）在"数据源"窗口中，添加新数据集 StDataSet，使之与数据库 Student 建立连接。

（3）在窗体 Form1 中，添加一个标签，设置标题为"选择学院"；添加一个 ComboBox 控件（名称为 ComboBox1）。

（4）设置 ComboBox1 控件的 DataSource 属性为 DInfoBindingSource、DisplayMember 属性为 D_Name、ValueMember 属性为_____，使之列表值为学院名称，绑定数据列为学院编号，其运行界面如图 19.1 所示。

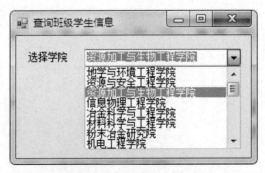

图 19.1　使用组合框选择院系名称

（5）参照 ComboBox1 控件的学院操作，在窗体 Form1 上再添加 ComboBox 控件（名称为 ComboBox2），如图 19.2 所示。

图 19.2　使用组合框选择班级名称

（6）参照实验 18 的实验步骤 8（2）为 St_Info 表创建视图 vDClname，该视图包括 Cl_Name 和 D_ID 两列，并使班级名在视图中唯一。使用数据源向导将视图 vDClname 配置到数据集 StDataSet 中。

（7）设置 ComboBox2 控件的 DataSource 属性、DisplayMember 属性，使之列表值为班级名称。

（8）为 ComboBox1_SelectedIndexChanged 事件过程添加代码，使得 ComboBox1 中每选择一个学院（如法学院），就在 ComboBox2 控件中列出该学院对应的班级名称。

```
Private Sub ComboBox1_SelectedIndexChanged(ByVal sender As System.Object,
    ByVal e As System.EventArgs) Handles ComboBox1.SelectedIndexChanged
        VDClnameBindingSource. _____ = "D_ID ='" & Trim(ComboBox1. _____) & "'"
    End Sub
```

请完成以上代码并运行，操作界面如图 19.2 所示，当用户选择"法学院"时，班级列表中将显示该院所有班级名称。

（9）在窗体 Form1 上添加一个 DataGridView 控件（名称为 DataGridView1），使 DataGridView1 控件与 St_Info 表绑定，显示当前选定的班级的所有学生记录，如图 19.3 所示。

使用以下代码进行记录筛选：

```
StInfoBindingSource.Filter = "Cl_name ='" & Trim(ComboBox2.Text) & "'"
```

分析：该代码应放在什么事件过程中？

运行窗体 Form1，将班级名称选择为"法学院"的"法学 1603"班，查看 DataGridView1 控件显示的学生信息。

图 19.3　使用 DataGridView 控件显示选定班级学生信息

2. 通过选择课程名称、班级名称，查询某班某课程的学生成绩，要求通过组合框选择课程名称和班级名称，使用 DataGridView 控件显示选定课程与班级的学生成绩。

（1）在项目 pdb2 中，创建窗体 Form2，参照实验内容及步骤 1 中的（3）～（9）添加控件，其运行界面如图 19.4 所示。

图 19.4　查询班级学生成绩

（2）参照实验内容及步骤 1（4），设置 ComboBox1 控件属性，使之列表值为课程名称，绑定数据列为课程编号。

（3）参照实验内容及步骤 1（7），设置 ComboBox2 控件属性，使之列表值为班级名称。

（4）参照实验内容及步骤 1（6），在 SQL Server 中为 St_Info、S_C_Info、C_Info 表创建视图 vNameScore，使之查询学生的学号、姓名、课程编号、课程名称、成绩、学分、班级名称等信息，并将视图 vNameScore 配置到数据集 StDataSet 中。

（5）使 DataGridView1 控件与视图 vNameScore 进行数据绑定。选择 DataGridView1 控件并右击，在弹出的快捷菜单中选择"编辑列"命令，打开"编辑列"对话框，选择 C_No、C_Name、C_Credit、Cl_Name 列，设置其 Visible 属性为 False。

（6）为 ComboBox1 控件的 SelectedIndexChanged 事件过程添加代码，使之为 DataGridView1 控件筛选所选课程的所有学生信息。为 ComboBox2 控件的 SelectedIndexChanged 事件过程添加代码，使之为 DataGridView1 控件筛选所选课程所选班级的所有学生信息，如图 19.4 所示。

3．在项目 pdb2 中，创建窗体 Form3，当用户单击窗体 DataGridView1 控件的一个数据行时，调用 Form3，使 Form3 以网格形式显示 Form1 中被选择学生的所有成绩（包括课程名称和成绩），并统计该生的所修学分总数，以标签方式显示，如图 19.5 所示。

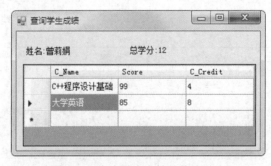

图 19.5　查询学生成绩并统计学分

提示：

① 当用户单击窗体 Form1 的 DataGridView1 控件的数据行时，可以通过 DataGridView1_

CellClick 事件调用窗体 Form3。调用窗体 Form3 的代码如下：

```
Private Sub DataGridView1_CellClick(ByVal sender As Object,
    ByVal e As System.Windows.Forms.DataGridViewCellEventArgs)
    Handles DataGridView1.CellClick
    Form3.Show()
End Sub
```

② 在窗体 Form3 的 Load 事件中，可以使用以下代码实现筛选学生所修改课程及成绩，并统计总学分。

```
Private Sub Form3_Load(ByVal sender As System.Object,
    ByVal e As System.EventArgs) Handles MyBase.Load
    Me.VNameScoreTableAdapter.Fill(Me.StDataSet.vNameScore)
    Dim s As Integer, i As Integer
    With Form1.DataGridView1
        Label1.Text = Label1.Text & .Item(1, .CurrentCell.RowIndex).Value.ToString
        VNameScoreBindingSource.Filter =
            "st_id='" & Trim(.Item(0, .CurrentCell.RowIndex).Value.ToString) & "'"
    End With
    ' 以下循环读取 VNameScoreBindingSource 绑定中的每条记录的成绩（第 4 列值）
    ' 判断其是否>=60，是则总学分+当前学分（第 5 列值），否则不加
    For i = 0 To VNameScoreBindingSource.Count - 1
        If VNameScoreBindingSource.Current(4) > =60 Then
            s = s + VNameScoreBindingSource.Current(5)
        End If
        VNameScoreBindingSource.MoveNext()
    Next
    Label2.Text = Label2.Text & s
End Sub
```

其中，VNameScoreBindingSource 查询学生成绩的视图的数据集绑定对象，数据集绑定对象的 Current(i)属性可以获取当前记录的第 i 列的数据值。

4. 创建多文档窗体和菜单。

（1）在项目 pdb2 中新建窗体 Form5，设置其属性 IsMdiContainer 为 True，使之成为 MDI 父窗体（即多文档窗体）。在窗体 Form5 中设计如图 19.6 所示菜单界面，分别命名为 mnQSt 和 mnQScore。

图 19.6 多文档窗体及菜单界面

（2）设置窗体 Form5 为项目 pdb2 的启动窗体，通过两菜单项分别调用窗体 Form1 和 Form2，并使之成为其子窗体。

提示：要将窗体 Form1 设置为 Form5 的子窗体，可以使用以下调用方法。

```
Private Sub mnQst_Click(ByVal sender As System.Object,
    ByVal e As System.EventArgs) Handles mnQst.Click
    Form1.MdiParent = Me        ' Me 表示当前父窗体 Form5
    Form1.Show()
End Sub
```

同样，使用以上方法调用窗体 Form2。

四、实验思考

1．若将 Form1 中的"选择学院"组合框与"选择班级"组合框使用 ListBox 控件代替，如何设置其属性及编写对应的代码来实现 Form1 的班级学生信息查询功能？

2．若将 Form3 的 DataGridView1 控件的标题设置为"课程名称""成绩""学分"，如何实现？

第二篇　课程设计案例

案例 1　诗词信息管理系统

诗词信息管理系统（Poem Information Management System，PIMS）是指利用计算机对诗词信息进行收集、存储、处理、提取和数据交换的综合型的计算机应用系统，适合诗词爱好者管理自己的诗词作品、在系统的协助下创作新作品，也可以搜集整理自己喜爱的诗词作品，具有诗词作品管理和诗人信息管理等功能。本案例主要介绍如何使用 VB.NET 语言设计一个 SQL Server 2008 环境下的诗词信息管理系统。

1.1　系统需求分析

为了提高系统开发水平和应用效果，系统应符合诗词信息管理的规定，满足对诗词信息管理的需要，并达到操作过程中的直观、方便、实用、安全等要求。系统采用模块化程序设计的方法，便于系统功能的组合、修改、扩充和维护。

根据需求分析，列出本系统需要实现的基本功能。

1. 系统需求

诗词信息管理的主要功能是用于录入和查询各项诗词的基本信息（包括诗词的题目信息、作者的基本信息、年代信息、体裁信息、诗词的类别、诗词的内容），用于录入和查询诗人的各项信息（包括诗人的姓名、年代及简介）。

2. 功能需求

根据系统需求分析，本系统的功能需求如下：

（1）系统管理。系统管理的功能是在该系统运行结束后，用户通过选择"系统管理"→"退出"菜单命令能正常退出系统，回到 Windows 环境。

（2）诗词管理。诗词管理的功能是设置和管理诗词的类型和数据，使系统的其他界面的一些操作更加方便，在权限范围内可以进行诗词的数据录入、修改、删除和查询。

（3）诗人管理。诗人管理的功能是设置和管理诗人的基本信息，在权限范围内可以进行诗人的数据录入、修改、删除和查询。

（4）背景设置。设置背景和背景音乐，这是一个辅助功能，目的是让操作者在一个轻松、愉快的环境下进行诗词欣赏。

3. 性能需求

（1）硬件环境。

处理器：Intel Pentium III 兼容或更高。

内存：1GB。

硬盘空间：40GB。

显卡：SVGA 显示适配器。

（2）软件环境。

操作系统：Windows XP/7 或 Windows Server 2003 及以上版本。

数据库系统：Microsoft SQL Server 2008。

1.2　系统设计

1.2.1　系统功能设计

诗词信息管理系统主要实现系统管理、诗词管理、诗人管理、背景设置和帮助等功能，包含的系统功能模块如图 1.1 所示。

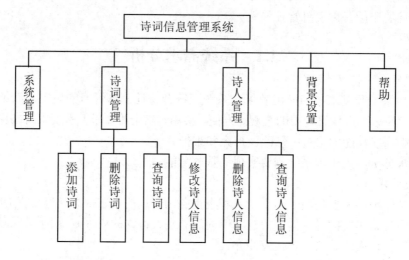

图 1.1　诗词信息管理系统的功能模块

下面介绍系统各模块的功能。

1. 系统管理模块

用于登录系统和退出系统。

2. 诗词管理模块

（1）添加诗词子模块。用户根据自己的爱好添加搜集的诗词，也可以添加自己创作的诗词。

（2）删除诗词子模块。在该模块下，用户可以对指定题目的诗词进行查询，同时可以对该诗词进行修改和删除。

（3）查询诗词子模块。用户可以按诗词的作者姓名、年代、体裁、类别进行查询，并能统计当前查询到的记录数。无论是按哪种方式查询到的诗词，只要单击该记录的任意位置就可以显示该诗词的内容。

3. 诗人管理模块

（1）添加诗人信息子模块。包含作者姓名、年代、简介这些信息。

（2）删除诗人信息子模块。通过输入诗人姓名进行查询，用户可根据情况进行修改和删除诗人信息。

（3）查询诗人信息子模块。用户可以按诗人姓名查询，也可以查询全部诗人信息，在查询的同时统计查询到的记录数，单击该记录的任意位置可显示该诗人的全部信息。

4．背景设置模块

包含打开背景、关闭背景、打开背景音乐和关闭背景音乐模块。

5．帮助模块

显示系统的开发版本和系统说明信息。

1.2.2　数据库设计

1．数据库概念结构设计

根据上面的设计规划出的实体有诗人实体和诗词实体，它们的 E-R 图如图 1.2 所示，它们之间具有一对多的关系。

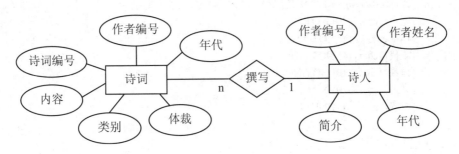

图 1.2　诗词实体和诗人实体的 E-R 图

2．数据库逻辑结构设计

将数据库概念结构转化为 SQL Server 数据库系统所支持的实际数据模型，也就是数据库的逻辑结构。在上面的实体及实体之间关系的基础上形成数据库中的表及表之间的关系。

诗词信息管理系统数据库中包含诗词基本表和诗人基本表，数据表的设计如表 1.1 和表 1.2 所示，每个表表示数据库中的一个数据表。

表 1.1　poem（诗词）信息表

列名	数据类型	是否为空	说明
诗词编号	Int	NOT NULL	主键
题目	Char(40)	NOT NULL	
作者编号	Int	NOT NULL	
年代	Char(4)	NOT NULL	
体裁	Char(10)	NOT NULL	
类别	Char(10)	NOT NULL	
内容	Text	NOT NULL	

表 1.2　poet（诗人）信息表

列名	数据类型	是否为空	说明
作者编号	Int	NOT NULL	主键
作者姓名	Char(8)	NOT NULL	
年代	Char(4)	NOT NULL	
简介	Text	NOT NULL	

3. 创建数据库对象

经过需求分析和概念结构设计后得到诗词信息管理数据库 PoemManager 的逻辑结构。SQL Server 逻辑结构的实现在对象资源管理器或 SQL 查询设计器中进行。下面是用查询设计器创建这些表格的 SQL 语句。

（1）创建 poem（诗词）信息表结构。

```
CREATE TABLE [dbo].[poem]
(
      [诗词编号] [int] NOT NULL PRIMARY KEY,
      [题目] [char] (40) NOT NULL ,
      [作者编号] [int] NOT NUL ,
      [年代] [char] (4) NOT NULL ,
      [体裁] [char] (10) NOT NULL ,
      [类别] [char] (10) NOT NULL ,
      [内容] [text] NOT NULL ,
)
```

（2）创建 poet（诗人）信息表结构。

```
CREATE TABLE [dbo].[poet]
(
      [作者编号] [int] NOT NULL PRIMARY KEY,
      [作者姓名] [char] (8) NOT NULL ,
      [年代] [char] (4) NOT NULL ,
      [简介] [text] NOT NULL ,
)
```

1.3　系统实现

在 SQL Server 的查询设计器中执行了创建数据表的 SQL 语句后，有关数据结构的后台设计工作就完成了。下面通过 VB.NET 进行诗词信息管理系统的功能模块和数据库系统的客户端程序的实现。

1.3.1　主窗体

在 VB.NET 中，可以通过 ADO.NET 访问各种数据库。下面介绍诗词数据库应用程序的具体实现过程。

1. 创建项目 prjPoemManager

启动 VB.NET 后，单击"文件"→"新建项目"菜单命令，在项目模板中选择"Windows

窗体应用程序"选项。将默认的项目名称 WindowsApplication1 修改为 prjPoemManager，单击"确定"按钮，即可建立该项目。

第一次建立项目时，该项目只是暂存在内存中，当保存项目时，可以选择项目保存位置进行存盘，同时也可以更改项目的默认名称。

2. 创建诗词信息管理系统主窗体

在项目中添加一个窗体并命名为 frmMain.frm，作为系统主窗体，其 Text 属性为"诗词信息管理系统"，Name 属性为 frmMain。本系统是多文档界面程序，frmMain.frm 是父窗体，因此，其 IsMdiContainer 属性值为 True。

单击该窗体工具栏中的"菜单编辑器"按钮，创建主窗体的菜单，菜单结构如图 1.3 所示，菜单标题、菜单名称及调用对象等属性如表 1.3 所示。

图 1.3 诗词信息管理系统主窗体

为了让主窗体更美观，通过主窗体的 BackgroundImage 属性添加背景图片，如图 1.3 所示，该图片文件位于 Debug 目录下。系统主窗体启动时调用 frmLogin.frm 窗体，产生提示效果。

表 1.3 菜单标题、名称及调用对象说明

菜单标题	菜单名称	调用对象
系统管理	系统管理 ToolStripMenuItem	
退出	退出 ToolStripMenuItem	
诗词管理	诗词管理 ToolStripMenuItem	
添加诗词	添加诗词 ToolStripMenuItem	frmAddPoem
删改诗词	删改诗词 ToolStripMenuItem	frmModifyPoem
查询诗词	查询诗词 ToolStripMenuItem	frmQueryPoem
诗人管理	诗人管理 ToolStripMenuItem	
添加诗人信息	添加诗人 ToolStripMenuItem	frmAddPoet
删改诗人信息	删改诗人 ToolStripMenuItem	frmUpdatePoet
查询诗人信息	查询诗人 ToolStripMenuItem	frmQueryPoet

续表

菜单标题	菜单名称	调用对象
设置	设置 ToolStripMenuItem	
打开背景	打开背景 ToolStripMenuItem	
关闭背景	关闭背景 ToolStripMenuItem	
打开背景音乐	打开背景音乐 ToolStripMenuItem	
关闭背景音乐	关闭背景音乐 ToolStripMenuItem	
帮助	帮助 ToolStripMenuItem	
关于	关于 ToolStripMenuItem	frmAbout

在系统的主窗体 frmMain 类的代码中包含以下信息：

```
' 以下为窗体运行时初始化过程 frmMain_Load
Private Sub frmMain_Load(ByVal sender As Object, ByVal e As System.EventArgs) Handles Me.Load
    ' 窗体居中显示
    Me.Top = (Screen.PrimaryScreen.WorkingArea.Height - Me.Height) \ 2
    Me.Left = (Screen.PrimaryScreen.WorkingArea.Width - Me.Width) \ 2
    ' 准备播放音乐
    ' 获取背景音乐文件的存放位置
    Dim MyFullPath = System.IO.Path.GetFullPath("bg.mp3")
    AxWindowsMediaPlayer1.Visible = False
    AxWindowsMediaPlayer1.URL = MyFullPath                  ' 歌曲的位置
    AxWindowsMediaPlayer1.uiMode = "mini"                   ' 播放器界面模式
    AxWindowsMediaPlayer1.settings.volume = 100            ' 音量，0～100
    AxWindowsMediaPlayer1.settings.playCount = 100         ' 播放次数
    AxWindowsMediaPlayer1.Ctlcontrols.stop()
    ToolStripMenuItem.Enabled = False                      ' 打开背景
    ToolStripMenuItem.Enabled = True                       ' 关闭背景
    ToolStripMenuItem.Enabled = True                       ' 打开背景音乐
    ToolStripMenuItem.Enabled = False                      ' 关闭背景音乐
End Sub
' 以下 frmMain_Shown 事件过程用于显示启动画面，在主窗体中的诗词集窗体及登录窗体显示
Private Sub frmMain_Shown(ByVal sender As Object,
    ByVal e As System.EventArgs) Handles Me.Shown
    frmLogin.ShowDialog()          ' 启动"诗词集"画面窗体
    Frmlg.ShowDialog()             ' 启动"登录"窗体
End Sub
```

以下是单击菜单项时调用的对应窗体：

```
' 背景图片控制
Private Sub 打开背景 ToolStripMenuItem_Click(ByVal sender As System.Object,
    ByVal e As System.EventArgs) Handles 打开背景 ToolStripMenuItem.Click
    Dim MyFullPath = System.IO.Path.GetFullPath("bg1.bmp")
    Me.BackgroundImage = System.Drawing.Image.FromFile(MyFullPath)   ' 打开背景图片
    关闭背景 ToolStripMenuItem.Enabled = True
    打开背景 ToolStripMenuItem.Enabled = False
```

End Sub

Private Sub 关闭背景 ToolStripMenuItem_Click(ByVal sender As System.Object,
    ByVal e As System.EventArgs) Handles 关闭背景 ToolStripMenuItem.Click
    Me.BackgroundImage = Nothing   '关闭背景图片
    打开背景 ToolStripMenuItem.Enabled = True
    关闭背景 ToolStripMenuItem.Enabled = False
End Sub
' 背景音乐控制
Private Sub 打开背景音乐 ToolStripMenuItem_Click(ByVal sender As System.Object,
    ByVal e As System.EventArgs) Handles 打开背景音乐 ToolStripMenuItem.Click
    AxWindowsMediaPlayer1.Ctlcontrols.play()   '播放
    打开背景音乐 ToolStripMenuItem.Enabled = False
    关闭背景音乐 ToolStripMenuItem.Enabled = True
End Sub
Private Sub 关闭背景音乐 ToolStripMenuItem_Click(ByVal sender As System.Object,
    ByVal e As System.EventArgs) Handles 关闭背景音乐 ToolStripMenuItem.Click
    AxWindowsMediaPlayer1.Ctlcontrols.stop()   '关闭
    打开背景音乐 ToolStripMenuItem.Enabled = True
    关闭背景音乐 ToolStripMenuItem.Enabled = False
End Sub
' 显示添加诗词信息窗口
Private Sub 添加诗词 ToolStripMenuItem_Click(ByVal sender As System.Object,
    ByVal e As System.EventArgs) Handles 添加诗词 ToolStripMenuItem.Click
    Frmaddpoem.MdiParent = Me
    Frmaddpoem.Show()
End Sub
' 显示修改诗词信息窗口
Private Sub 删改诗词 ToolStripMenuItem_Click(ByVal sender As System.Object,
    ByVal e As System.EventArgs) Handles 删改诗词 ToolStripMenuItem.Click
    Frmmodifypoem.MdiParent = Me
    Frmmodifypoem.Show()
End Sub
' 显示查询诗词信息窗口
Private Sub 查询诗词 ToolStripMenuItem_Click(ByVal sender As System.Object,
    ByVal e As System.EventArgs) Handles 查询诗词 ToolStripMenuItem.Click
    Frmquerypoem.MdiParent = Me
    Frmquerypoem.Show()
End Sub
' 显示添加诗人信息窗口
Private Sub 添加诗人 ToolStripMenuItem_Click(ByVal sender As System.Object,
    ByVal e As System.EventArgs) Handles 添加诗人 ToolStripMenuItem.Click
    Frmaddpoet.MdiParent = Me
    Frmaddpoet.Show()
End Sub
' 显示修改诗人信息窗口
Private Sub 删改诗人 ToolStripMenuItem_Click(ByVal sender As System.Object,
    ByVal e As System.EventArgs) Handles 删改诗人 ToolStripMenuItem.Click

```
            Frmupdatepoet.MdiParent = Me
            Frmupdatepoet.Show()
        End Sub
    ' 显示查询诗人信息窗口
    Private Sub 查询诗人 ToolStripMenuItem_Click(ByVal sender As Object,
        ByVal e As System.EventArgs) Handles 查询诗人 ToolStripMenuItem.Click
            Frmquerypoet.MdiParent = Me
            Frmquerypoet.Show()
        End Sub
    ' 启动关于窗口
    Private Sub 关于 ToolStripMenuItem_Click(ByVal sender As System.Objcct,
        ByVal e As System.EventArgs) Handles 关于 ToolStripMenuItem.Click
            frmabout.MdiParent = Me
            frmabout.Show()
        End Subb
    ' 启动退出窗口
    Private Sub 退出 ToolStripMenuItem_Click(ByVal sender As System.Object,
        ByVal e As System.EventArgs) Handles 退出 ToolStripMenuItem.Click
            End
        End Sub
```

窗体 frmLogin 被主窗体 frmMain 所调用，用于向用户强调本系统的任务为诗词信息管理，如图 1.4 所示。

图 1.4　frmLogin 窗体外观

frmLogin 窗体的控件及属性设置如表 1.4 所示。

表 1.4　frmLogin 窗体的控件及属性设置

控件名称	属性	属性取值	说明
Form	Text	frmLogin	窗口标题
	Name	frmLogin	对象名称
	StartPosition	CenterParent	启动后屏幕位置
	BackgroundImage	图片	指明背景图片所在位置
	FormBorderStyle	None	没有边框
Timer	Name	Timer1	时钟对象名称
	Enabled	True	允许对象对事件作出反应
	Interval	1000	控件的计时事件中各调用间的毫秒数

frmLogin 窗体是在登录窗体前出现的，有 1000ms 的延迟，通过定时器控件 Timer1 控制，其 Tick 事件代码如下：

```
Private Sub Timer1_Tick(ByVal sender As System.Object,
    ByVal e As System.EventArgs) Handles Timer1.Tick
    If Timer1.Interval = 1000 Then
        Me.Close()
    End If
End Sub
```

当诗词提示界面运行完后，调用 frmLg 窗体进行登录操作，frmLg 窗体界面如图 1.5 所示。

图 1.5　frmLg 窗体界面

frmLg 窗体的代码如下：

```
Private Sub Command1_Click(ByVal sender As System.Object,
    ByVal e As System.EventArgs)    Handles Command1.Click
    If txtName.Text = "user" And txtPwd.Text = "1234" Then
        MsgBox("登录成功,欢迎使用本系统!")
        Me.Close()
    Else
        MsgBox("用户名或密码不正确,退出系统!")
        End
    End If
End Sub
```

其中，txtName 和 txtPwd 控件对象为文本框，分别用于输入用户名和密码。当用户名和密码都正确时登录成功，返回 frmMain 窗体，即让 frmMain 窗体的 Enabled 属性值为 True。

1.3.2　诗词管理模块

诗词管理模块可以实现以下功能：添加诗词、删改诗词、查询诗词。

诗词管理模块通过 ADO.NET 技术与 SQL Server 数据库来实现信息数据的各项操作，因此，在各功能模块前均要引用 SQL Server 的命名空间：

```
Imports System.Data.SqlClient
```

此语句要求放置在所有声明语句的最前面，即在相关窗体文件的开始处（Public Class Form1 的上面）。

1. "添加诗词" 窗体的设计

"添加诗词" 窗体布局如图 1.6 所示，两个按钮分别控制添加和返回操作。作者、体裁、类别等选项使用组合框，以便用户从下拉列表框中选取相应数据。

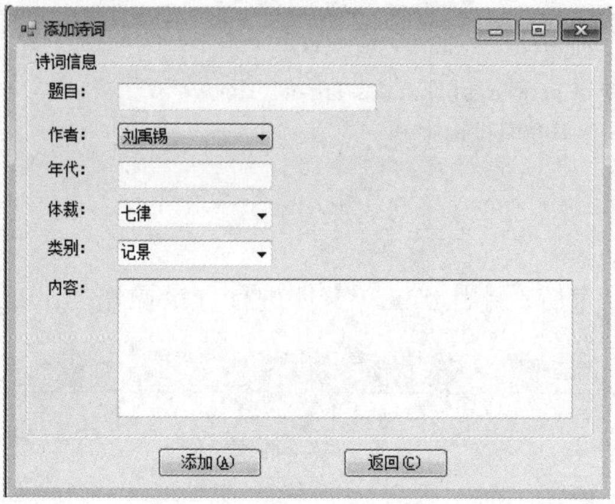

图 1.6　"添加诗词"窗体

创建"添加诗词"窗体并命名为 frmAddPoem，向窗体添加控件并设置控件的属性，如表 1.5 所示。

表 1.5　frmAddPoem 窗体的控件及属性设置

控件名称	属性	属性值	说明
Form	Text	添加诗词	窗口标题
	Name	frmAddPoem	对象名称
	StartPosition	CenterScreen	启动后屏幕位置
GroupBox	Name	GroupBox1	对象名称
	Text	诗词信息	对象标题
Label	Text	题目：	
	Name	Label1	
	Text	作者：	
	Name	Label2	
	Text	年代：	
	Name	Label3	
	Text	体裁：	
	Name	Label4	
	Text	类别：	
	Name	Label5	
	Text	内容：	
	Name	Label6	
TextBox	Name	txtPoem1	"题目"文本框名称
	Name	txtPoem2	"年代"文本框名称
	Name	txtPoem3	"内容"文本框名称

续表

控件名称	属性	属性值	说明
ComboBox	Name	cmbTC	"体裁"对象名称
	Name	cmbLB	"类别"对象名称
	Name	cmbXM	"作者"对象名称
Button	Text	添加	"添加"按钮提示
	Name	cmdAdd	"添加"按钮名称
	Text	返回	"返回"按钮提示
	Name	cmdCancel	"返回"按钮名称

"添加诗词"窗体的程序代码如下：

```
' 在声明区定义以下变量
Dim myconn As New SqlConnection
Dim mycmd As New SqlCommand
Dim myds As New DataSet
Dim mysql As String                              ' 保存要执行的 SQL 语句
Dim poetid As String
```

在载入 frmAddPoem 窗体时需要对窗体中的组合框控件进行初始化,使之填入对应的数据项。

```
Private Sub Frmaddpoem_Load(ByVal sender As Object,
    ByVal e As System.EventArgs) Handles Me.Load
    Dim mystr As String
    mystr = "Data Source=.;Initial Catalog=PoemMng;Integrated Security=True"
    myconn.ConnectionString = mystr
    myconn.Open()                                ' 打开数据库的连接
    mysql = "select 作者编号,作者姓名 from poet"
    Dim myda As New SqlDataAdapter(mysql, myconn)
    myda.Fill(myds, "poet")                      ' 将信息填充在 myds 的临时表 poet 中
    Cmbxm.DataSource = myds                       ' 与下拉列表组合框进行绑定
    Cmbxm.DisplayMember = "poet.作者姓名"         ' 显示绑定作者姓名
    Cmbxm.ValueMember = "poet.作者编号"           ' 数值成员为作者编号信息
    Cmbxm.SelectedIndex = 0
    poetid = Cmbxm.SelectedValue                  ' 在 poetid 中保存作者编号信息
    mysql = "select  distinct 体裁 from poem"
    myda = New SqlDataAdapter(mysql, myconn)
    myda.Fill(myds, "poem")
    Cmbtc.DataSource = myds
    Cmbtc.DisplayMember = "poem.体裁"
    Cmbtc.SelectedIndex = 0
    mysql = "select  distinct 类别 from poem "
    myda = New SqlDataAdapter(mysql, myconn)
    myda.Fill(myds, "poem1")
    Cmblb.DataSource = myds.Tables("poem1")
    Cmblb.DisplayMember = "类别"
    Cmblb.SelectedIndex = 0
End Sub
```

以上初始化"作者""体裁""类别"组合框 cmbXM、cmbTC、cmbLB 的代码，代码使用 sqlDataAdapter 对象 myda 执行查询语句，将信息填充进数据集 myds 的临时表中，然后将表中信息通过组合框的 DataSource 属性和 DisplayMember 属性进行绑定。因在"作者"组合框中需要获取作者编号的数据，故对 ValueMember 属性进行了作者编号字段的绑定，这样就可从 SelectedValue 属性中获得该值。

组合框初始化后的界面如图 1.7 所示，当添加数据时，作者、体裁、类别等数据可以从组合框列表中选择而不必用户输入，这样可以起到两个作用，即方便输入和规范数据。

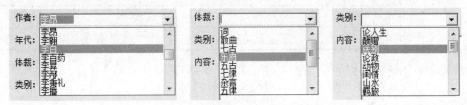

图 1.7　初始化后的组合框

从运行窗体中输入和选择数据后单击"添加"按钮执行以下代码，将输入的记录添加到数据表 poem 中。

```
' 添加诗词信息
Private Sub cmdAdd_Click(ByVal sender As System.Object,
    ByVal e As System.EventArgs) Handles cmdAdd.Click
    Dim poemid As String
    Dim poemname As String
    Dim i As Integer
    Dim txt() As TextBox = {txtPoem1, txtPoem2, txtPoem3}            ' 定义文本框数组
    For i = 0 To 2
        If txt(i).Text = "" Then
            MsgBox("请将信息填写完整", , "警告")
        End If
    Next
    poemname = Cmbxm.Text
    mysql = "select * from poet where  作者姓名='" & poemname & "'"  _
        And  年代='" & txtPoem2.Text & "'"
    Dim myda As New SqlDataAdapter(mysql, myconn)
    myda.Fill(myds, "poet1")
    If   myds.Tables("poet1").Rows.Count = 0 Then
        MsgBox("此诗人的年代有误,请重新选择年代", , "添加提醒")
        Exit Sub
    End If
    mysql = "select max(诗词编号) from poem"        '获取以往的最大作者编号
    mycmd.CommandText = mysql
    mycmd.Connection = myconn
    poemid = mycmd.ExecuteScalar + 1                '产生新的诗词编号
    poetid = Cmbxm.SelectedValue
    mysql = "Insert Into poem(作者编号, 诗词编号, 题目, 年代, 体裁, 类别, 内容) "  _
        "Values(" & poetid & ","  _
```

```
        & poemid & ",'" & txtPoem1.Text    & "','"   _
        & txtPoem2.Text & "','"    &    Trim(Cmbtc.Text)    _
        & "','" & Trim(Cmblb.Text)    _
        & "','" & txtPoem3.Text    &    "')"
    Try
        myda = New SqlDataAdapter(mysql, myconn)
        myda.Fill(myds, "poem")
        MsgBox("诗词添加成功", , "提示")
    Catch ex As Exception
        MsgBox("诗词添加失败", , "提示")
    End Try
End Sub
```

在以上代码中，Try…Catch 语句用于监控 Try 后面的语句段执行时是否发生异常情况，若有异常，则会抛出异常，然后执行 Catch 后面的语句。

```
' cmdCancel_Click 事件过程用于退出"添加诗词"窗体，返回主窗体
Private Sub cmdCancel_Click(ByVal sender As System.Object,
    ByVal e As System.EventArgs) Handles cmdCancel.Click
    Me.Close()
End Sub
```

2. "删改诗词"窗体的设计

"删改诗词"窗体布局如图 1.8 所示，4 个按钮分别控制查询、修改、删除和返回操作。

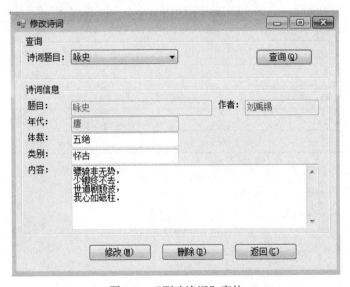

图 1.8　"删改诗词"窗体

考虑到实际情况，为了慎重起见，本设计让操作者先选择诗词的题目并进行查询，再确定是否进行删改操作。若要将查询到的诗词进行删除，直接单击"删除"按钮即可完成操作；若要将查询到的诗词进行修改，则只能对诗词的体裁、类别和内容进行修改，其他项限制为不能修改。

创建"删改诗词"窗体并命名为 frmModifyPoem，按表 1.6 所示向窗体添加控件并设置控件的属性。

表 1.6　frmModifyPoem 窗体的控件及属性设置

控件名称	属性	属性取值	说明
Form	Text	删改诗词	窗口标题
	Name	frmModifyPoem	对象名称
	StartPosition	CenterScreen	启动后屏幕位置
GroupBox	Name	GroupBox1	对象名称
	Text	查询	对象标题
	Name	GroupBox2	对象名称
	Text	诗词信息	对象标题
ComboBox	Name	Combobox1	"诗词题目"组合框名称
TextBox	Name	txtPoem1	"题目"文本框名称
	Name	txtPoem2	"作者"文本框名称
	Name	txtPoem3	"年代"文本框名称
	Name	txtPoem4	"体裁"文本框名称
	Name	txtPoem5	"类别"文本框名称
	Name	txtPoem6	"内容"文本框名称
Button	Text	查询	"查询"按钮提示
	Name	cmdQuery	"查询"按钮名称
	Text	修改	"修改"按钮提示
	Name	cmdModify	"修改"按钮名称
	Text	删除	"删除"按钮提示
	Name	cmdDelete	"删除"按钮名称
	Text	返回	"返回"按钮提示
	Name	cmdCancel	"返回"按钮名称

Label1～Label7 分别标识各控件的名称，txtPoem1～txtPoem3 的 Enabled 属性值都为 False，在表 1.6 中未列出。

"删改诗词"窗体 frmModifyPoem 的代码如下：

```
' 以下变量或对象名定义在窗体 frmModifyPoem 的类声明区
Dim myconn As New SqlConnection
Dim mycmd As New SqlCommand
Dim myds As New DataSet
Dim mybm As BindingManagerBase
Dim mysql As String
Dim poemid As String                 ' 存放诗词编号
Dim flag As Boolean
' "删改诗词"窗体 Frmmodifypoem_Load 载入事件过程代码
Private Sub Frmmodifypoem_Load(ByVal sender As System.Object,
    ByVal e As System.EventArgs) Handles MyBase.Load
    Dim mystr As String
```

```
        ' 以下代码用于数据库连接
        mystr = "Data Source=.;Initial Catalog=PoemMng;Integrated Security=True"
        myconn.ConnectionString = mystr
        myconn.Open()
        ' 以下代码通过数据适配器将获取的数据填充到数据集中
        mysql = "select    * from poem join poet on poem.作者编号=poet.作者编号"
        Dim myda As New SqlDataAdapter(mysql, myconn)
        myda.Fill(myds, "poemt")
        ' 进行"诗词题目"组合框的绑定
        ComboBox1.DataSource = myds
        ComboBox1.DisplayMember = "poemt.题目"
        ComboBox1.ValueMember = "poemt.诗词编号"
    End Sub
    ' "查询"按钮 cmdQuery_Click 事件代码
    Private Sub cmdQuery_Click(ByVal sender As System.Object,
        ByVal e As System.EventArgs)    Handles cmdQuery.Click
        mysql = "select    * from poem join poet on poem.作者编号=poet.作者编号  where  题目='" & _
                Trim(ComboBox1.Text) & "'"
        Dim myda As New SqlDataAdapter(mysql, myconn)
        myda.Fill(myds, "poemt")
        If flag = False Then                ' 第一次各控件绑定
            txtPoem1.DataBindings.Add("text", myds, "poemt.题目")
            txtPoem2.DataBindings.Add("text", myds, "poemt.作者姓名")
            txtPoem3.DataBindings.Add("text", myds, "poemt.年代")
            txtPoem4.DataBindings.Add("text", myds, "poemt.体裁")
            txtPoem5.DataBindings.Add("text", myds, "poemt.类别")
            txtPoem6.DataBindings.Add("text", myds, "poemt.内容")
            flag = True                     ' 表示已设置绑定
        Else                                ' 非第一次绑定时需先清除原绑定
            txtPoem1.DataBindings.Clear()
            txtPoem1.DataBindings.Add("text", myds, "poemt.题目")
            txtPoem2.DataBindings.Clear()
            txtPoem2.DataBindings.Add("text", myds, "poemt.作者姓名")
            txtPoem3.DataBindings.Clear()
            txtPoem3.DataBindings.Add("text", myds, "poemt.年代")
            txtPoem4.DataBindings.Clear()
            txtPoem4.DataBindings.Add("text", myds, "poemt.体裁")
            txtPoem5.DataBindings.Clear()
            txtPoem5.DataBindings.Add("text", myds, "poemt.类别")
            txtPoem6.DataBindings.Clear()
            txtPoem6.DataBindings.Add("text", myds, "poemt.内容")
        End If
    End Sub
```

其中，flag 用于标识是否设置了各文本框控件绑定，其值为 True 时表明已绑定，初始值为 False。

诗词显示后，可以判断是否删除，若要删除，可执行 cmdDelete_Click 事件代码：

```
' 删除诗词信息
Private Sub cmdDelete_Click(ByVal sender As System.Object,
    ByVal e As System.EventArgs) Handles cmdDelete.Click
    poemid = ComboBox1.SelectedValue        ' 获取需删除的诗词编号
    mysql = "delete from poem where  诗词编号='" & poemid & "'"
    mycmd.CommandText = mysql
    mycmd.Connection = myconn
    Try
        mycmd.ExecuteNonQuery()             ' 执行删除操作
        MsgBox("编号" + poemid + "诗词已删除", , "提示")
    Catch ex As Exception
        MsgBox("诗词删除失败", , "提示")
    Finally
        myds.Clear()                        ' 数据集清空
        cmdDelete.Enabled = False
        cmdModify.Enabled = False
    End Try
End Sub
```

以上代码中包含有 Try…Catch…Finally 语句，其中 Finally 区段中若有代码，则无论是否有异常发生，都会执行 Finally 区段代码。

诗词显示后若要修改诗词信息，可以执行 cmdModify_Click 事件代码：

```
Private Sub cmdModify_Click(ByVal sender As System.Object,
    ByVal e As System.EventArgs) Handles cmdModify.Click
    poemid = ComboBox1.SelectedValue            '获取需修改是诗词编号
    mysql = "update poem set  体裁='" & Trim(txtPoem4.Text) & "'," _
            & "类别='" & Trim(txtPoem5.Text) _
            & "',内容='" & Trim(txtPoem6.Text) _
            & "' where  诗词编号='" & poemid & "'"
    mycmd.Connection = myconn
    mycmd.CommandText = mysql
    mycmd.ExecuteNonQuery()
    myds.clear()
    Dim myda As New SqlDataAdapter(mysql, myconn)
    myda.Fill(myds, "poem")
    MsgBox("成功修改诗词", , "提示")
End Sub
' 以下为退出事件 cmdCancel_Click
Private Sub cmdCancel_Click(ByVal sender As System.Object,
    ByVal e As System.EventArgs) Handles cmdCancel.Click
    myconn.Close()
    Me.Close()
End Sub
```

3. "查询诗词"窗体的设计

诗词的查询可以按作者、年代、体裁和类别进行。无论选择哪种方式，查询的结果将在数据网格中显示，并同时统计出满足条件的诗词数量。当操作者在网格控件 DataGridView 中单击"查询"按钮显示结果时，该记录对应诗词的内容将在编辑框中显示出来，以便操作者阅读。"查询诗词"窗体的布局如图 1.9 所示，两个按钮分别控制查询和返回操作。

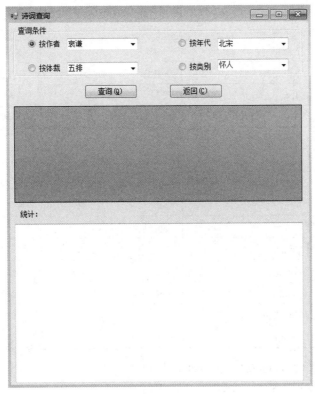

图 1.9　"查询诗词"窗体

创建"查询诗词"窗体，命名为 frmQueryPoem，如表 1.7 所示向窗体添加控件并设置控件的属性。

表 1.7　frmQueryPoem 窗体的控件及属性设置

控件名称	属性	属性取值	说明
Form	Text	查询诗词	窗口标题
	Name	frmQueryPoem	对象名称
	StartPosition	CenterScreen	启动后屏幕位置
RadioButton	Text	按作者	
	Name	Rdbxm	
	Text	按年代	
	Name	Rdbnd	
	Text	按体裁	
	Name	Rdbtc	
	Text	按类别	
	Name	Rdblb	

续表

控件名称	属性	属性取值	说明
ComboBox	Name	cboZZ	"按作者"对象名称
	Name	cboND	"按年代"对象名称
	Name	cboTC	"按体裁"对象名称
	Name	cboLB	"按类别"对象名称
Button	Text	查询	"查询"按钮提示
	Name	cmdQuery	"查询"按钮名称
	Text	返回	"返回"按钮提示
	Name	cmdCancel	"返回"按钮名称
DataGridView	Name	DataGridView1	网格对象名称
Label	Text	统计：	
	Name	Label1	
	Text	（空字符）	用于显示统计结果
	Name	Label2	
TextBox	Name	context	编辑控件对象名称
	MultiLine	True	窗体有滚动条
	ScrollBars	2 - Vertical	窗体有垂直滚动条

"查询诗词"窗体 frmQueryPoem 的程序代码如下：

```
Dim myconn As New SqlConnection
Dim mycmd As New SqlCommand
Dim myds As New DataSet
Dim mydv As DataView
Dim mysql As String
' 窗体载入时分别对 4 个组合框进行相应信息的绑定
Private Sub Frmquerypoem_Load(ByVal sender As System.Object,
    ByVal e As System.EventArgs) Handles MyBase.Load
    Dim mystr As String
    mystr = "Data Source=.;Initial Catalog=PoemMng;Integrated Security=True"
    myconn.ConnectionString = mystr
    myconn.Open()
    mysql = "select   distinct  作者姓名  from poet "
    Dim myda As New SqlDataAdapter(mysql, myconn)
    myda.Fill(myds, "poet")
    Cbozz.DataSource = myds.Tables(0)
    Cbozz.DisplayMember = "作者姓名"
    Cbozz.SelectedIndex = 0
    ' 以下代码将 cbond 组合框绑定"年代"字段
    mysql = "select   distinct  年代  from poem "
    myda = New SqlDataAdapter(mysql, myconn)
    myda.Fill(myds, "poem")
```

```
Cbond.DataSource = myds.Tables(1)
Cbond.DisplayMember = "年代"
Cbond.SelectedIndex = 0
' 以下代码将 cbotc 组合框绑定"体裁"字段
mysql = "select   distinct  体裁  from poem "
myda = New SqlDataAdapter(mysql, myconn)
myda.Fill(myds, "poemtc")
Cbotc.DataSource = myds.Tables(2)
Cbotc.DisplayMember = "体裁"
Cbotc.SelectedIndex = 0
' 以下代码将 cbolb 组合框绑定"类别"字段
mysql = "select   distinct  类别  from poem "
myda = New SqlDataAdapter(mysql, myconn)
myda.Fill(myds, "poemlb")
Cbolb.DataSource = myds.Tables(3)
Cbolb.DisplayMember = "类别"
Cbolb.SelectedIndex = 0
' 以下代码查询信息包括题目、作者、年代、体裁、类别、内容 6 项
' 由于涉及作者姓名，所以采用两表连接查询
mysql = "Select   诗词编号, poem.作者编号,作者姓名,题目, poem.年代,体裁,类别,内容  From _
        poem join poet on poem.作者编号=poet.作者编号"
myda = New SqlDataAdapter(mysql, myconn)
myda.Fill(myds, "poemt")
' 以下代码创建 dataview 对象 mydv，以便于随后的按各选项进行查询操作
mydv = myds.Tables("poemt").DefaultView
    End Sub
```

以下 cmdQuery_Click 事件代码用于实现当操作者选择作者、年代、体裁和类别等组合框的列表项时，单击"查询"按钮可以查找出与之相对应的数据集，并显示在网格控件 DataGridView1 中。

```
    Private Sub cmdQuery_Click(ByVal sender As System.Object,
    ByVal e As System.EventArgs) Handles cmdQuery.Click
    ' 以下代码根据单选项的不同，设置不同的 RowFilter 值
    If Rdbxm.Checked = True Then
        mydv.RowFilter = "作者姓名  like'" & Trim(Cbozz.Text) & "%'"
    End If
    If Rdbnd.Checked = True Then
        mydv.RowFilter = "年代='" & Trim(Cbond.Text) & "'"
    End If
    If Rdbtc.Checked = True Then
        mydv.RowFilter = "体裁='" & Trim(Cbotc.Text) & "'"
    End If
    If Rdblb.Checked = True Then
        mydv.RowFilter = "类别='" & Trim(Cbolb.Text) & "'"
    End If
    ' 以下代码将查询结果显示在控件 DataGridView1 中
    DataGridView1.DataSource = mydv
```

```
        DataGridView1.Columns(0).Visible = False
        DataGridView1.Columns(1).Visible = False
        ' 以下代码给 Label2.Text 属性赋值，使之显示查询到的记录条数
        Label2.Text = "共查询到 " & DataGridView1.RowCount - 1 & " 条记录"
    End Sub
```

当操作者单击网格控件 DataGridView1 的记录行时，在文本框 context 中显示该记录的"内容"字段的详细信息，以下 DataGridView1_CellClick 事件代码可以实现此功能。

```
    Private Sub DataGridView1_CellClick(ByVal sender As Object,
    ByVal e As System.Windows.Forms.DataGridViewCellEventArgs)
    Handles DataGridView1.CellClick
    Try
        If e.RowIndex < DataGridView1.RowCount - 1 Then
            ' 以下代码显示视图中"内容"字段信息
            context.Text = DataGridView1.Rows(e.RowIndex).Cells(7).Value
            context.BackColor = Color.Yellow
        End If
    Catch ex As Exception
        MsgBox("需选中一条记录", , "提示")
    End Try
    End Sub
    ' 以下 cmdCancel_Click 事件代码用于窗体退出
    Private Sub cmdCancel_Click(ByVal sender As System.Object,
    ByVal e As System.EventArgs) Handles cmdCancel.Click
    Me.Close()
    End Sub
```

1.3.3　诗人管理模块

诗人管理模块可以实现以下功能：添加诗人信息、删改诗人信息和查询诗人信息。

1. "添加诗人信息"窗体的设计

"添加诗人信息"窗体布局如图 1.10 所示，两个按钮分别控制添加和返回操作。

图 1.10　"添加诗人信息"窗体

创建"添加诗人信息"窗体并命名为 frmAddPoet，如表 1.8 所示向窗体添加控件并设置控件的属性。

表 1.8 frmAddPoet 窗体的控件及属性设置

控件名称	属性	属性取值	说明
Form	Text	添加诗人信息	窗口标题
	Name	frmAddPoet	对象名称
	StartPosition	CenterScreen	启动后屏幕位置
GroupBox	Name	GroupBox1	对象名称
	Text	诗人信息	对象标题
TextBox	Name	TextBox1	"作者" 文本框名称
	Name	TextBox2	"年代" 文本框名称
	Name	TextBox3	"简介" 文本框名称
Button	Text	添加	"添加" 按钮提示
	Name	cmdAdd	"添加" 按钮名称
	Text	返回	"返回" 按钮提示
	Name	cmdCancel	"返回" 按钮名称

控件对象 Label1～Label3 标识作者、年代、简介对象，其属性在表 1.8 中未列出。

在"添加诗人信息"窗体中，当用户输入了诗人信息后，单击"添加"按钮执行 cmdAdd _Click 事件代码添加诗人信息到表 Poet 中。

```
Private Sub cmdAdd _Click(ByVal sender As System.Object,
    ByVal e As System.EventArgs) Handles Button1.Click
    Dim i As Integer
    Dim txt() As TextBox = {TextBox1, TextBox2, TextBox3}            ' 定义文本框数组
    For i = 0 To 2
        If txt(i).Text = "" Then
            MsgBox("请将信息填写完整", , "警告")
        End If
    Next
    Dim mystr As String
    Dim myds As New DataSet
    Dim myconn As New SqlConnection
    Dim mycmd As New SqlCommand
    mystr = "Data Source=.; Initial Catalog=PoemMng; Integrated Security=True"
    myconn.ConnectionString = mystr
    myconn.Open()
    Dim myadp As New SqlDataAdapter
    myadp = New SqlDataAdapter("Select * From poet",   myconn)
    myadp.Fill(myds, "poet")
    Dim myrow As DataRow = myds.Tables("poet").NewRow
    Dim mysql As String
    mysql = "Select Max(作者编号) From poet"                ' 获取以往的最大作者编号
    mycmd.CommandText = mysql
    mycmd.Connection = myconn
```

```
        myrow.Item(0) = mycmd.ExecuteScalar + 1              ' 产生新的作者编号
        myrow.Item(1) = TextBox1.Text
        myrow.Item(2) = TextBox2.Text
        myrow.Item(3) = TextBox3.Text
        myds.Tables("poet").Rows.Add(myrow)
        Dim mycmdbuilder = New SqlCommandBuilder(myadp)
        Try
           myadp.Update(myds, "poet")
           MsgBox("诗人添加成功", , "提示")
        Catch ex As Exception
           MsgBox("诗人添加失败", , "提示")
           myconn.Close()
        End Try
    End Sub
    ' cmdCancel _Click 事件过程用于退出窗体
    Private Sub cmdCancel _Click(ByVal sender As System.Object,
       ByVal e As System.EventArgs) Handles Button2.Click
       Me.Close()
    End Sub
```

2. "删改诗人信息"窗体的设计

"删改诗人信息"窗体布局如图 1.11 所示，窗体的 4 个按钮分别控制查询、修改、删除和返回操作。

图 1.11　"删改诗人信息"窗体

对诗人信息的删改是通过先查询诗人信息，然后确定是否进行删改操作。若要将查询到的诗人信息删除，直接单击"删除"按钮即可完成；若要将查询到的诗人信息修改，就只能对诗人的"简介"字段进行修改，其他项不能修改。

创建"删改诗人信息"窗体并命名为 frmUpdatePoet，如表 1.9 所示向窗体添加控件并设置控件的属性。

表 1.9　frmUpdatePoet 窗体的控件及属性设置

控件名称	属性	属性取值	说明
Form	Text	删改诗人信息	窗口标题
	Name	frmUpdatePoet	对象名称
	StartPosition	CenterScreen	启动后屏幕位置
GroupBox	Name	GroupBox1	对象名称
	Text	查询	对象标题
	Name	GroupBox2	对象名称
	Text	诗人信息	对象标题
ComboBox	Name	cboPoetName	"诗人姓名"组合框
TextBox	Name	txtPoet1	"作者"文本框名称
	Enabled	False	限制修改
	Name	txtPoet2	"年代"文本框名称
	Enabled	False	限制修改
	Name	txtPoet3	"简介"文本框名称
	Text	修改	"修改"按钮提示
Button	Text	查询	"查询"按钮提示
	Name	cmdQuery	"查询"按钮名称
	Name	cmdUpdate	"修改"按钮名称
	Text	删除	"删除"按钮提示
	Name	cmdDelete	"删除"按钮名称
	Text	返回	"返回"按钮提示
	Name	cmdCancel	"返回"按钮名称

标签控件 Label1～Label4 分别标识诗人姓名、作者、年代、简介的控件对象，其属性值在表 1.9 中未列出。

"删改诗人信息"窗体 frmUpdatePoet 的代码如下：

```
Dim myconn As New SqlConnection
Dim mycmd As New SqlCommand
Dim myds As New DataSet
Dim mybm As BindingManagerBase
Dim mysql As String
Dim flag As Boolean                    ' 设置文本框绑定标识，默认值为 False
' 以下为窗体载入事件 Frmupdatepoet_Load 代码
Private Sub Frmupdatepoet_Load(ByVal sender As Object,
    ByVal e As System.EventArgs) Handles Me.Load
    Dim mystr As String
    mystr = "Data Source=.; Initial Catalog=PoemMng; Integrated Security=True"
    myconn.ConnectionString = mystr
    myconn.Open()
    mysql = "Select * From   poet"
    Dim myda As New SqlDataAdapter(mysql, myconn)
```

```vb
            myda.Fill(myds, "poet")
            ComboBox1.DataSource = myds
            ComboBox1.DisplayMember = "poet.作者姓名"
            ComboBox1.SelectedIndex = 0
    End Sub
    ' 单击"查询"按钮执行 cmdQuery_Click 事件代码
    Private Sub cmdQuery_Click(ByVal sender As System.Object,
        ByVal e As System.EventArgs) Handles cmdQuery.Click
        If flag = False Then
            txtPoet1.DataBindings.Add("text", myds, "poet.作者姓名")
            txtPoet2.DataBindings.Add("text", myds, "poet.年代")
            txtPoet3.DataBindings.Add("text", myds, "poet.简介")
        Else
            txtPoet1.DataBindings.Clear()
            txtPoet1.DataBindings.Add("text", myds, "poet.作者姓名")
            txtPoet2.DataBindings.Clear()
            txtPoet2.DataBindings.Add("text", myds, "poet.年代")
            txtPoet3.DataBindings.Clear()
            txtPoet3.DataBindings.Add("text", myds, "poet.简介")
        End If
        flag = True
    End Sub
    ' 单击"删除"按钮执行 cmdDelete_Click 事件代码，用于删除诗人信息
    Private Sub cmdDelete_Click(ByVal sender As System.Object,
        ByVal e As System.EventArgs) Handles cmdDelete.Click
        Dim nodelflag As Boolean                    ' 设置未删除标志
        mysql = "Delete From poet Where 作者姓名='" & txtPoet1.Text & "'"
        mycmd.CommandText = mysql
        mycmd.Connection = myconn
        Try
            mycmd.ExecuteNonQuery()
        Catch ex As Exception                       ' 删除操作失败
            MsgBox("该作者有作品暂不能进行删除", , "提示")
            ' 以下代码重新设置查询语句
            mysql = "Select * From poet Where 作者姓名='" & txtPoet1.Text & "'"
            nodelflag = True                        ' 表明未删除
            Exit Sub
        Finally
            Dim myda As New SqlDataAdapter(mysql, myconn)
            myda.Fill(myds, "poet")
            If Not nodelflag Then                   ' 删除操作成功，显示删除成功提示
                MsgBox("删除操作已完成", , "提示")
                myds.Clear()
            End If
            Me.cmdDelete.Enabled = False
            Me.cmdUpdate.Enabled = False
        End Try
    End Sub
```

```
' 单击"修改"按钮执行 cmdUpdate_Click 事件代码，用于修改诗人信息
Private Sub cmdUpdate_Click(ByVal sender As System.Object,
    ByVal e As System.EventArgs) Handles cmdUpdate.Click
    Dim mycmd As New SqlCommand
    ' 以下代码设置更新 SQL 字符串
    mysql = "Update   poet   Set 作者姓名=' " & Trim(txtPoet1.Text) & "',"  & _
            "年代=' " & Trim(txtPoet2.Text) & "', 简介=' " & Trim(txtPoet3.Text)  & _
            "' Where 作者姓名='" & Trim(txtPoet1.Text)  & "'"
    mycmd.Connection = myconn
    mycmd.CommandText = mysql
    mycmd.ExecuteNonQuery()
    myds.Clear()
    Dim myda As New SqlDataAdapter(mysql, myconn)
    myda.Fill(myds, "poet")
    Me.cmdDelete.Enabled = False
    Me.cmdUpdate.Enabled = False
    MsgBox("成功修改数据", , "提示")
End Sub
'  cmdCancel_Click 事件代码用于退出窗体
Private Sub cmdCancel_Click(ByVal sender As System.Object,
    ByVal e As System.EventArgs) Handles cmdCancel.Click
    myconn.Close()
    Me.Close()
End Sub
```

3. "查询诗人"窗体的设计

"查询诗人"窗体可以按诗人姓名查询，也可以查询全部诗人，查询的效果同查询诗词基本相同，这里不再赘述。

"查询诗人"窗体布局如图 1.12 所示，两个按钮分别控制查询和返回操作。

图 1.12 "查询诗人"窗体

创建"查询诗人"窗体并命名为 frmQueryPoet，如表 1.10 所示向窗体添加控件并设置控件的属性。

表 1.10 frmQueryPoet 窗体的控件及属性设置

控件名称	属性	属性取值	说明
Form	Text	查询诗人	窗口标题
	Name	frmQueryPoet	对象名称
	StartPosition	CenterScreen	启动后屏幕位置
RadioButton	Text	按诗人姓名查询	
	Name	rdbpoetname	
	Text	查询全部诗人	
	Name	rdopoetall	
Button	Text	查询	"查询"按钮提示
	Name	cmdQuery	"查询"按钮名称
	Text	返回	"返回"按钮提示
	Name	cmdCancel	"返回"按钮名称
DataGridView	Name	DataGridView1	网格对象名称
Label	Text	统计：	
	Name	Label1	
	Text	（空字符）	用于显示统计结果
	Name	Label2	
TextBox	Name	txtName	"按诗人姓名查询"对象名称
	Name	context	编辑控件对象名称
	MultiLine	True	窗体有滚动条
	ScrollBars	Vertical	窗体有垂直滚动条

"查询诗人"窗体 frmQueryPoet 的代码如下：

```
Dim myconn As New SqlConnection
Dim mycmd As New SqlCommand
Dim myds As New DataSet
Dim mybm As BindingManagerBase
Dim mysql As String
' 以下 Frmquerypoet_Load 为窗体载入事件代码
Private Sub Frmquerypoet_Load(ByVal sender As Object,
    ByVal e As System.EventArgs) Handles Me.Load
    Dim mystr As String
    mystr = "Data Source=.; Initial Catalog=PoemMng; Integrated Security=True"
    myconn.ConnectionString = mystr
    myconn.Open()
    mysql = "Select    * From poet"
    Dim myda As New SqlDataAdapter(mysql, myconn)
    myda.Fill(myds, "poet")
End Sub
' 单击"查询"按钮执行 cmdQuery_Click 事件代码，用于查询诗人信息
```

```
Private Sub cmdQuery_Click(ByVal sender As System.Object,
    ByVal e As System.EventArgs) Handles cmdQuery.Click
    mysql = ""
    If rdbpoetname.Checked = True Then
        If txtName.Text = "" Then
            MsgBox("请输入查询姓氏或姓名", , "提示")
            txtName.Focus()
            Exit Sub
        Else
            mysql = "Select    * From poet Where  作者姓名    Like'" & txtName.Text   & "%'"
        End If
    End If
    If rdbpoetall.Checked = True Then
        mysql = "Select    * From poet "
    End If
    myds.Clear()      ' 数据集初始化
    Dim myda As New SqlDataAdapter(mysql, myconn)
    Try
        myda.Fill(myds, "poet")
        DataGridView1.DataSource = myds.Tables("poet")
        Label2.Text = "共查询到  " & DataGridView1.RowCount - 1 & "  条记录"
    Catch ex As Exception
        MsgBox("确定查询条件", , "提示")
    End Try
End Sub
' 以下代码在 DataGridView 控件中单击任一诗人信息，其个人简介详情显示在下端的文本框中
Private Sub DataGridView1_CellClick(ByVal sender As Object,
    ByVal e As System.Windows.Forms.DataGridViewCellEventArgs) Handles DataGridView1.CellClick
    Try
        If e.RowIndex < DataGridView1.RowCount - 1 Then
            context.ScrollBars = ScrollBars.Vertical
            context.Text = DataGridView1.Rows(e.RowIndex).Cells(3).Value
            context.BackColor = Color.Yellow
        End If
    Catch ex As Exception
        MsgBox("需选中一条记录", , "提示")
    End Try
End Sub
' cmdCacel_Click 事件过程用于退出窗体
Private Sub cmdCacel_Click(ByVal sender As System.Object,
    ByVal e As System.EventArgs) Handles cmdCacel.Click
    Me.Close()
End Sub
```

1.3.4　帮助模块

　　帮助模块下设有"关于"菜单命令，单击此命令则打开"关于诗词管理"窗体，此窗体的布局如图 1.13 所示，两个按钮分别控制"确定"和"系统信息"操作。

图 1.13   "关于诗词管理"窗体

创建"关于诗词管理"窗体并命名为 frmAbout，如表 1.11 所示向窗体添加控件并设置控件的属性。

表 1.11   frmAbout 窗体的控件及属性设置

控件名称	属性	属性取值	说明
Form	Text	关于诗词管理	窗口标题
	Name	frmAbout	对象名称
	StartPosition	CenterScreen	启动后屏幕位置
PictureBox	Name	picIcon	对象名称
	Image		BMP 或 JPG 文件
Label	Text	诗词管理	
	Name	lblTitle	
	Text	DEMO 版	
	Name	lblVersion	
	Text	本程序为教学示例程序，可在此基础上做进一步的开发和完善	
	Name	lblDescription	
	Text	开发工具：VB.NET+SQL Server 2008 作者：Jszx	
	Name	lblDisclaimer	
Button	Text	确定	"确定"按钮提示
	Name	cmdOK	"确定"按钮名称
	Text	系统信息	"系统信息"按钮提示
	Name	cmdSysInfo	"系统信息"按钮名称

注意："关于诗词管理"窗体 frmAbout 的设计是利用 VB.NET 系统自身的模块，并对其进行简单修改得到的。其操作为：单击"项目"→"添加 Windows 窗体"菜单命令，在弹出的"添加新项"对话框的 Windows Forms 中双击"'关于'框"对象，在弹出的窗体中按照表 1.11 中的要求进行修改即可。

案例 2　法院执行案件信息管理系统

法院执行案件信息管理系统（Court Executive Case Information Management System，CECIMS）是指利用计算机对法院执行案件信息进行收集、存储、处理、提取和数据交换的综合型的计算机应用系统。主要目标是支持法院的行政管理与案件处理，减轻法院人员的劳动强度，提高法院的工作效率。本案例主要介绍如何使用 VB.NET 语言设计一个 SQL Server 环境下的法院执行案件信息管理系统。

2.1　系统需求分析

本案例以法院执行案件这个事务活动为基点，对法院执行案件过程中产生的信息进行计算机管理。

1. 系统需求

法院执行案件信息管理系统的主要功能是：查询和编辑法官的各项基本信息，包括法官的编号、姓名、性别和所属法院级别信息；查询和编辑律师的各项基本信息，包括律师的编号、姓名、性别和所在事务所信息；查询和编辑案例的各项基本信息，包括案例的案号、案由、当事人、审理法院、审判时间和案件事实等。

2. 功能需求

根据系统需求分析，本系统的功能需求如下：

（1）法官信息管理。法官信息管理的功能是设置和管理法官的基本信息，在权限范围内可以进行法官的数据录入、修改、删除和查询。

（2）律师信息管理。律师信息管理的功能是设置和管理律师的基本信息，在权限范围内可以进行律师的数据录入、修改、删除和查询。

（3）案例信息管理。案例信息管理的功能是设置和管理案例的类型和数据，在权限范围内可以进行案例的数据录入、修改、删除和查询。

（4）系统管理。系统管理的功能主要是实现系统登录和系统退出。用户可以选择不同的身份登录（如管理员、普通用户），当系统正在运行时，也可以重新改变身份登录以获取不同权限。选择"系统退出"命令能正常退出系统，回到 Windows 环境。

3. 性能需求

（1）硬件环境。

处理器：Intel Pentium III 兼容或更高。

内存：1GB。

硬盘空间：40GB。

（2）软件环境。

操作系统：Windows XP/7 或 Windows Server 2003 及以上版本。

数据库系统：Microsoft SQL Server 2008。

2.2　系统设计

2.2.1　系统功能设计

法院执行案件信息管理系统主要实现法官信息管理、律师信息管理、案例信息管理和系统管理的功能，包含的系统功能模块如图 2.1 所示。

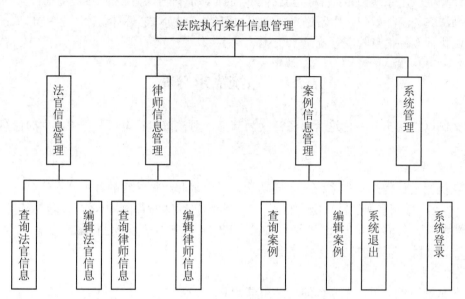

图 2.1　法院执行案件信息管理系统的功能模块

下面介绍系统各模块的功能。

1. 法官信息管理模块

法官信息管理模块分为查询法官信息和编辑法官信息子模块。

（1）查询法官信息子模块。在此模块下可以按编号、姓名和法官所属法院级别查询法官的信息，也可以查询全部法官的所有信息。

（2）编辑法官信息子模块。在此模块下可以查询、添加、修改和删除法官信息。

2. 律师信息管理模块

律师信息管理模块分为查询律师信息和编辑律师信息子模块。

（1）查询律师信息子模块。在此模块下可以按编号、姓名和律师所属事务所查询律师的信息，也可以查询全部律师的所有信息。

（2）编辑律师信息子模块。在此模块下可以查询、添加、修改和删除律师信息。

3. 案例信息管理模块

案例信息管理模块分为查询案例信息和编辑案例信息子模块。

（1）查询案例子模块。在此模块下可以对案例的信息进行查询。

（2）编辑案例子模块。在此模块下可以分别按案号、案由、日期对案例进行查询，还可以添加、修改和删除案例信息。

4. 系统管理模块

（1）系统退出。用于退出系统。

（2）系统登录。用于选择不同用户方式登录系统。

2.2.2　数据库设计

1. 数据库概念结构设计

根据上面设计规划出的实体有法官、律师和案例，它们之间的联系如图 2.2 所示。

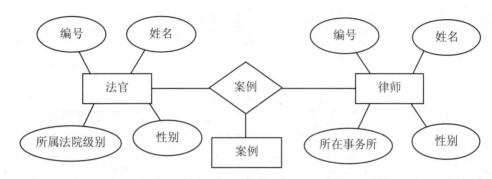

图 2.2　法官、律师和案例实体之间联系的 E-R 图

2. 数据库逻辑结构设计

将数据库概念结构转化为 SQL Server 数据库系统所支持的数据模型，即数据库的逻辑结构，以形成数据库中的表及表之间的关系。

法院执行案件信息管理系统数据库中包含法官信息表 judgeInformation、律师信息表 lawyerInformation、案例信息表 caseInformation 和用户信息表 userInformation，各个数据表的设计如表 2.1 至表 2.4 所示，每个表表示数据库中的一个数据表。

表 2.1　judgeInformation 法官信息表

列名	数据类型	是否为空	说明
编号	Char(10)	NOT NULL	主键
姓名	Varchar(30)		
性别	Char(10)		
所属法院级别	Varchar(50)		

表 2.2　lawyerInformation 律师信息表

列名	数据类型	是否为空	说明
编号	Char(10)	NOT NULL	主键
姓名	Varchar(30)		
性别	Char(10)		
所在事务所	Varchar(50)		

表 2.3　caseInformation 案例信息表

列名	数据类型	是否为空	说明
案号	Varchar(100)	NOT NULL	主键
案由	Varchar(50)		
当事人	Varchar(100)		
案例事实	Varchar(500)		
审理法院	Varchar(50)		
判决时间	Varchar(10)		
执行法官编号	Char(10)		外键
辩护律师编号	Char(10)		外键

表 2.4　userInformation 用户信息表

列名	数据类型	是否为空	说明
username	Varchar(30)	NOT NULL	主键，用户名
password	Varchar(30)		登录密码
type	Char(10)	NOT NULL	用户类型

注意：用户信息表是考虑到对系统进行权限限制而设计的。

3. 创建数据库对象

经过需求分析和概念结构设计后，得到法院执行案件信息管理系统数据库 CourtM 的逻辑结构。SQL Server 逻辑结构的实现可以在对象资源管理器或 SQL 查询设计器中进行。在对象资源管理器中实现的基本步骤如下：

（1）创建数据库 CourtM 并对数据库进行相关设置。

（2）创建数据表结构。

（3）向各数据表中输入记录。

（4）创建表间的联系（建立关系图）。

在 VB.NET 中，可以通过 ADO.NET 访问数据库。为了使 VB.NET 应用程序连接到 SQL Server 数据库，需要创建数据集。在 VB.NET 环境中，单击"数据"→"添加新数据源"菜单命令，按照向导的提示创建数据集 CourtMDataSet，本项目将使用数据集对象 CourtMDataSet 访问数据库 CourtM。

2.3　系统实现

2.3.1　主窗体

本案例使用 VB.NET 进行法院执行案件信息管理系统的功能模块和数据库系统的客户端程序的实现。

1. 创建工程项目 prjCaseM

启动 VB.NET 后，单击"文件"→"新建项目"菜单命令，在项目模板中选择"Windows 窗体应用程序"选项。将默认的项目名称 WindowsApplication1 修改为 prjCaseM，单击"确定"按钮，即可建立该项目。

第一次建立项目时，该项目只是暂存在内存中。当保存项目时，可以选择项目保存位置进行存盘，同时也可以更改项目的默认名称。

2. 创建公用模块 Module1

根据 VB.NET 功能模块的划分原则，将项目中使用全局变量与数据库操作相关的声明、变量和函数放在模块文件中。

模块文件的建立通过选择"项目"→"添加模块"菜单命令，在弹出的"添加新项"对话框中选择"模块"常用项，单击"添加"按钮，在模块"解决方案资源管理器"中将出现名为 Module1.vb 的模块文件，在模块代码窗口中添加以下代码：

```
Module Module1
    Public flag As Integer              ' 添加记录标记
    Public userID As String             ' 标记当前用户 ID
    Public usertype As Integer          ' 标记当前用户类型
    Public iflag As Integer
End Module
```

3. 创建系统登录窗体

在项目中添加一个窗体并命名为 frmLogin.vb 来作为系统登录窗体，系统登录窗体 frmLogin 的界面设计如图 2.3 所示。

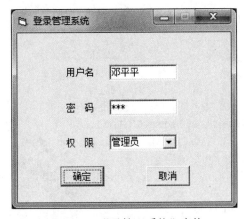

图 2.3　"登录管理系统"窗体

frmLogin 窗体起到权限限制的作用。当操作者输入了用户名、密码和权限时，系统就打开 CourtM 数据库中的 userInformation 用户信息表进行识别，若用户名和密码正确，操作者就可以登录到法院执行案件信息管理系统中，同时系统根据权限的类别授予权限范围，若选择"管理员"身份登录则可操作整个系统；若选择"普通用户"登录则只能对系统中的查询项进行操作；否则就不能访问法院执行案件信息管理系统。登录窗体默认显示 userInformation 表中第一条记录的用户名，只要输入正确的密码和权限就可以登录系统。然后如表 2.5 所示向窗体中添加控件并设置控件的属性。

表 2.5　frmLogin 窗体的控件及属性设置

控件名称	属性	属性取值	说明
Form	Text	登录管理系统	窗口标题
	Name	frmLogin	对象名称
	StartPosition	CenterScreen	启动后屏幕位置
TextBox	Name	txtuser	"用户名"文本框名称
	Name	txtpwd	"密码"文本框名称
ComboBox	Name	Cbotype	"权限"组合框
DataSet	Name	CourtMDataSet	
BindingSource	Name	UserBindingSource	用户信息绑定源
	DataSource	CourtMDataSet	
	DataMember	UserInformation	
TableAdapter	Name	UserTableAdapter	
Button	Text	确定	"确定"按钮提示
	Name	Button1	"确定"按钮名称
	Text	取消	"取消"按钮提示
	Name	Button2	"取消"按钮名称

注：本案例窗体中的所有标签控件，只给出具有特殊要求的标签属性设置，其他标签由用户根据窗体图自行设计。

系统登录窗体 frmLogin 的代码如下：

```
' 以下变量在窗体类声明区定义
Dim cnt As Integer                              ' 记录确定次数
Dim fd As Integer                               ' fd 用于记录定位
' frmLogin_Load 事件过程为窗体运行时初始化过程
Private Sub frmLogin_Load(ByVal sender As System.Object,
    ByVal e As System.EventArgs) Handles MyBase.Load
    Me.UserTableAdapter.Fill(Me.CourtMDataSet.userInformation)
    cboType.SelectedIndex = 0
    If userID = "" Then                         ' userID 定义在模块 Module1.vb 中
        cnt = 0
        txtuser.Text = "邓平平"
        txtpwd.Text = "123"
    End If
End Sub
' 单击"确定"按钮执行 Button1_Click 事件代码
Private Sub Button1_Click(ByVal sender As System.Object,
    ByVal e As System.EventArgs) Handles Button1.Click
    cnt = cnt + 1
    If cnt = 3 Then
        End
    End If
```

```
    If Trim(txtuser.Text) = "" Then                    '判断输入的用户名是否为空
        MsgBox("请输入用户名", vbOKOnly + vbExclamation, "")
        Exit Sub
    End If
    fd = UserBindingSource.Find("username", Trim(txtuser.Text))
    If fd = -1 Then
        MsgBox("没有这个用户", vbOKOnly + vbExclamation, "")
        Exit Sub
    End If
    UserBindingSource.Position = fd
    If Trim(UserBindingSource.Current(2).ToString) <> Trim(cboType.Text) Then
        MsgBox("没有符合条件的用户", vbOKOnly + vbExclamation, "")
        Exit Sub
    End If
    ' 以下代码检验密码是否正确
    If Trim(UserBindingSource.Current(1).ToString) = Trim(txtpwd.Text) Then
        userID = txtuser.Text
        If Trim(cboType.Text) = "管理员" Then
            usertype = 1
        Else
            usertype = 2
        End If
        Me.Dispose()
        CMFrmMain.vbMain.Show()
    Else
        MsgBox("密码不正确", vbOKOnly + vbExclamation, "")
        Exit Sub
    End If
End Sub
' 单击"取消"按钮执行 Button2_Click 事件代码
Private Sub Button2_Click(ByVal sender As System.Object,
    ByVal e As System.EventArgs) Handles Button2.Click
    Me.Dispose()
End Sub
```

4. 创建系统主窗体

主界面窗体采用 MDI 窗体。创建 MDI 窗体时，选择"项目"→"添加新项"菜单命令，打开"添加新项"对话框，选择 Windows Forms 常用分类项→"MDI 父窗体"常用项，单击"添加"按钮即建立了 MDI 父窗体，将窗体命名为 CMFrmMain，设置其 Text 属性为"法院执行案件信息管理系统"，在其 BackgroundImage 属性中设置图片信息，运行后如图 2.4 所示，并以文件名 CMFrmMain.vb 存储到 CourtM 目录下。一个项目只能有一个 MDI 父窗体，如果要使其他窗体成为 CMFrmMain 窗体的子窗体，必须将该窗体的 MdiParent 属性设置为 CMFrmMain。

建立法院执行案件管理系统菜单。在 CMFrmMain 窗体的菜单栏中选择"工具箱"→"菜单和工具栏"选项卡中的 MenuStrip 控件，在组件盘中生成 MenuStrip1，在窗体的左上角会出现菜单设计栏，在此输入菜单项，如图 2.4 所示，相关信息在表 2.6 中有说明。

表 2.6　菜单标题、名称及调用对象说明

菜单标题	菜单名称	调用对象
法官信息管理	judge_m	
查询法官信息	judge_search (judge_m 子菜单)	findjudge
编辑法官信息	judge_edit (judge_m 子菜单)	modijudge
律师信息管理	lawyer_m	
查询律师信息	lawyer_search (lawyer_m 子菜单)	findlawyer
编辑律师信息	lawyer_edit (lawyer_m 子菜单)	modilawyer
案例信息管理	case_m	
查询案例	case_search (case_m 子菜单)	findcase
编辑案例	case_edit (case_m 子菜单)	modicase
系统管理	system_manage	
系统退出	system_exit (system_manage 子菜单)	
系统登录	system_login (system_manage 子菜单)	

图 2.4　"法院执行案件信息管理系统"主窗体

　　在设计系统主窗体 CMFrmMain 时考虑到登录系统的权限，主菜单下均设有两个子菜单项，分别单击"查询法官信息""查询律师信息""查询案例"子菜单项可以实现相应信息的查询，普通用户只能使用这些查询操作；分别单击"编辑法官信息""编辑律师信息""编辑案例"子菜单项可以实现添加法官信息、查询法官信息、修改法官信息和删除法官信息等功能，这些编辑操作只有管理员才可以使用。"系统管理"菜单下也设置了一个"系统登录"子菜单，这是考虑到用户在登录系统后可重新使用不同权限登录而设置的。

　　系统主窗体 CMFrmMain 的代码如下：

```
'  主窗体载入事件 CMfrmMain_Load
        Private Sub CMfrmMain_Load(ByVal sender As System.Object,
```

```
        ByVal e As System.EventArgs) Handles MyBase.Load
        frmLogin.ShowDialog()                    ' 显示登录窗体
    End Sub
    ' judge_search_Click 为查询法官信息事件代码
    Private Sub judge_search_Click(ByVal sender As System.Object,
        ByVal e As System.EventArgs) Handles judge_search.Click
        findjudge.MdiParent = Me
        findjudge.Show()
    End Sub
    ' judge_edit_Click 为编辑法官信息事件代码
    Private Sub judge_edit_Click(ByVal sender As System.Object,
        ByVal e As System.EventArgs) Handles judge_edit.Click
        If usertype = 1 Then
            modijudge.MdiParent = Me
            modijudge.Show()
        Else
            MsgBox("仅限制系统管理员有权限进行此操作！", vbOKOnly + vbExclamation, "")
        End If
    End Sub
    ' lawyer_search_Click 查询律师信息事件代码
    Private Sub lawyer_search_Click(ByVal sender As System.Object,
        ByVal e As System.EventArgs) Handles lawyer_search.Click
        findlawyer.MdiParent = Me
        findlawyer.Show()
    End Sub
    ' lawyer_edit_Click 为编辑律师信息事件代码
    Private Sub lawyer_edit_Click(ByVal sender As System.Object,
        ByVal e As System.EventArgs) Handles lawyer_edit.Click
        If usertype = 1 Then
            modilawyer.MdiParent = Me
            modilawyer.Show()
        Else
            MsgBox("仅限制系统管理员有权限进行此操作！", vbOKOnly + vbExclamation, "")
        End If
    End Sub
    ' case_search_Click 为查询案件事件代码
    Private Sub case_search_Click(ByVal sender As System.Object,
        ByVal e As System.EventArgs) Handles case_search.Click
        findcase.MdiParent = Me
        findcase.Show()
    End Sub
    ' case_edit_Click 为编辑案件事件代码
    Private Sub case_edit_Click(ByVal sender As System.Object,
        ByVal e As System.EventArgs) Handles case_edit.Click
        If usertype = 1 Then
            modicase.MdiParent = Me
```

```
        modicase.Show()
    Else
        MsgBox("仅限制系统管理员有权限进行此操作！", vbOKOnly + vbExclamation, "")
    End If
End Sub
' system_login_Click 为系统登录事件代码
Private Sub system_login_Click(ByVal sender As System.Object,
    ByVal e As System.EventArgs) Handles system_login.Click
    frmLogin.MdiParent = Me
    frmLogin.Show()
End Sub
' system_exit_Click 为系统退出事件代码
Private Sub system_exit_Click(ByVal sender As System.Object,
    ByVal e As System.EventArgs) Handles system_exit.Click
    End
End Sub
```

2.3.2 法官信息管理模块

法官信息管理模块主要实现查询法官信息、添加法官信息、修改法官信息和删除法官信息功能。

1. "查询法官信息" 窗体的设计

"查询法官信息" 窗体布局如图 2.5 所示，窗体上的 2 个按钮分别控制查询、刷新和返回操作。在此窗体中，用户可以选择法官编号、所属法院级别或姓名进行查询，只要选择其中任意一种方式并通过下拉组合框选择查询对象或在文本框中输入查询对象，单击 "查询" 按钮，就在网格 DataGridView1 中显示查询到的相应内容；单击 "刷新" 按钮，系统将刷新网格中所有法官的全部信息内容；单击 "返回" 按钮，系统返回主窗体界面。

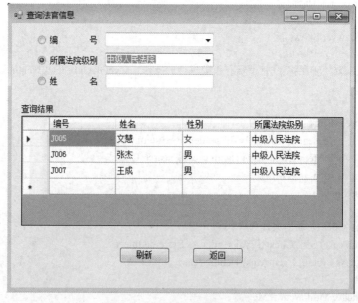

图 2.5　"查询法官信息" 窗体

创建"查询法官信息"窗体并命名为 findjudge，如表 2.7 所示向窗体添加控件并设置控件的属性。

表 2.7 findjudge 窗体的控件及属性设置

控件名称	属性	属性取值	说明
Form	Text	查询法官信息	窗口标题
	Name	findjudge	窗体名称
	StartPosition	CenterScreen	启动后屏幕位置
BindingSource	Name	JudgeInformationBindingSource	数据绑定源
	DataSource	CourtMDataSet	
	DataMember	JudgeInformation	
BindingSource	Name	bhBindingSource	数据绑定源
	DataSource	CourtMDataSet	
	DataMember	JudgeInformation	
BindingSource	Name	VJCourtBindingSource	数据绑定源
	DataSource	CourtMDataSet	
	DataMember	vJCourt (视图)	
DataSet	Name	CourtMDataSet	数据集
TableAdapter	Name	JudgeInformationTableAdapter	
TableAdapter	Name	VJCourtTableAdapter	
DataGridView	Name	DataGridView1	数据网格
	DataSource	JudgeInformationBindingSource	
RadioButton	Name	RadioButton 1	单选按钮
	Text	编号	
	Name	RadioButton 2	
	Text	所属法院级别	
	Name	RadioButton 3	
	Text	姓名	
ComboBox	Name	ComboBox1	"编号"组合框
	DataSource	bhBindingSource	
	DisplayMember	编号	
ComboBox	Name	ComboBox2	"所属法院级别"组合框
	DataSource	VJCourtBindingSource	
	DisplayMember	所属法院级别	
TextBox	Name	TextBox1	"姓名"文本框名称
Button	Text	刷新	按钮
	Name	Button1	
	Text	返回	
	Name	Button 2	

由于"所属法院级别"数据在"查询法官信息"窗体中不会变化，因此可以使用 ComboBox 控件 ComboBox2 来控制，其数据源为 VJCourtBindingSource 控件，这是视图 vJCourt 的绑定控件。视图 vJCourt 在 SQL Server 中定义，其定义语句为：

```
CREATE VIEW vJCourt
AS
SELECT DISTINCT 所属法院级别 FROM  judgeInformation
```

查询法官信息窗体 findjudge 的代码如下：

```
' 执行窗体的加载事件 findjudge_Load
Private Sub findjudge_Load(ByVal sender As System.Object,
 ByVal e As System.EventArgs) Handles MyBase.Load
    Me.VJCourtTableAdapter.Fill(Me.CourtMDataSet.vJCourt)
    Me.JudgeInformationTableAdapter.Fill(Me.CourtMDataSet.judgeInformation)
    ComboBox1.Text = ""
    ComboBox2.Text = ""
End Sub
' 单击"编号"的组合框，执行 ComboBox1_SelectedIndexChanged 事件代码
Private Sub ComboBox1_SelectedIndexChanged(ByVal sender As System.Object,
    ByVal e As System.EventArgs) Handles ComboBox1.SelectedIndexChanged
    RadioButton1.Checked = True
    JudgeInformationBindingSource.Filter = "编号='" & Trim(ComboBox1.Text) & "'"
    ComboBox2.Text = ""
End Sub
' 单击"所属法院级别"的组合框，执行 ComboBox2_SelectedIndexChanged 事件代码
Private Sub ComboBox2_SelectedIndexChanged(ByVal sender As System.Object,
    ByVal e As System.EventArgs) Handles ComboBox2.SelectedIndexChanged
    RadioButton2.Checked = True
    JudgeInformationBindingSource.Filter = "所属法院级别 ='" & Trim(ComboBox2.Text) & " '"
    ComboBox1.Text = ""
End Sub
' 改变"姓名"所对应的文本框内容时，执行 TextBox1_TextChanged 事件代码
Private Sub TextBox1_TextChanged(ByVal sender As System.Object,
    ByVal e As System.EventArgs) Handles TextBox1.TextChanged
    RadioButton3.Checked = True
    If TextBox1.Text <> "" Then
        JudgeInformationBindingSource.Filter = "姓名='" & Trim(TextBox1.Text) & "'"
    Else
        MsgBox("请输入查询的姓名！", , "提示")
    End If
    ComboBox1.Text = ""
    ComboBox2.Text = ""
End Sub
' 单击"刷新"按钮，执行 Button1_Click 事件代码
Private Sub Button1_Click(ByVal sender As System.Object,
    ByVal e As System.EventArgs) Handles Button2.Click
    JudgeInformationBindingSource.Filter = Nothing
End Sub
```

' 单击"返回"按钮，执行 Button2_Click 事件代码

Private Sub Button2_Click(ByVal sender As System.Object,

ByVal e As System.EventArgs) Handles Button3.Click

Me.Dispose()

End Sub

2. "编辑法官信息"窗体的设计

"编辑法官信息"窗体布局与"查询法官信息"窗体 findjudge 布局基本相同，只是增加了"添加""修改""删除"按钮，如图 2.6 所示。

图 2.6 "编辑法官信息"窗体

创建"编辑法官信息"窗体并命名为 modijudge，如表 2.7 和表 2.8 所示向窗体中添加控件并设置控件的属性。

表 2.8　modijudge 窗体新增控件及其属性设置

控件名称	属性	属性取值	说明
Form	Text	编辑法官信息	窗口标题
	Name	modijudge	窗体名称
Button	Text	返回	按钮
	Name	Button1	
	Text	修改	
	Name	Button2	
	Text	添加	
	Name	Button3	
	Text	删除	
	Name	Button4	
	Text	刷新	
	Name	Button5	

注意：表 2.8 中只列出了"编辑法官信息"窗体 modijudge 相对"查询法官信息"窗体 findjudge 新增的控件及属性设置。

在"编辑法官信息"窗体 modijudge 中同样可以进行查询操作。modijudge 窗体的代码是在 findjudge 窗体的代码的基础上进行改进而得到的，即 modijudge 窗体的代码等于 findjudge 窗体的代码加上以下改进部分的代码：

```
' 单击"添加"按钮，执行 Button3_Click 事件代码
Private Sub Button3_Click(ByVal sender As System.Object,
    ByVal e As System.EventArgs) Handles Button3.Click
    flag = 1
    add_editjudge.MdiParent = CMfrmMain
    add_editjudge.Show()
End Sub
' 单击"修改"按钮，执行 Button2_Click 事件代码
Private Sub Button2_Click(ByVal sender As System.Object,
    ByVal e As System.EventArgs) Handles Button2.Click
    If DataGridView1.Rows.Count <= 1 Then
        MsgBox("请选择记录", , "修改")
        Exit Sub
    End If
    flag = 2
    add_editjudge.MdiParent = CMfrmMain
    add_editjudge.Show()
End Sub
' 单击"删除"按钮，执行 Button4_Click 事件代码
Private Sub Button4_Click(ByVal sender As System.Object,
    ByVal e As System.EventArgs) Handles Button4.Click
    ' 以下代码检查是否选择要删除的记录
    If DataGridView1.Rows.Count <= 1 Then
        MsgBox("请选择要删除的法官", , "删除")
        Exit Sub
    End If
    ' 以下代码确定是否删除
    If MsgBox("确定删除该法官信息? ", vbYesNo, "删除") = vbNo Then
        Exit Sub
    End If
    ' 以下代码调用 Delete 方法删除选择的法官信息
    Dim oldSRow As CourtMDataSet.judgeInformationRow
    Dim s1 As String
    s1 = Trim(DataGridView1.Rows(DataGridView1.CurrentCell.RowIndex).Cells(0).Value)
    oldSRow = CourtMDataSet.judgeInformation.FindBy 编号(s1)
    ' 以下代码从 CourtMDataSet 数据集中删除记录
    oldSRow.Delete()
    ' 以下代码更新当前 DataGridView1 的数据源
    JudgeInformationTableAdapter.Update(CourtMDataSet.judgeInformation)
    JudgeInformationTableAdapter.Fill(CourtMDataSet.judgeInformation)
    JudgeInformationBindingSource.Filter = Nothing
End Sub
```

在"编辑法官信息"窗体 modijudge 中，当单击"添加"按钮时会弹出"添加法官信息"窗体，如图 2.7 所示，编号会自动生成，此时输入姓名信息并进行选择相应操作后，即可完成添加法官信息的操作。

在 modijudge 窗体的数据网格 DataGridView1 中，选定需要修改的法官记录后，单击"修改"按钮，弹出"修改法官信息"窗体，如图 2.8 所示，此时 DataGridView1 控件中被选定的数据行信息会自动显示在"修改法官信息"窗体的对应数据项中，用户进行相应的修改操作后，单击"确定"按钮，即可完成修改法官信息的操作。

图 2.7　"添加法官信息"窗体　　　　　　　图 2.8　"修改法官信息"对话框

对法官信息进行删除操作，需要先在数据网格 DataGridView1 显示框中选择需删除的记录，然后单击 modijudge 窗体中的"删除"按钮，系统弹出"删除"对话框，如图 2.9 所示。单击"是"按钮，系统将删除当前记录；单击"否"按钮，系统将返回 modijudge 窗体。

图 2.9　"删除确认"窗体

创建"添加法官信息"窗体并命名为 add_editjudge，如表 2.9 所示向窗体添加控件并设置控件的属性。

表 2.9　add_editjudge 窗体的控件及属性设置

控件名称	属性	属性取值	说明
Form	Text	添加法官信息	窗口标题
	Name	add_editjudge	窗体名称
	StartPosition	CenterScreen	启动后屏幕位置
Button	Text	确定	按钮
	Name	Button1	
	Text	返回	
	Name	Button3	

续表

控件名称	属性	属性取值	说明
BindingSource	Name	JudgeInformationBindingSource	法官数据绑定源
	DataSource	CourtMDataSet	
	DataMember	JudgeInformation	
BindingSource	Name	VJCourtBindingSource	法院类别数据绑定源
	DataSource	CourtMDataSet	
	DataMember	vJCourt (视图)	
TableAdapter	Name	JudgeInformationTableAdapter	
TableAdapter	Name	VJCourtTableAdapter	
DataSet	Name	CourtMDataSet	数据集
ComboBox	Name	fayuan	"所属法院级别"组合框
	DataSource	VJCourtBindingSource	
	DisplayMember	所属法院级别	
TextBox	Name	bianhao	编号
	ReadOnly	True	只读
TextBox	Name	xingming	姓名
RadioButton	Name	xingbie1	性别"男"
	Text	男	
RadioButton	Name	xingbie2	性别"女"
	Text	女	

由于添加法官信息和修改法官信息可以共用一个窗体，只是窗体名称不同，因此本系统在设计时，将"添加法官信息"窗体和"修改法官信息"窗体设置为一个窗体，调用时仅改变窗体的标签。

"添加法官信息"窗体 add_editjudge 的代码如下：

```
' 以下变量定义在窗体类声明区
Dim MaxNum As String                  ' 变量 MaxNum 存放最大编号值
Dim curXingbie As String              ' 变量 curXingbie 存放当前性别
Dim fd As Integer                     ' 变量 fd 定位当前记录
' 窗体载入事件 add_editjudge_Load
Private Sub add_editjudge_Load(ByVal sender As System.Object,
    ByVal e As System.EventArgs) Handles MyBase.Load
    Me.VJCourtTableAdapter.Fill(Me.CourtMDataSet.vJCourt)
    Me.JudgeInformationTableAdapter.Fill(Me.CourtMDataSet.judgeInformation)
    If flag = 1 Then                  ' 若 flag 值为 1，窗体显示为"添加法官信息"
        Call MaxNo()                  ' MaxNo 过程生成最大编号，在后面定义
        Me.Text = "添加法官信息"
    Else
        Me.Text = "修改法官信息"       ' 若 flag 值为 2，窗体显示为"修改法官信息"
```

```
        Dim curR As Integer
        curR = modijudge.DataGridView1.CurrentCell.RowIndex
        bianhao.Text = modijudge.DataGridView1.Rows(curR).Cells(0).Value
        xingming.Text = modijudge.DataGridView1.Rows(curR).Cells(1).Value
        fayuan.Text = modijudge.DataGridView1.Rows(curR).Cells(3).Value
        If Trim(modijudge.DataGridView1.Rows(curR).Cells(2).Value) = "男" Then
            xingbie1.Checked = True
        Else
            xingbie2.Checked = True
        End If
        fd = JudgeInformationBindingSource.Find("编号", _
            (modijudge.DataGridView1.Rows(modijudge.DataGridView1. _
            CurrentCell.RowIndex).Cells(0).Value))
        If fd = -1 Then Exit Sub
        JudgeInformationBindingSource.Position = fd
    End If
End Sub
' 在添加窗体中单击"确定"按钮，执行 Button1_Click 事件代码
Private Sub Button1_Click(ByVal sender As System.Object, _
    ByVal e As System.EventArgs) Handles Button1.Click
    ' Dim sql As String
    If flag = 1 Then        '添加记录
        Dim c(4) As String
        c(1) = Trim(MaxNum)
        If xingming.Text = "" Then
            MsgBox("请输入姓名!", , "添加")
            Exit Sub
        Else
            c(2) = Trim(xingming.Text)
        End If
        If xingbie1.Checked Then c(3) = "男" Else c(3) = "女"
        If fayuan.Text <> "" Then c(4) = Trim(fayuan.Text)
        JudgeInformationTableAdapter.Insert(c(1), c(2), c(3), c(4))
        JudgeInformationTableAdapter.Fill(CourtMDataSet.judgeInformation)
        ' 更新父窗体数据
        modijudge.JudgeInformationTableAdapter.Fill(modijudge.CourtMDataSet.judgeInformation)
        MsgBox("添加成功！", vbOKOnly + vbExclamation, "添加结果！")
    Else                                    ' 修改记录
        JudgeInformationBindingSource.Current(1) = Trim(xingming.Text)
        JudgeInformationBindingSource.Current(2) = curXingbie
        JudgeInformationBindingSource.Current(3) = Trim(fayuan.Text)
        ' EndEdit 将更改应用于基础数据源。
        JudgeInformationBindingSource.EndEdit()
        ' JudgeInformation 表要有主键
        JudgeInformationTableAdapter.Update(CourtMDataSet.judgeInformation)
```

```
            JudgeInformationTableAdapter.Fill(CourtMDataSet.judgeInformation)
            ' 更新父窗体数据
            modijudge.JudgeInformationTableAdapter.Fill(
                    modijudge.CourtMDataSet.judgeInformation)
            MsgBox("修改成功！", vbOKOnly + vbExclamation, "修改结果！")
        End If
        modijudge.JudgeInformationBindingSource.Filter = Nothing
    End Sub
    ' 在添加窗体中单击"返回"按钮，执行 Button2_Click 事件代码
    Private Sub Button2_Click(ByVal sender As System.Object,
        ByVal e As System.EventArgs) Handles Button2.Click
        Me.Dispose()
    End Sub
    ' 单击"性别"单选按钮，执行 xingbie1_CheckedChanged 事件代码
    Private Sub xingbie1_CheckedChanged(ByVal sender As System.Object,
        ByVal e As System.EventArgs) Handles xingbie1.CheckedChanged
        curXingbie = "男"
    End Sub
    Private Sub xingbie2_CheckedChanged(ByVal sender As System.Object,
        ByVal e As System.EventArgs) Handles xingbie2.CheckedChanged
        curXingbie = "女"
    End Sub
    ' MaxNo 过程生成最大编号，并赋值给文本框 bianhao
    Sub MaxNo()
        Dim num As String
        Dim temp As String
        JudgeInformationBindingSource.Sort = "编号  Desc"              ' 设置 JudgeInformation 表降序
        MaxNum = JudgeInformationBindingSource.Current(0).ToString
        num = Mid(MaxNum, 2, 3) + 1
        temp = StrDup(3 - Len(Trim(num)), "0") & Trim(num)           ' 求一个最大库存编号
        MaxNum = "J" & temp
        bianhao.Text = MaxNum
    End Sub
```

　　由于律师信息管理模块和法官信息管理模块的功能基本相同，所以设计的方法也基本相同，设计者只要对法官信息管理模块稍微做一些修改，就可以设计好律师信息管理模块，这里就不再赘述。

2.3.3　案例信息管理模块

案例信息管理模块可以实现查询案例、添加案例、修改案例和删除案例功能。

1．"查询案例"窗体的设计

"查询案例"窗体布局如图 2.10 所示，3 个按钮分别控制查询、刷新、返回操作。

创建"查询案例"窗体并命名为 findcase，如表 2.10 所示向窗体添加控件并设置控件的属性。

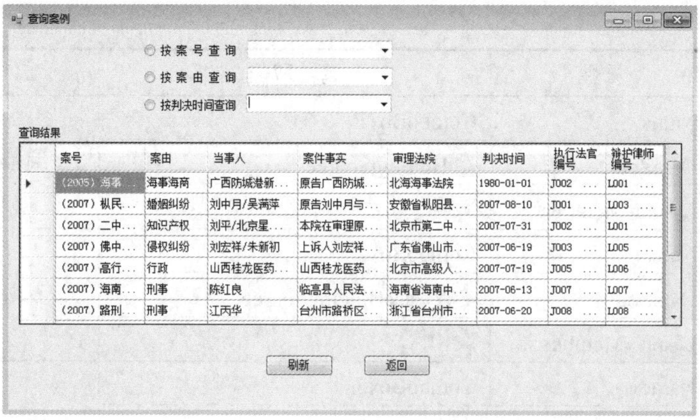

图 2.10　"查询案例"窗体

表 2.10　findcase 窗体的控件及属性设置

控件名称	属性	属性取值	说明
Form	Text	查询案例	窗口标题
	Name	findcase	对象名称
	StartPosition	CenterScreen	启动后屏幕位置
RadioButton	Name	RadioButton 1	单选按钮
	Text	按案号查询	
	Name	RadioButton 2	
	Text	按案由查询	
	Name	RadioButton 3	
	Text	按判决时间查询	
DataSet	Name	CourtMDataSet	数据集
BindingSource	Name	CaseBindingSource	案件数据绑定
	DataSource	CourtMDataSet	
	DataMember	CaseInformation	
BindingSource	Name	timeBindingSource	判决时间的数据绑定
	DataSource	CourtMDataSet	
	DataMember	CaseInformation	
BindingSource	Name	AhBindingSource	案号的数据绑定
	DataSource	CourtMDataSet	
	DataMember	CaseInformation	
BindingSource	Name	VAYBindingSource	案由的数据绑定
	DataSource	CourtMDataSet	
	DataMember	VayCase (视图)	
TableAdapter	Name	CaseTableAdapter	
TableAdapter	Name	VAYCaseTableAdapter	

续表

控件名称	属性	属性取值	说明
ComboBox	Name	ComboBox1	"按编号查询"组合框
	DataSource	AhBindingSource	
	DisplayMember	案号	
ComboBox	Name	ComboBox2	"按案由查询"组合框
	DataSource	VAYCaseBindingSource	
	DisplayMember	案由	
ComboBox	Name	ComboBox3	"按判决时间查询"组合框
	DataSource	timeBindingSource	
	DisplayMember	判决时间	
DataGridView	Name	DataGridView1	数据网格
	DataSource	CaseBindingSource	
Button	Text	返回	按钮
	Name	Button1	
	Text	刷新	
	Name	Button2	

由于"案由"数据在"查询案例"窗体中不会变化，因此可以使用 ComboBox 控件 ComboBox2 来控制，其数据源为 VAYCaseBindingSource 控件，这是视图 VayCase 的绑定控件。视图 VayCase 在 SQL Server 中定义，其定义语句为：

```
CREATE VIEW VayCase
AS
SELECT DISTINCT 案由 FROM caseInformation
```

"查询案例"窗体 findcase 的代码如下：

```
' 窗体加载执行 findcase_Load 事件代码
Private Sub findcase_Load(ByVal sender As System.Object,
    ByVal e As System.EventArgs) Handles MyBase.Load
    Me.VAYCaseTableAdapter.Fill(Me.CourtMDataSet.vAYCase)
    Me.CaseTableAdapter.Fill(Me.CourtMDataSet.caseInformation)
    ComboBox1.Text = ""
    ComboBox2.Text = ""
    ComboBox3.Text = ""
End Sub
' 单击对应"按案号查询"的组合框，执行 ComboBox1_SelectedIndexChanged 事件代码
Private Sub ComboBox1_SelectedIndexChanged(ByVal sender As System.Object,
    ByVal e As System.EventArgs) Handles ComboBox1.SelectedIndexChanged
    RadioButton1.Checked = True
    If ComboBox1.Text = "" Then Exit Sub
    CaseBindingSource.Filter = "案号 ='" & Trim(ComboBox1.Text) & "'"
End Sub
' 单击对应"按案由查询"的组合框，执行 ComboBox2_SelectedIndexChanged 事件代码
```

```
Private Sub ComboBox2_SelectedIndexChanged(ByVal sender As System.Object,
    ByVal e As System.EventArgs) Handles ComboBox2.SelectedIndexChanged
    RadioButton2.Checked = True
    If ComboBox2.Text = "" Then Exit Sub
    CaseBindingSource.Filter = "案由 =" & Trim(ComboBox2.Text) & ""
End Sub
' 单击对应"按判决时间查询"的组合框,执行 ComboBox3_SelectedIndexChanged 事件代码
Private Sub ComboBox3_SelectedIndexChanged(ByVal sender As System.Object,
    ByVal e As System.EventArgs) Handles ComboBox3.SelectedIndexChanged
    RadioButton3.Checked = True
    If ComboBox3.Text = "" Then Exit Sub
    CaseBindingSource.Filter = "判决时间 = ' " & Trim(ComboBox3.Text) & " ' "
End Sub
' 单击"返回"按钮,执行 Button2_Click 事件代码
Private Sub Button2_Click(ByVal sender As System.Object,
    ByVal e As System.EventArgs) Handles Button2.Click
    Me.Dispose()
End Sub
' 单击"刷新"按钮执行 Button1_Click 事件代码
Private Sub Button1_Click(ByVal sender As System.Object,
    ByVal e As System.EventArgs) Handles Button1.Click
    RadioButton1.Checked = False
    RadioButton2.Checked = False
    RadioButton3.Checked = False
    ComboBox1.Text = ""
    ComboBox2.Text = ""
    ComboBox3.Text = ""
    CaseBindingSource.Filter = Nothing
End Sub
```

2. "编辑案例"窗体的设计

"编辑案例"窗体布局与"查询案例"窗体布局基本相同,只是增加了添加、修改和删除按钮,如图 2.11 所示。

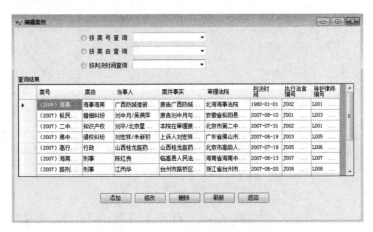

图 2.11 "编辑案例"窗体

创建"编辑案例"窗体并命名为 modicase，如表 2.10 和表 2.11 所示向窗体中添加控件并设置控件的属性。

表 2.11 modicase 窗体新增控件及属性设置

控件名称	属性	属性取值	说明
Form	Text	编辑案例	窗口标题
	Name	modicase	对象名称
Button	Text	返回	按钮
	Name	Button1	
	Text	修改	
	Name	Button2	
	Text	添加	
	Name	Button3	
	Text	删除	
	Name	Button4	
	Text	刷新	
	Name	Button5	

注意：表 2.11 中给出了"编辑案例"窗体较查询案例窗体新增的控件及其属性的设置。

"编辑案例"窗体 modicase 的代码可参照"查询案例"窗体 findcase 的代码及"编辑法官信息"窗体 modijudge 的代码进行编写。

本系统在设计过程中，"编辑案例"窗体 modicase 的设计方法完全采用"编辑法官信息"窗体的设计方法。对于"编辑案例"窗体中添加、修改、删除、刷新功能的实现以及相应的操作方法与"编辑法官信息"窗体中基本相同，只是添加和修改窗体的界面不同。

"添加案例信息"窗体布局如图 2.12 所示，2 个按钮分别实现"确定"和"返回"操作。

图 2.12 "添加案例信息"窗体

创建"添加案例信息"窗体并命名为 AddEditCase，如表 2.12 所示向窗体添加控件并设置控件的属性。

表 2.12 add_editcase 窗体的控件及属性设置

控件名称	属性	属性取值	说明
Form	Name	AddEditCase	窗体名称
	Text	添加案例信息	窗体标题
	StartPosition	CenterScreen	启动后屏幕位置
TextBox	Name	TxtAnhao	"案号"文本框名称
	Name	TxtDSRen	"当事人"文本框名称
	Name	TxtFayuan	"审理法院"文本框名称
	Name	TxtSS	"案例事实"文本框名称
BindingSource	Name	CaseBindingSource	案件数据绑定源
	DataSource	CourtMDataSet	
	DataMember	CaseInformation	
BindingSource	Name	JudgeBindingSource	法官数据绑定源
	DataSource	CourtMDataSet	
	DataMember	JudgeInformation	
BindingSource	Name	LawyerBindingSource	律师数据绑定源
	DataSource	CourtMDataSet	
	DataMember	LawyerInformation	
BindingSource	Name	VAYCaseBindingSource	案由数据绑定源
	DataSource	CourtMDataSet	
	DataMember	vayCase (视图)	
TableAdapter	Name	CaseTableAdapter	
TableAdapter	Name	VAYCaseTableAdapter	
TableAdapter	Name	JudgeTableAdapter	
TableAdapter	Name	LawyerCaseTableAdapter	
ComboBox	Name	CboYear	"年"组合框
	Name	CboMonth	"月"组合框
	Name	CboDay	"日"组合框
ComboBox	Name	CboJudge	"执行法官"组合框
	DataSource	JudgeBindingSource	
	DisplayMember	姓名	
	ValueMember	编号	
ComboBox	Name	CboLawyer	"辩护律师"组合框
	DataSource	LawyerBindingSource	
	DisplayMember	姓名	
	ValueMember	编号	

控件名称	属性	属性取值	说明
ComboBox	Name	CboAnyou	"案由"组合框
	DataSource	VAYCaseBindingSource	
	DisplayMember	案由	
Button	Text	返回	按钮
	Name	Button1	
	Text	确定	
	Name	Button2	

"案由"数据绑定控件 VAYCaseBindingSource 与"查询案例"窗体 findcase 完全相同，其数据源是视图 VayCase，定义在 SQL Server 中，详细情况参见 2.3.3 节中的"查询案例"窗体的设计。

由于添加案例信息和修改案例信息只是窗体名称不同，可以共用一个窗体，所以本系统在设计时将"添加案例信息"窗体和"修改案例信息"窗体设置为一个窗体，调用时只改变窗体的标签。

"添加案例信息"窗体 AddEditCase 的代码如下：

```
' 以下变量定义在窗体类声明区
Dim fd As Integer,   MaxNum As String                    'MaxNum 变量存放最大编号
' 窗体载入执行 AddEditCase_Load 事件代码
Private Sub AddEditCase_Load(ByVal sender As System.Object,
    ByVal e As System.EventArgs) Handles MyBase.Load
    Me.LawyerTableAdapter.Fill(Me.CourtMDataSet.lawyerInformation)
    Me.JudgeTableAdapter.Fill(Me.CourtMDataSet.judgeInformation)
    Me.VAYCaseTableAdapter.Fill(Me.CourtMDataSet.vAYCase)
    Me.CaseTableAdapter.Fill(Me.CourtMDataSet.caseInformation)
    ' 以下代码初始化的年月日组合框列表信息
    Dim i As Integer, datestr As String
    datestr = Format(Now, "yyyy")
    For i = 1980 To datestr                              ' 设置年
        cboYear.Items.Add(i)
    Next i
    cboYear.SelectedIndex = 0
    For i = 1 To 12                                      ' 设置月
        If i > 9 Then cboMonth.Items.Add(i) Else cboMonth.Items.Add("0" & Trim(Str(i)))
    Next i
    cboMonth.SelectedIndex = 0
    For i = 1 To 31                                      ' 设置日
        If i > 9 Then cboDay.Items.Add(i) Else cboDay.Items.Add("0" & Trim(Str(i)))
    Next i
    cboDay.SelectedIndex = 0
    cboAnYou.Text = ""
```

```
        cboJudge.Text = ""
        cboLawyer.Text = ""
        If flag = 1 Then
            Me.Text = "添加案例信息"
        Else
            Me.Text = "修改案例信息"
            Dim curR As Integer          ' 当前 modicase.DataGridView1 的被选行的行号
            curR = modicase.DataGridView1.CurrentCell.RowIndex          ' 获取当前行号
            txtAnHao.Text = modicase.DataGridView1.Rows(curR).Cells(0).Value
            cboAnYou.Text = modicase.DataGridView1.Rows(curR).Cells(1).Value
            txtDSRen.Text = modicase.DataGridView1.Rows(curR).Cells(2).Value
            txtSS.Text = modicase.DataGridView1.Rows(curR).Cells(3).Value
            txtFayuan.Text = modicase.DataGridView1.Rows(curR).Cells(4).Value
            Dim ymd As String = modicase.DataGridView1.Rows(curR).Cells(5).Value
            cboYear.Text = Mid(ymd, 1, 4)
            cboMonth.Text = Mid(ymd, 6, 2)
            cboDay.Text = Mid(ymd, 9, 2)
            cboJudge.SelectedValue = modicase.DataGridView1.Rows(curR).Cells(6).Value
            cboLawyer.SelectedValue = modicase.DataGridView1.Rows(curR).Cells(7).Value
            fd = CaseBindingSource.Find("案号", Trim(txtAnHao.Text))
            If fd = -1 Then Exit Sub
            CaseBindingSource.Position = fd
        End If
    End Sub
' 单击 "添加" 或 "修改" 按钮，执行 Button1_Click 事件代码
    Private Sub Button1_Click(ByVal sender As System.Object,
        ByVal e As System.EventArgs) Handles Button1.Click
        If flag = 1 And Trim(txtAnHao.Text) = "" Then
            MsgBox("请输入案号", vbOKOnly + vbExclamation, "")
            txtAnHao.Focus()
            Exit Sub
        End If
        If flag = 1 And Trim(txtAnHao.Text) <> "" Then
            fd = CaseBindingSource.Find("案号", Trim(txtAnHao.Text))
            If fd <> -1 Then
                MsgBox("此案号已经存在，请更换！", vbOKOnly + vbExclamation, "")
                txtAnHao.Text = ""
                Exit Sub
            End If
        End If
        If flag = 1 Then
            Dim c(8) As String
            c(1) = Trim(txtAnHao.Text)
            If cboAnYou.Text <> "" Then c(2) = Trim(cboAnYou.Text)
            If txtDSRen.Text <> "" Then c(3) = Trim(txtDSRen.Text)
```

```
            If txtSS.Text <> "" Then c(4) = Trim(txtSS.Text)
            If txtFayuan.Text <> "" Then c(5) = Trim(txtFayuan.Text)
            c(6) = Trim(cboYear.Text) & "-" & Trim(cboMonth.Text) & "-" & Trim(cboDay.Text)
            If cboJudge.Text <> "" Then c(7) = Trim(cboJudge.SelectedValue)
            If cboLawyer.Text <> "" Then c(8) = Trim(cboLawyer.SelectedValue)
            CaseTableAdapter.Insert(c(1), c(2), c(3), c(4), c(5), c(6), c(7), c(8))
            CaseTableAdapter.Fill(CourtMDataSet.caseInformation)
            ' 更新父窗体 modicase 数据
            modicase.CaseTableAdapter.Fill(modicase.CourtMDataSet.caseInformation)
            MsgBox("添加成功！", vbOKOnly + vbExclamation, "添加结果！")
        Else
            ' 以下代码修改记录
            Dim ndate As String
            ndate = Trim(cboYear.Text) & "-" & Trim(cboMonth.Text) & "-" & Trim(cboDay.Text)
            CaseBindingSource.Current(0) = Trim(txtAnHao.Text)
            CaseBindingSource.Current(1) = Trim(cboAnYou.Text)
            CaseBindingSource.Current(2) = Trim(txtDSRen.Text)
            CaseBindingSource.Current(3) = Trim(txtSS.Text)
            CaseBindingSource.Current(4) = Trim(txtFayuan.Text)
            CaseBindingSource.Current(5) = ndate
            CaseBindingSource.Current(6) = Trim(cboJudge.SelectedValue)
            CaseBindingSource.Current(7) = Trim(cboLawyer.SelectedValue)
            CaseBindingSource.EndEdit()                ' EndEdit 将更改应用于基础数据源。
            CaseTableAdapter.Update(CourtMDataSet.caseInformation)   '表要有主键
            CaseTableAdapter.Fill(CourtMDataSet.caseInformation)
            modicase.CaseTableAdapter.Fill(modicase.CourtMDataSet.caseInformation) '更新父窗体数据
            MsgBox("修改成功！", vbOKOnly + vbExclamation, "修改结果！")
        End If
    End Sub
    ' "法官"绑定项发生变化时，执行 JudgeBindingSource_CurrentChanged 事件代码
    ' 定位记录到"法官"组合框选定项
    Private Sub JudgeBindingSource_CurrentChanged(ByVal sender As System.Object, _
        ByVal e As System.EventArgs) Handles JudgeBindingSource.CurrentChanged
        Dim jfd As Integer
        jfd = JudgeBindingSource.Find("编号", Trim(cboJudge.Text))
        If jfd <> -1 Then JudgeBindingSource.Position = jfd
    End Sub
    ' "律师"绑定项发生变化，执行 LawyerBindingSource_CurrentChanged 事件代码
    Private Sub LawyerBindingSource_CurrentChanged(ByVal sender As System.Object, _
        ByVal e As System.EventArgs) Handles LawyerBindingSource.CurrentChanged
        Dim lfd As Integer
        lfd = LawyerBindingSource.Find("编号", Trim(cboLawyer.Text))
        If lfd <> -1 Then LawyerBindingSource.Position = lfd
    End Sub
    ' 单击"返回"按钮，执行 Button2_Click 事件代码
```

```
Private Sub Button2_Click(ByVal sender As System.Object,
    ByVal e As System.EventArgs) Handles Button2.Click
    Me.Dispose()
End Sub
```

当单击 AddEditCase 窗体的"执行法官"组合框控件 CboJudge 时，会选定其中某个列表项，因为 CboJudge 控件绑定了数据源 JudgeBindingSource 数据控件，所以 JudgeInformation 表应定位到 CboJudge 控件选定的记录，使用 JudgeBindingSource_CurrentChanged 事件作为 CboJudge 控件的选定项变化时进行的操作。

案例 3　病人住院管理系统

医院信息系统（Hospital Information System，HIS）是指利用计算机和其他专用医疗设备，为医院所属各部门的病人诊疗信息和行政管理信息进行收集、存储、处理、提取和数据交换的综合型的计算机应用系统。其主要目标是支持医院的行政管理与医疗业务处理，减轻从业人员的劳动强度，提高医院的工作效率，从而使医院能够以较少的投入获得更好的社会效益和经济效益。

一套完整的医院信息系统既包括临床医疗信息系统，也包括行政管理信息系统。而临床医疗信息系统所涉及的内容更广，如门诊挂号、门诊划价收费、门诊医生工作站、住院医生工作站、住院病人管理、药房管理、药品库存管理以及病理、检验、放射等科室的专用系统等。主要目标是支持医院医护人员的临床活动，收集和处理病人的临床医疗信息，丰富和积累临床医学知识，并提供临床咨询、辅助诊疗和辅助临床决策，提高医护人员的工作效率，为病人提供更多、更快、更好的服务。

3.1　系统需求分析

本案例仅以病人住院这个活动为基点，对住院病人在医院住院过程中产生的信息进行计算机管理。

通过对医院进行住院病人管理基本流程和功能的分析，尽量降低系统的设计复杂性，可以将系统的需求归纳为以下两个方面：

（1）数据需求。

数据库数据要相对完整，能较好地反映住院病人在整个诊疗过程中产生的基本信息和费用信息，基本满足卫生部制定的《医院信息系统基本功能规范》中"住院病人入、出、转管理分系统"和"住院收费分系统的功能规范"要求。

基本信息主要包括病人档案、就医档案、药品价格、检查治疗项目和收费等。

（2）功能需求。

1）病人档案首页的录入、修改、查询。

2）各项药品价格的录入、修改、删除、查询。

3）各项检查治疗项目的录入、修改、删除。

4）住院预付款和其他费用的录入、修改、删除、查询以及生成费用日报单。

5）病人转科室和换床位控制。

6）病人出院结算处理。

3.2　系统设计

3.2.1　系统功能设计

病人住院管理系统主要实现病人住院登记和病人基本情况的记录，以及病人在住院过程

中的费用信息管理、转科室与换床位控制及各类信息的查询与统计，包含的系统功能模块如图
3.1 所示。

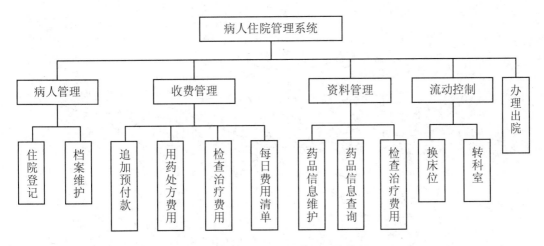

图 3.1　病人住院管理系统模块

为了使设计的系统尽量不依赖 HIS 中的其他系统而自成一体，病人住院管理系统融合了
本应属于 HIS 中的药品管理和费用管理等功能。

（1）病人管理。主要为病人办理住院登记，对病人档案首页进行修改和查询等。病人办
理住院手续时给病人分配住院号并建立该次病人住院的档案首页，如果病人不是首次住院，也
分配一个新的住院号。

（2）收费管理。主要对病人住院期间产生的固定医疗费用和处方费用进行记录、查询和
统计。

（3）资料管理。主要为系统中的药品和检查治疗项目提供基础数据，包括处方收费时
的药品价格表和检查治疗时的各项收费项目以便规范收费和费用，并实现价格数据的维护和
查询等。

（4）流动控制。实现对病人换床位或转科室的管理。

（5）办理出院。实现病人出院的费用清算和出院手续处理等。

3.2.2　数据库设计

在数据库应用系统的开发过程中，数据库的结构设计是一项非常重要的工作。数据库结
构设计的好坏将直接对应用系统的效率和实现的效果产生影响，好的数据库结构会减小数据库
的存储量，数据的完整性和一致性比较高，系统具有较快的响应速度，能简化基于此数据库的
应用程序的实现。

在数据库系统开始设计时应该尽量考虑全面，尤其应该仔细考虑系统的各种需求，避免
浪费不必要的人力和物力。

1.　数据库概念结构设计

根据以上功能的分析可以规划整个病人住院管理系统涉及的数据实体，主要有病人、药
品和检查治疗项目。"病人"实体与另两个实体之间均存在一对多的联系，"病人"实体与"药
品"实体的联系描述了病人的用药情况。但病人在住院期间还会产生其他没有使用药品的费用，

如治疗费、检查费等非用药固定费用，所以"病人"实体与"检查治疗项目"实体之间的联系描述了病人进行某些检查和治疗时所发生的医疗事项。依此可以使用实体联系模型图（E-R 图）来描述这些实体及其相互联系、各个实体的属性等内容，如图 3.2 所示。

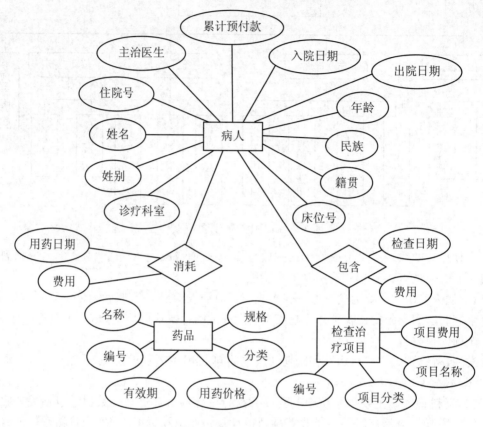

图 3.2　实体联系与实体属性图（E-R 图）

2. 数据库逻辑结构设计

概念结构是各种数据模型的基础，虽然它们比数据模型更抽象且独立于计算机和具体的 DBMS，但是为了实现系统的具体需求，必须将概念结构转化为某个 DBMS 所支持的数据模型并对其进行优化，这就是逻辑结构设计的任务。

观察图 3.2，实体之间的联系均是一对多，需要将这两个一对多的联系也转换为关系模式。依据转化规则，与该联系相连的各实体的关键字和联系本身的属性均转化为关系模式的属性。因此，整个系统可以产生以下 5 个关系模式：

（1）病人（住院号，姓名，性别，年龄，籍贯，民族，主治医生，诊疗科室，床位号，入院日期，累计预付款，出院日期）

（2）药品（编号，名称，规格，分类，用药价格，有效期）

（3）检查治疗项目（编号，项目分类，项目名称，项目费用）

（4）医药费用（住院号，药品编号，费用，用药日期）

（5）检查治疗费用（住院号，项目编号，费用，检查日期）

"医药费用"和"检查治疗费用"关系模式就是由实体联系转化后的结果，前者表示病人的用药处方费用，后者表示病人的检查费用。

从以上 5 个关系模式中可以看出，医药费用和检查治疗费用基本类似，为了统一管理费用的需要并尽量减少实体数量，可以将它们合二为一。但为了区分，在合并后的关系模式中加入费用类型来区别，因此整个系统最后形成了以下 4 个关系模式：

（1）病人（住院号，姓名，性别，年龄，籍贯，民族，主治医生，诊疗科室，床位号，入院日期，累计预付款，出院日期）

（2）药品（编号，名称，规格，分类，用药价格，有效期）

（3）检查治疗项目（编号，项目分类，项目名称，项目费用）

（4）诊疗费用（费用编号，住院号，费用项目编号，费用类型，费用，诊疗日期）

3. 数据库表设计

现在需要将以上关系模式转化为实际的 DBMS 数据模型，基于 SQL Server 数据库系统可以将 4 个关系模式按照一般数据类型形成 SQL Server 数据库中的数据表。

住院病人管理系统数据库中各个数据表的设计如表 3.1 至表 3.5 所示（含系统登录用户表），每个表格表示在数据库中的一个独立数据表。

表 3.1　病人信息表 Patient

列名	数据类型	是否为空	说明
Patient_ID	Varchar(20)	NOT NULL	住院号，主键
Name	Varchar(20)	NOT NULL	姓名
Sex	Char(2)	NULL	性别
Age	Int	NULL	年龄
Native_Place	Varchar(20)	NULL	籍贯
Nation	Varchar(20)	NULL	民族
Charge_Doctor	Varchar(20)	NULL	主治医生
Consultation_Office	Varchar(50)	NOT NULL	诊疗科室
Bed_No	Varchar(10)	NOT NULL	床位号
InCome_Time	Datetime	NULL	入院日期（与时间）
Total_PreFee	Numeric(10,2)	NULL	累计预付款
Leave_Time	Datetime	NULL	出院日期，NULL 为未出院

表 3.2　药品信息表 Leechdom

列名	数据类型	是否为空	说明
Leechdom_ID	Varchar(20)	NOT NULL	编号（主键）
Name	Varchar(20)	NOT NULL	名称
Specs	Varchar(40)	NULL	规格
Class	Varchar(20)	NULL	分类
Price	Numeric(10,2)	NOT NULL	用药价格
Validity_Date	Datetime	NULL	有效期

表 3.3 检查治疗项目表 CuredItem

列名	数据类型	是否为空	说明
Item_ID	Varchar(20)	NOT NULL	编号（主键）
Name	Varchar(20)	NOT NULL	项目名称
Class	Varchar(20)	NULL	项目分类
Fee	Numeric(10,2)	NOT NULL	项目费用

表 3.4 诊疗费用表 CureFee

列名	数据类型	是否为空	说明
Fee_ID	Int	NOT NULL	费用编号（组合主键）：为了保证住院号+项目编号的非唯一性，在原有关系模式基础上增加此字段
Patient_ID	Varchar(20)	NOT NULL	住院号（组合主键）
FeeItem_ID	Varchar(20)	NOT NULL	费用项目编号（组合主键）：用药费用为药品编号，非用药费用为检查治疗项目编号
Fee_Type	Varchar(16)	NOT NULL	费用类型，取值：用药处方费用、检查治疗费用
Fee	Numeric(10,2)	NOT NULL	费用
Cured_Time	Datetime	NULL	诊疗日期与时间

此外，为了在系统中实现登录控制设计一个系统用户登录表，如表 3.5 所示。

表 3.5 系统用户登录表 LoginUser

列名	数据类型	是否为空	说明
Login_Name	Varchar (10)	NOT NULL	登录用户名（主键）
Login_Passw	Varchar (10)	NULL	登录密码
User_Type	Int	NOT NULL	用户类型：=1 管理员，=0 其他

4. 创建数据库对象

经过前面的需求分析与数据库设计之后，我们得到了数据库的逻辑结构。现在即可在 SQL Server 数据库管理系统中实现该逻辑结构，直接在对象资源管理器中创建表。在创建数据表之前应该先创建一个存储这些表和数据的数据库，假设为 HOSP，具体方法与步骤参考前面相关实验的内容，然后按照表 3.1 至表 3.5 所给出的表结构依次建立即可。

完成表的创建后，执行以下 SQL 语句：

```
' 插入一条系统管理员记录，用户名/密码为 Admin/1234，用户类型为 1（管理员）
INSERT INTO LoginUser (Login_Name,Login_Passw,User_Type) VALUES ('admin', '1234',1);
GO
' 创建表的主键
ALTER TABLE Patient ADD CONSTRAINT PK_ Patient PRIMARY KEY (Patient_ID)
ALTER TABLE Leechdom ADD CONSTRAINT PK_Leechdom PRIMARY KEY (Leechdom_ID)
ALTER TABLE CureFee ADD CONSTRAINT
        PK_CureFee PRIMARY KEY (Fee_ID,Patient_ID,FeeItem_ID)
ALTER TABLE LoginUser ADD CONSTRAINT PK_ LoginUser   PRIMARY KEY (Login_Name)
```

为了简化程序设计，约定同一病人不论是否再次住院，均重新分配不同的住院号。同时考虑到为了实现显示或打印病人的每日费用清单，单据中需要有每天住院诊疗产生的所有费用情况和病人本身的信息，这些数据来源于多个表（Patient、Leechdom、CuredItem、CureFee），为了查询方便，再建立一个提取数据的视图 DayReportView，其 SQL 语句如下：

```
CREATE VIEW DayReportView
AS
SELECT Patient.Patient_ID, Patient.Name, Patient.Sex, Patient.Age,
        Patient.Charge_Doctor, Patient.Consultation_Office, Patient.Bed_No,
        Patient.InCome_Time, Patient.Total_PreFee, CureFee.FeeItem_ID,
        Leechdom.Name AS Lec_Name, CuredItem.Name AS Crt_Name, CureFee.Fee,
        CureFee.Cured_Time
FROM Patient INNER JOIN
        CureFee ON Patient.Patient_ID = CureFee.Patient_ID LEFT OUTER JOIN
        CuredItem ON CureFee.FeeItem_ID = CuredItem.Item_ID LEFT OUTER JOIN
        Leechdom ON CureFee.FeeItem_ID = Leechdom.Leechdom_ID
```

3.3 系统实现

3.3.1 主窗体、公用模块与用户管理模块

经过前面的系统设计和数据库设计完成了系统的初始工作，下面来进行人机交互窗体的设计。一个友好、完善的窗体不仅能够方便系统的使用者，而且能够使各个模块间功能划分明确，结构更趋于完善。所以窗体的设计工作在进行系统开发时是必不可少的，也是十分重要的。下面使用 Visual Studio 2010（简称 VS.NET）的 Visual Basic.NET 2010（简称 VB.NET）集成开发工具，设计病人住院管理系统的各功能模块窗体。

1. 创建项目 SimHIS

启动 VS.NET，选择"文件"→"新建"→"项目"菜单，在"新建项目"对话框中选择"已安装模板"中的 Visual Basic，然后在中间的模板列表中选择"Windows 窗体应用程序"，在下方的应用"名称"中填入 SimHIS、"位置"中选择或输入合适的磁盘及文件夹路径，单击"确定"按钮，VB.NET 将自动产生一个 Form1 窗体，若不想要这个窗体，可将其删除。单击"文件"→"全部保存"菜单命令保存项目。

2. 创建系统主窗体

系统的主窗体是用于系统启动后向用户呈现主界面的，并利用其管理系统中的其他各个应用模块和窗体。在主窗体中，用户可以方便地通过主界面上的菜单操作其他模块或窗体，以执行相应的操作。

本案例病人住院管理系统采用 MDI 多文档窗体，可以使程序外观更整洁、美观。在"解决方案资源管理器"窗体的项目名称（SimHIS）上单击右键，选择"添加"→"Windows 窗体"，弹出"添加新项"对话框，再如图 3.3 所示选择"MDI 父窗体"，并命名对象名称为MDIfrmMain.vb，单击添加按钮，一个 MDI 界面的窗体即添加完成。单击窗体的标题栏，打开属性面板，将该窗体的标题即 Text 属性设置为"病人住院管理系统"，如图 3.4（a）所示。

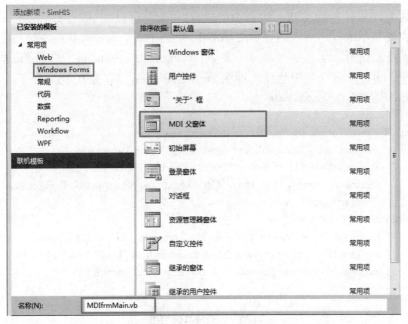

图 3.3   添加名称为 MDIfrmMain 的 MDI 主窗体

下面需要为主窗体创建菜单。因为默认生成的窗体中已经含有菜单，所以可以在原有菜单基础上进行修改，将多余的菜单删除，也可以先删除整个菜单，然后添加应有的菜单（原来系统自动添加的菜单的执行代码也要一并删除，也即窗体代码视图中 Public Class MDIfrmMain 和 End Class 之间的全部代码）。添加新的菜单方式是：单击"工具箱"的 MenuStrip 控件图标，并将它拖入主窗体内再松开鼠标，在窗体的顶部添加菜单控件。主窗体的菜单结构、菜单标题、菜单（对象）名称、调用对象等分别参考图 3.1 和表 3.6。完成后的效果如图 3.4（b）所示。

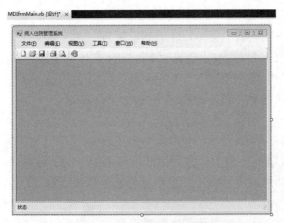

（a）MDIfrmMain 主窗体的默认界面   （b）修改后的 MDIfrmMain 主窗体及菜单

图 3.4

为了使整个系统更加完善，增加了一个"系统管理"菜单，如表 3.6 所示，用于对登录和登录用户进行管理以及完成系统退出。

表 3.6 菜单标题、菜单名称及调用对象说明（未说明的均采用默认设置，下同）

菜单标题	菜单名称	单击时需要启动的窗体对象
系统管理	menuSys	
用户登录	menuSys_login(menuSys 子菜单)	frmLogin
添加用户	menuSys_user(menuSys 子菜单)	frmUser
修改密码	menuSys_chpw(menuSys 子菜单)	frmChPw
系统退出	menuSys_exit(menuSys 子菜单)	
病人管理	menuPM	
住院登记	menuPM_record(menuPM 子菜单)	frmPInfoRecord
档案维护	menuPM_edit(menuPM 子菜单)	frmPInfoEdit
收费管理	menuFee	
追加预付款	menuFee_prefee(menuFee 子菜单)	frmPreFeeRecord
用药处方费用	menuFee_lee(menuFee 子菜单)	frmLcdFeeRecord
检查治疗费用	menuFee_std(menuFee 子菜单)	frmStdFeeRecord
每日费用清单	menuFee_report(menuFee 子菜单)	frmFeeDailyReport
资料管理	menuLcd	
药品信息维护	menuLcd_edit(menuLcd 子菜单)	frmLcdEdit
药品信息查询	menuLcd_find(menuLcd 子菜单)	frmLcdFind
检查治疗项目维护	menuCuredItem_edit(menuLcd 子菜单)	frmCuredItemEdit
流动控制	menuCtl	
换床位	menuCtl_bed(menuCtl 子菜单)	frmMoveBed
转科室	menuCtl_ofic(menuCtl 子菜单)	frmMoveOfc
办理出院	menuEndCalc	frmEndCalc

主窗体的设计还可以进一步更改窗体的以下属性：WindowState、StartUpPosition、Icon、BackgroundImage（背景图片）、BackgroundImageLayout（背景图片显示方式）等，添加了背景图的 MDIfrmMain 主窗体运行界面如图 3.5 所示。

图 3.5 MDIfrmMain 主窗体运行界面

注意：

①创建 MDI 窗体也可直接创建一个空白的 Windows 窗体，在该窗体的属性面板中找到 IsMDIContainer 属性，设置为 True，该窗体就是 MDI 窗体了。

②应用程序的启动顺序是：登录窗体 frmLogin（调用模块中的 Main）→主窗体 MDIfrmMain →其他各个子窗体。

注意：在新建项目之前，一定要先确定好项目文件保存的磁盘文件夹位置。

按照表 3.6 中的菜单调用关系，系统的菜单代码如下（代码中有些对象需要在后面的介绍中陆续创建，故暂时无法直接运行主窗体）：

```
' menuSys_login_Click 事件代码用于重新登录（用户登录）
Private Sub menuSys_login_Click(sender As Object, e As EventArgs) Handles menuSys_login.Click
    frmLogin.ShowDialog()              ' 以模式方式启动窗体，下同
End Sub
' menuSys_user_Click 事件代码用于添加用户
Private Sub menuSys_user_Click(sender As Object, e As EventArgs) Handles menuSys_user.Click
    ' CurUserType 是定义在模块中的系统全局变量，区分登录者，在登录界面赋值
    If CurUserType = 1 Then
        frmUser.ShowDialog()
    Else
        MsgBox "你没有对登录用户进行管理的权限", vbExclamation, "提示"
    End If
End Sub
' menuSys_chpw_Click 事件代码用于修改密码
Private Sub menuSys_chpw_Click(sender As Object, e As EventArgs) Handles menuSys_chpw.Click
    frmChPw..ShowDialog()
End Sub
' menuSys_exit_Click 事件代码用于系统退出
Private Sub menuSys_exit_Click(sender As Object, e As EventArgs) Handles menuSys_exit.Click
    '在系统退出时，断开与数据库的连接
    DBDisconnect              ' 断开数据库连接公用过程，在模块中定义
    Application.Exit()
End Sub
' menuPM_record_Click 事件代码用于病人住院登记
Private Sub menuPM_record_Click(sender As Object, e As EventArgs) Handles menuPM_record.Click
    frmPInfoRecord..ShowDialog()
End Sub
' menuPM_edit_Click 事件代码用于病人档案维护
Private Sub menuPM_edit_Click(sender As Object, e As EventArgs) Handles menuPM_edit.Click
    frmPInfoEdit. ShowDialog()
End Sub
' menuFee_prefee_Click 事件代码用于追加预付款
Private Sub menuFee_prefee_Click(sender As Object, e As EventArgs) Handles menuFee_prefee.Click
    frmPreFeeRecord. ShowDialog()
End Sub
' menuFee_lee_Click 事件代码用于用药处方费用
Private Sub menuFee_lee_Click(sender As Object, e As EventArgs) Handles menuFee_lee.Click
```

```
        frmLcdFeeRecord. ShowDialog()
    End Sub
    ' menuFee_std_Click 事件代码用于检查治疗费用
    Private Sub menuFee_std_Click(sender As Object, e As EventArgs) Handles menuFee_std.Click
        frmStdFeeRecord. ShowDialog()
    End Sub
    ' menuFee_report_Click 事件代码用于每日费用清单
    Private Sub menuFee_report_Click(sender As Object, e As EventArgs) Handles menuFee_report.Click
        frmFeeDailyReport. ShowDialog()
    End Sub
    ' menuLcd_edit_Click 事件代码用于药品信息维护
    Private Sub menuLcd_edit_Click(sender As Object, e As EventArgs) Handles menuLcd_edit.Click
        frmLcdEdit. ShowDialog()
    End Sub
    ' menuLcd_find_Click 事件代码用于药品信息查询
    Private Sub menuLcd_find_Click(sender As Object, e As EventArgs) Handles menuLcd_find.Click
        frmLcdFind. ShowDialog()
    End Sub
    ' menuCuredItem_edit_Click 事件代码用于检查治疗项目维护
    Private Sub menuCuredItem_edit_Click(ByVal    sender As Object,
        ByVal e As EventArgs) Handles menuCuredItem_edit.Click
        frmCuredItemEdit. ShowDialog()
    End Sub
    ' menuCtl_bed_Click 事件代码用于换床位
    Private Sub menuCtl_bed_Click(sender As Object, e As EventArgs) Handles menuCtl_bed.Click
        frmMoveBed. ShowDialog()
    End Sub
    ' menuCtl_ofic_Click 事件代码用于转科室
    Private Sub menuCtl_ofic_Click(sender As Object, e As EventArgs) Handles menuCtl_ofic.Click
        frmMoveOfc. ShowDialog()
    End Sub
    ' menuEndCalc_Click 事件代码用于办理出院
    Private Sub menuEndCalc_Click(sender As Object, e As EventArgs) Handles menuEndCalc.Click
        frmEndCalc. ShowDialog()
    End Sub
```

3. 创建系统公用模块

系统设计中有许多需要多次使用或调用的变量、函数、过程等，在 VB.NET 中通常使用公用模块的方式提供服务，这样既能节省代码、提高代码利用率，又能让程序逻辑显得更为清晰。添加模块时，可以按模块的功能分类别加入多个模块，也可以将它们全部放在一个模块中。基本步骤如下：

（1）确保程序集引用。在解决方案工具栏上单击如图 3.6（a）所示箭头图标，展开所有文件，在 3.6（b）所示的"引用"中检查是否已经引用程序集 System.Data，如果没有则右击，选择"添加引用"，在打开的对话框中选择.NET 选项卡，找到 System.Data，将它添加进项目即可。

（a）项目引用展开前　　　　　　　　　　　（b）项目引用展开后

图 3.6

（2）编写模块代码。在解决方案 SimHIS 名称上右击，在弹出的快捷菜单中选择"添加"→"模块"菜单，在打开的"添加新项"对话框中间的列表中选择"模块"，输入模块名称：ModuleCommon.vb。单击"添加"按钮，系统自动打开模块代码窗口，ModuleCommon 模块的代码如下：

```vb
Imports System.Data
Imports System.Data.SqlClient                 ' 导入 ADO.NET 数据命名空间
Module ModuleCommon
  ' 定义全局变量
  Public CurUserName As String                ' 当前登录用户名
  Public CurUserType As String                ' 当前登录用户类型
  Public IsLogin As Boolean                   ' 是否已经登录
  Public DBConnectionString as String         ' 数据库连接串
  ' 定义模块内部变量
  Private IsConnected As Boolean              ' 是否连接了数据库
  Private conn As SqlConnection               ' 定义 SqlConnection 对象 conn
  ' 这里的 Main 过程作为登录窗体 frmLogin 首次被调用的过程，完成整个应用的初始化
  ' 判断连接数据库是否成功，不成功则终止程序运行
  Public Sub Main()
    ' 使用 SQL Server 2008 身份验证模式登录
    ' 设置数据库连接串，其中用户名/密码应设置为实际环境下的值
    DBConnectionString = "server=(local);database=hosp;Integrated Security=True"
    If DBConnect() = False Then
      End                                     ' 停止程序运行
    End If
  End Sub
  ' 定义连接到数据库系统的全局函数
  Public Function DBConnect() As Boolean
    If IsConnected = True Then
      Return True
    End If
    On Error GoTo sql_error
    conn = New SqlConnection()
    ' 设置数据库的连接字符串
    conn.ConnectionString = DBConnectionString
    conn.Open                                 ' 打开到数据库的连接
```

```
        IsConnected = True                          ' 更改已连接标志
        DBConnect = True
        Exit Function
    sql_error:
        MsgBox "数据库连接失败：" & Err.Description, vbOKOnly, "提示"
        On Error Resume Next                        ' 恢复错误
        DBConnect = False
    End Function
    ' 断开与数据库的连接
    Public Sub DBDisConnect()
        If IsConnected = False Then                 ' 还未连接，不需处理
            Exit Sub
        Else
            conn.Close                              ' 关闭连接
            Set conn = Nothing                      ' 释放资源
            IsConnected = False
        End If
    End Sub
    ' 执行 SQL-DML 语句操作，如 INSERT、UPDATE、DELETE 等，没有返回结果
    Public Sub SQLDML(ByVal SQL_DMLStr As String)
        Dim cmd As New SqlCommand                   ' 创建 Command 对象
        On Error GoTo sql_error                     ' 定义错误捕获
        DBConnect                                   ' 调用连接过程，连接数据库
        cmd.Connection = conn                       ' 设置 cmd 的 Connection 属性
        cmd.CommandText = SQL_DMLStr                ' 设置需要执行的增、删、改语句
        cmd.ExecuteNonQuery()                       ' 执行增、删、改（DML）命令
    sql_exit:
        On Error Resume Next
        Set cmd = Nothing                           ' 释放资源
        BDisConnect
        Exit Sub
    sql_error:
        MsgBox "数据库更新操作失败：" & Err.Description, vbOKOnly, "提示"
        Resume sql_exit
    End Sub
    ' 执行 SQL-SELECT 语句操作，并返回数据查询记录集，
    ' 同时通过引用参数返回数据适配器对象
    Public Function SQLQRY(ByVal SQL_QRYStr As String,
        ByRef sqlAdap As SqlDataAdapter) As DataTable
        Dim dt As New DataTable()                   ' 声明数据表对象 dt
        On Error GoTo sql_error
        DBConnect()                                 ' 调用连接过程，连接数据库
        Dim da As New SqlDataAdapter()              ' 声明 SqlDataAdapter 对象 da
        da.SelectCommand = New SqlCommand()         ' 设置 SelectCommand 属性为 SqlCommand
        da.SelectCommand.Connection = conn          ' 设置连接对象（前面已定义的连接对象）
        da.SelectCommand.CommandText = SQL_QRYStr   ' 设置 SQL 命令
```

```
        da.SelectCommand.CommandType = CommandType.Text    ' 指定查询对象的类型
        da.Fill(dt)                     ' 调用 Fill 方法，从数据源读取数据
        SQLQRY = dt                     ' 返回数据表
        sqlAdap = da
    sql_exit:
        On Error Resume Next
    dt = Nothing
        Exit Function
    sql_error:
        MsgBox "数据库查询操作失败：" & Err.Description, vbOKOnly, "提示"
        Resume sql_exit
    End Function
    ' 打开 MDI 子窗体 showMDIChildForm
    Public Sub showMDIChildForm(ByVal frm As Form, ByVal mainForm As Form)
        frm.MdiParent = mainForm
        frm.TopLevel = False
        frm.BringToFront()
        frm.TopMost = True
        frm.Show()
    End Sub
End Module
```

4. 用户管理

用户管理实现系统内登录用户的管理，主要包括"用户登录"窗体、"添加用户"窗体、"用户密码修改"窗体等。

用户登录窗体 frmLogin 实现系统的登录，只有正确登录到系统，才能执行系统的其他操作，因此，它是验证用户是否能合法使用系统的第一道关卡。该窗体的界面如图 3.7 所示，具体设计可参考案例 2 中的相关步骤，这里只列出窗体对象的实现代码。

窗体 frmLogin 代码如下：

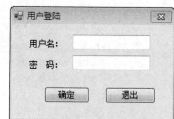

图 3.7　frmLogin 登录窗体界面

```
    Public Class frmLogin
        Sub New()
        InitializeComponent()            ' 此调用是设计器所必需的，用于初始化数据库连接
        Main()
    End Sub
    ' "确定" 按钮事件 cmdOK_Click
    Private Sub cmdOK_Click(sender   As Object, e   As EventArgs) Handles cmdOK.Click
        Dim dt As DataTable              '返回查询数据表对象
        Dim sqlcmd As String            '用于存放查询用户名和密码的 SQL 语句
        Dim username As String          '存放输入的用户名
        Dim password As String          '存放输入的用户密码
        username = Trim(txtUser.Text)
        password = Trim(txtPassw.Text)
        If username = "" Then
```

```
        MsgBox("请输入用户名")
        txtUser.Focus()
        Exit Sub
      End If
    sqlcmd = "SELECT * FROM LoginUser WHERE login_name=' " & username & " ' "
    dt = SQLQRY(sqlcmd, Nothing)
    If dt.Rows.Count = 0 Then
        MsgBox("输入的用户名不对，请重新输入", vbOKOnly, "提示")
        txtUser.Focus()
        Exit Sub
      End If
    ' 比较数据表字段：Rows(0)表示第 1 条记录
    If Trim(dt.Rows(0).Item("Login_Passw")) <> password Then
        MsgBox("输入的密码不对，请重新输入", vbOKOnly, "提示")
        txtPassw.Focus()
        Exit Sub
      End If
    ' 用户名和密码都正确
    CurUserName = username                        ' 记录当前的用户名
    CurUserType = dt.Rows(0).Item("User_Type")    ' 记录当前的用户类型
    IsLogin = True
    MDIfrmMain.Show()
    Me.Close()
  End Sub
  ' "退出"按钮事件 cmdExit_Click
  Private Sub cmdExit_Click(sender  As Object, e   As   EventArgs) Handles cmdExit.Click
    Me.Close()
    Me.Dispose()
  End Sub
End Class
```

　　设计完 frmLogin 后，需要将其设置为应用程序的启动窗体。在解决方案的项目名称
（SimHIS）上右击，选择"属性"快捷菜单命令，打开项目属性窗口，在"应用程序"选项
卡下勾选"启动应用程序框架"选项，再在启动对象下拉列表里选择 frmLogin，然后在"关
机模式"中选择"当最后一个窗体关闭时"，最后点击工具栏中的"保存"按钮将改变保存下
来，关闭项目属性面板。

　　"添加用户窗体 frmUser"实现管理员向系统内增加其他登录用户的功能。

　　"用户密码修改窗体 frmChPw"实现已经登录到系统的用户修改自己密码的功能。

　　有关这 2 个窗体的设计可参考其他案例的相关方法，这里不再赘述。

3.3.2　病人住院登记窗体

　　病人住院时即进入 frmPInfoRecord 窗体进行登记，填写有关数据，形成病人档案首页。
窗体的外观如图 3.8 所示。

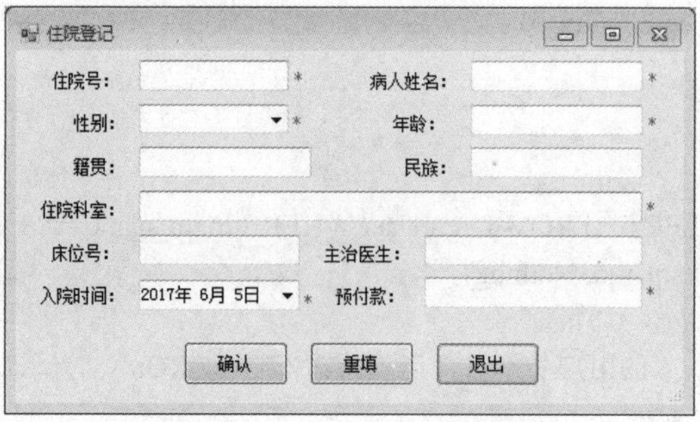

图 3.8 "住院登记"窗体

在 frmPInfoRecord 窗体中使用下拉列表框选择性别，使用"日期时间拾取"控件输入入院日期，该控件从工具箱中选择 DateTimePicker 控件即可。当运行窗体并单击 DateTimePicker 控件的下拉按钮时会出现一个日期选择对话框，其初始值为当天日期，选择日期后返回给 DateTimePicker 控件，其他 9 项内容则使用文本框输入，窗体及其控件名称和属性设置如表 3.7 所示。

表 3.7 "住院登记"窗体及其控件名称和属性设置

控件名称	属性	属性值	控件名称	属性	属性值
Form	Text	住院登记	ComboBox	Name	CboSex
	Name	frmPInfoRecord		DropDownStyle	DropDown
	StartPosition	CenterScreen		Items	男
	MaximizeBox	False			女
Label	Text	住院号：	TextBox	Name	txtAdNum
Label	Text	病人姓名：	TextBox	Name	txtName
Label	Text	年龄：	TextBox	Name	txtAge
Label	Text	籍贯：	TextBox	Name	txtOrigin
Label	Text	民族：	TextBox	Name	txtVolk
Label	Text	住院科室：	TextBox	Name	txtInDept
Label	Text	床位号：	TextBox	Name	txtBedNo
Label	Text	主治医生：	TextBox	Name	txtDoctor
Label	Text	预付款：	TextBox	Name	txtAdPay
DateTime Picker	Name	CboDate	Button	Text	确认
	Value	<默认当天>		Name	cmdOK
Button	Text	重填		Default	True
	Name	cmdRetry	Button	Text	退出
				Name	cmdExit

注：表 3.7 中所有 TextBox 控件的 Text 属性设置均为"空"字符串，所有控件的初始 Text 属性值均按此规则设置，除非特别说明，后续的表格将不再赘述。图 3.8 中使用 Label 控件标识的红星表示该输入项是必填项，控件名称没有在表 3.7 中列出。

（1）窗体对象类。

```
Imports System.Data.SqlClient          ' 每个窗体对象都需要导入这个命名空间（后同）
Public Class frmPInfoRecord
   Private isModify As Boolean          ' isModify 定义是否在新增记录还是修改记录状态
   ……
End Class
```

（2）当窗体打开时，"入院时间"初始为当天日期，可以将以下代码写入窗体对象frmPInfoRecord 的 Load 事件中：

```
Private Sub frmPInfoRecord_Load(sender As Object, e As System.EventArgs) Handles Me.Load
   CboDate.Value = Now                  ' 初始化入院日期为入院当天的日期
End Sub
```

（3）输入病人资料后，单击"确认"按钮将触发 cmdOK_Click 事件，执行以下代码：

```
Private Sub cmdOK_Click(sender As System.Object, e As System.EventArgs) Handles cmdOK.Click
   Dim da As SqlDataAdapter            ' 定义 da 为数据适配器变量
   Dim dt As DataTable                 ' 返回 dt 为查询数据表对象
   Dim dr As DataRow                   ' 定义 dr 为数据表记录行对象
   Dim sqlcmd As String                ' 定义 sqlcmd 为查询字符串变量
   ' 以下代码验证是否输入了有关数据
   ' 籍贯/民族/床位号/主治医生等内容在登记时可能不确定或可不输入，不验证
   If txtAdNum.Text="" Or txtName.Text="" Or txtAge.Text="" Or txtInDept.Text=""  _
      Or txtAdPay.Text = "" Then
      MsgBox("请输入此项目的数据!", vbExclamation, "提示")
      Exit Sub
   End If
   If CboSex.Text = "" Then
      MsgBox("请选择病人性别!", vbExclamation, "提示")
      CboSex.Focus()
      Exit Sub
   End If
   ' 以下代码判断输入的年龄和预付款是否是有效的数字
   If Not IsNumeric(txtAge.Text) Then
      MsgBox("请输入有效的年龄!", vbExclamation, "提示")
      txtAge.Focus()
      Exit Sub
   End If
   If Not IsNumeric(txtAdPay.Text) Then
      MsgBox("请输入有效的预付款!", vbExclamation, "提示")
      txtAdPay.Focus()
      Exit Sub
   End If
   ' 以下代码产生查询记录集，为新增记录或修改记录做准备
   sqlcmd = "SELECT * FROM Patient WHERE Patient_ID="
   sqlcmd = sqlcmd & Trim(txtAdNum.Text) & ""
   ' 执行查询，返回数据表对象 dt，并通过地址传递返回数据适配器对象 da
   da = Nothing
```

```
        dt = SQLQRY(sqlcmd, da)
        ' 在新住院状态下判断输入的住院号是否重复
        If txtAdNum.Enabled = True Then
            If dt.Rows.Count > 0 Then
                MsgBox "住院号重复，请重新输入!", vbOKOnly, "提示"
                txtAdNum.Focus()
                Exit Sub
            End If
            ' 添加记录状态
            dr = dt.NewRow()   ' 在数据适配器对象中新增一条空白记录并返回记录对象 dr
            ' 为适配器增加新记录，准备插入语句
            da.InsertCommand = New SqlCommandBuilder(da).GetInsertCommand()
        Else
            ' 修改记录状态
            dr = dt.Rows(0)        '获取数据适配器中第一条记录对象
            ' 为适配器更新记录，准备更新语句
            da.UpdateCommand = New SqlCommandBuilder(da).GetUpdateCommand()
        End If
        ' 改变 dr 中的数据
        dr("Patient_ID") = Trim(txtAdNum.Text)                ' 住院号
        dr("Name") = Trim(txtName.Text)                       ' 姓名
        dr("Sex") = Trim(CboSex.Text)                         ' 性别
        dr("Age") = Trim(txtAge.Text)                         ' 年龄
        dr("Native_Place") = Trim(txtOrigin.Text)            ' 籍贯
        dr("Nation") = Trim(txtVolk.Text)                     ' 民族
        dr("Consultation_Office") = Trim(txtInDept.Text)      ' 入院科室
        dr("Bed_No") = Trim(txtBedNo.Text)                    ' 床位号
        dr("Charge_Doctor") = Trim(txtDoctor.Text)           ' 主治医生
        dr("InCome_Time") = CboDate.Value.ToString("yyyy-MM-dd")    ' 入院日期
        dr("Total_PreFee") = Trim(txtAdPay.Text)              ' 预付款
        If Not isModify Then
            ' 增加记录方式下，在数据适配器对象中新增数据记录
            dt.Rows.Add(dr)
        End If
        da.Update(dt)           ' 更新数据库
        MsgBox "住院登记或修改记录成功!", vbOKOnly, "提示"
    End Sub
```

首先检查代码中是否有未输入数据的项目，但对于"籍贯""民族""床号""主治医生"等内容在登记时可能不确定或可以不输入，则不进行检查。如果发现有未输入数据的则提示，并将焦点设置在相应未输入数据的文本框上，然后检查年龄和预付款输入的值是否有效，再判断输入的住院号是否重复。

如果数据检查和记录检查没有问题，则通过数据适配器的新增记录方式插入新记录或更新方式更新旧记录。但要注意"入院时间"是日期时间型，所以要使用 Format 转换。

（4）当用户单击"重填"按钮时，应去掉窗体上的数据并让用户重填，因此只要执行

cmdRetry_Click 事件代码即可：

```
Private Sub cmdRetry_Click(sender As System.Object, e As System.EventArgs) Handles cmdRetry.Click
    Dim i As Integer
    For i = 0 To Me.Controls.Count - 1
        If Me.Controls(i).Name.StartsWith("txt") Then        ' 把名称中以 txt 开头的控件文本都清空
            Me.Controls(i).Text = ""
        End If
    Next i
    CboSex.Text = ""
    CboDate.Value = Now
    txtAdNum.Focus()
End Sub
```

（5）单击"退出"按钮，执行 cmdExit_Click 事件代码。

```
Private Sub cmdExit_Click (sender As System.Object, e As System.EventArgs) Handles cmdExit.Click
    Me.Close()
    Me.Dispose()
End Sub
```

3.3.3　病人住院档案维护窗体

病人档案维护窗体 frmPInfoEdit 实现对住院病人的住院登记信息进行修改和删除等。因为在修改或删除操作前需要明确具体的病人记录，如果病人很多，查找记录就很费时，所以设计窗体时应增加快速查找方式，即通过"住院号"或"病人姓名"进行快速定位，一旦找到病人记录，就可以单击"修改"或"删除"按钮进行后续操作。窗体 frmPInfoEdit 的设计布局如图 3.9 所示。

图 3.9　"病人档案维护"窗体布局

在窗体 frmPInfoEdit 中，通过单击"查询"按钮将结果显示在 DataGridView 数据控件中。该窗体的控件名称与属性设置如表 3.8 所示。

表 3.8　病人档案维护窗体及其控件名称与属性设置

控件名称	属性	属性值	控件名称	属性	属性值
Form	Text	病人档案维护	Button	Text	查询
	Name	frmPInfoEdit		Name	cmdFind
	StartPosition	CenterScreen	TextBox	Name	txtPNo
	MaximizeBox	False	TextBox	Name	txtPName
DataGridView	Name	dGrdP	RadioButton	Text	住院号
	ReadOnly	True		Name	OptPNo
Button	Text	修改		Checked	True
	Name	cmdEdit	RadioButton	Text	病人姓名
Button	Text	删除		Name	OptPName
	Name	cmdDelete	RadioButton	Text	全部
Button	Text	退出		Name	OptAll
	Name	cmdExit			

下面是窗体 frmPInfoEdit 的功能实现代码。

（1）由于设计数据表时采用了非汉字字段，若想使 dGrdP 控件直观地展示汉字标题，需要将数据控件的字段标题修改为汉字显示，为此定义一个自定义过程 SetHeadTitle 来实现，代码如下：

```
Private Sub SetHeadTitle()
    ' 设置每列标题
    dGrdP.Columns(0).HeaderText = "住院号"
    dGrdP.Columns(1).HeaderText = "病人姓名"
    dGrdP.Columns(2).HeaderText = "性别"
    dGrdP.Columns(3).HeaderText = "年龄"
    dGrdP.Columns(4).HeaderText = "籍贯"
    dGrdP.Columns(5).HeaderText = "民族"
    dGrdP.Columns(6).HeaderText = "主治医生"
    dGrdP.Columns(7).HeaderText = "住院科室"
    dGrdP.Columns(8).HeaderText = "床位号"
    dGrdP.Columns(9).HeaderText = "入院日期"
    dGrdP.Columns(10).HeaderText = "预付款"
    dGrdP.ColumnHeadersHeight = 28              ' 标题行高
    Dim i As Integer
    For i = 0 To 10
      dGrdP.Columns(i).Width = 90              ' 设置列宽，为了方便都设置为同一宽度
    Next i
    dGrdP.Columns(11).Width = 0               ' 出院日期不显示
End Sub
```

（2）当打开窗体时，要求连接到数据库，并在 DataGridView 控件中显示所有病人的资料，实现代码放在窗体的 Load 事件中，代码如下：

```
Private Sub frmPInfoEdit_Load(ByVal sender As Object,
    ByVal e As System.EventArgs) Handles Me.Load
    Dim da As SqlDataAdapter = Nothing              ' 定义数据适配器变量
    Dim dt As DataTable
    dt = SQLQRY("SELECT * FROM Patient", da)        ' 查询病人信息
    dGrdP.DataSource = dt                           ' 绑定数据表到数据控件
    SetHeadTitle()                                  ' 设置数据控件有关属性
End Sub
```

（3）单击"查询"按钮后，程序执行 cmdFind_Click 事件代码：

```
Private Sub cmdFind_Click(ByVal sender As System.Object,
    ByVal e As System.EventArgs) Handles cmdFind.Click
    Dim sqlcmd As String
    ' 以下代码为没有选择任何查询方式时的处理方法
    If Not OptPNo And Not OptPName And Not OptAll Then
        MsgBox "请输入要查询的方式!", vbOKOnly, "提示"
        Exit Sub
    End If
    If OptPNo Then                                  ' 选择了按"住院号"查询
        If txtPNo.Text = "" Then
            MsgBox "请输入住院号!", vbOKOnly, "提示"
            txtPNo.SetFocus
            Exit Sub
        End If
        sqlcmd = "SELECT * FROM Patient WHERE Patient_ID='" & txtPNo.Text & "'"
    End If
    If OptPName Then                                ' 选择了按"病人姓名"查询
        If txtPName.Text = "" Then
            MsgBox "请输入病人姓名!", vbOKOnly, "提示"
            txtPName.SetFocus
            Exit Sub
        End If
        sqlcmd = "SELECT * FROM Patient WHERE Name='" & txtPName.Text & "'"
    End If
    If OptAll Then                                  ' 查询所有病人记录
        sqlcmd = "SELECT * FROM Patient"
    End If
    ' 以下代码定义数据适配器对象 da 和数据表对象 dt
    Dim da As SqlDataAdapter = New SqlDataAdapter()
    Dim dt As DataTable = New DataTable()
    dt = SQLQRY(sqlcmd, da)                         ' 按新的条件查询数据
    If dt.Rows.Count = 0 Then
        MsgBox("查无结果!", vbOKOnly, "提示")
        Exit Sub
    End If
    dGrdP.DataSource = dt                           ' 控件刷新
    SetHeadTitle                                    ' 设置每列标题
End Sub
```

（4）当在数据控件 dGrdP 所显示的病人记录中选择一条记录时，便可单击窗体下部的"修改"或"删除"按钮执行对应的操作。当单击"修改"按钮时，程序首先得到选中记录的住院号，打开前面已经设计好的 frmPInfoRecord 窗体并将病人的资料填入窗体中等待修改。"修改"按钮事件 cmdEdit_Click 代码如下：

```
Private Sub cmdEdit_Click(ByVal sender As System.Object,
    ByVal e As System.EventArgs) Handles cmdEdit.Click
    Dim sqlcmd As String
    Dim dt As DataTable
    Dim PatientID As String
    ' 以下代码为没有选择记录或没有记录的处理方法
    PatientID = dGrdP.CurrentRow.Cells("Patient_ID").Value.ToString()
    If String.IsNullOrEmpty(PatientID) Then
        MsgBox("没有被选择的记录!", vbOKOnly, "提示")
        Exit Sub
    End If
    sqlcmd = "SELECT * FROM Patient WHERE Patient_ID='" & PatientID & "'"
    dt = SQLQRY(sqlcmd, Nothing)                ' 取到病人的档案资料
    If dt.Rows.Count = 0 Then
        MsgBox("找不到病人资料!", vbOKOnly, "提示")
        Exit Sub
    End If
    If dt.Rows(0).Item("Leave_Time") & "" <> "" Then
        MsgBox("该病人已经出院了！", vbOKOnly, "提示")
        Exit Sub
    End If
    frmPInfoRecord.Text = "病人住院信息修改"                          ' 修改窗体的标题
    frmPInfoRecord.txtAdNum.Text = PatientID                          ' 住院号
    frmPInfoRecord.txtName.Text = dt.Rows(0).Item("Name")             ' 病人姓名
    frmPInfoRecord.txtAge.Text = dt.Rows(0).Item("Age")              ' 年龄
    frmPInfoRecord.CboSex.Text = dt.Rows(0).Item("Sex")             ' 性别
    frmPInfoRecord.txtOrigin.Text = dt.Rows(0).Item("Native_Place")   ' 籍贯
    frmPInfoRecord.txtVolk.Text = dt.Rows(0).Item("Nation")          ' 民族
    frmPInfoRecord.txtInDept.Text = dt.Rows(0).Item("Consultation_Office")   ' 住院科室
    frmPInfoRecord.txtBedNo.Text = dt.Rows(0).Item("Bed_No")         ' 床位号
    frmPInfoRecord.txtDoctor.Text = dt.Rows(0).Item("Charge_Doctor")  ' 主治医生
    frmPInfoRecord.CboDate.Text = dt.Rows(0).Item("InCome_Time")      ' 入院时间
    frmPInfoRecord.txtAdPay.Text = dt.Rows(0).Item("Total_PreFee")    ' 预付款
    ' 不能修改住院号、住院科室、床位号、预付款（因为有另外的模块来处理）
    frmPInfoRecord.txtPatient(0).Enabled = False
    frmPInfoRecord.txtPatient(5).Enabled = False
    frmPInfoRecord.txtPatient(6).Enabled = False
    frmPInfoRecord.txtPatient(8).Enabled = False
    frmPInfoRecord.cmdRetry.Enabled = False
    frmPInfoRecord.ShowDialog()
End Sub
```

（5）单击"删除"按钮，执行 cmdDelete_Click 事件代码：

```
Private Sub cmdDelete_Click(ByVal sender As System.Object,
    ByVal e As System.EventArgs) Handles cmdDelete.Click
    Dim PatientID As String
    Dim sqlcmd As String
     ' 获得当前选择记录的病人编号
    PatientID = dGrdP.CurrentRow.Cells("Patient_ID").Value.ToString()
        If String.IsNullOrEmpty(PatientID) Then
            MsgBox("没有被选择的记录!", vbOKOnly, "提示")
            Exit Sub
        End If
        If MsgBox("是否确实需要删除该病人档案？",     _
            vbYesNo + vbQuestion + vbDefaultButton2, "提示") = vbYes    Then
        sqlcmd = "DELETE FROM Patient WHERE Patient_ID='" & PatientID & "'"
        SQLDML (sqlcmd)                              ' 删除该病人的档案资料
        MsgBox "已删除该记录!", vbOKOnly, "提示"
        ' 利用窗体载入时的事件重新载入数据刷新显示
        frmPInfoEdit_Load(Me, New EventArgs())
        End If
    End Sub
```

（6）单击"退出"按钮，执行 cmdExit_Click 事件代码。

```
Private Sub cmdExit_Click(ByVal sender As System.Object,
    ByVal e As System.EventArgs) Handles cmdExit.Click
        Me.Close()
        Me.Dispose()
    End Sub
```

3.3.4 追加预付款窗体

追加预付款窗体 frmPreFeeRecord 用于病人在住院期间不定期地向医院财务部门追加住院预付款以继续住院治疗。当在系统菜单上执行"收费管理"→"追加预付款"命令时，将出现如图 3.10 所示的窗体。

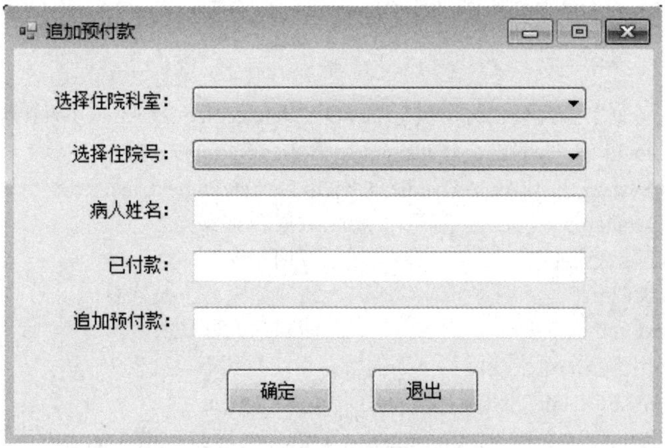

图 3.10 "追加预付款"窗体

frmPreFeeRecord 窗体中的控件名称与属性设置如表 3.9 所示。

表 3.9 "追加预付款"窗体及其控件名称和属性设置

控件类型	属性	属性值	控件类型	属性	属性值
Form	Text	追加预付款	Label	Text	选择住院科室：
	Name	frmPreFeeRecord	Label	Text	选择住院号：
	StartPosition	CenterScreen	Label	Text	病人姓名：
	MaximizeBox	False	Label	Text	已付款：
ComboBox（科室）	Name	CboOfc	Label	Text	追加预付款：
	DropDownStyle	Dropdown List	TextBox（病人姓名）	Name	txtName
ComboBox（住院号）	Name	CboNo		Enabled	False
	DropDownStyle	Dropdown List	TextBox（已付款）	Name	txtTotFee
Button	Text	确认		Enabled	False
	Name	cmdOK	TextBox（预付款）	Name	txtPreFee
Button	Text	退出			
	Name	cmdExit			

下面分析窗体 frmPreFeeRecord 的功能代码。

```
' 窗体加载事件 frmPreFeeRecord_Load
Private Sub frmPreFeeRecord_Load (ByVal sender As System.Object,
    ByVal e As System.EventArgs) Handles MyBase.Load
    Dim dt As DataTable                    ' 数据表对象
    Dim sqlcmd As String                   ' 查询命令
    CboOfc.Items.Clear()                   ' 清除下拉列表
    CboNo.Items.Clear()
    ' 添加住院科室到下拉列表中
    sqlcmd = "SELECT DISTINCT Consultation_Office FROM Patient"
    dt = SQLQRY(sqlcmd, Nothing)
    For i = 0 To dt.Rows.Count - 1
        CboOfc.Items.Add(dt.Rows(i).Item("Consultation_Office"))
    Next
End Sub
' 单击"住院科室"下拉列表时，执行 CboOfc_SelectedIndexChanged 事件代码
Private Sub CboOfc_SelectedIndexChanged(sender As System.Object,
    ByVal e As System.EventArgs) Handles CboOfc.SelectedIndexChanged
    Dim dt As DataTable                    ' 数据表对象
    Dim sqlcmd As String                   ' 查询命令
    CboNo.Items.Clear()                    ' 清除住院号下拉列表
    txtName.Text = ""                      ' 清除病人姓名内容
    ' 以下代码用于添加对应住院科室下的所有住院号到下拉列表中
    sqlcmd = "SELECT DISTINCT Patient_ID FROM Patient    "    ' 注意最后的空格
    sqlcmd = sqlcmd & " WHERE Consultation_Office='" & CboOfc.Text & "'"
    sqlcmd = sqlcmd & " AND Leave_Time IS NULL"            ' 不含出院病人
```

```
        dt = SQLQRY(sqlcmd, Nothing)
        For i = 0 To dt.Rows.Count - 1
            CboNo.Items.Add(dt.Rows(i).Item("Patient_ID"))
        Next
    End Sub
    ' 选择"住院号"下拉列表时执行 CboNo_SelectedIndexChanged 事件代码
    Private Sub CboNo_SelectedIndexChanged(sender As System.Object,
        ByVal e As System.EventArgs) Handles CboNo.SelectedIndexChanged
        Dim dt As DataTable                    ' 数据表对象
        Dim sqlcmd As String                   ' 查询命令
        ' 以下代码用于查找对应住院号的病人姓名、已付款数据并显示在 txtName 控件里，
        ' 以便显示核对
        sqlcmd = "SELECT Name, Total_PreFee   FROM Patient   "     ' 注意最后的空格
        sqlcmd = sqlcmd & " WHERE Patient_ID='" & CboNo.Text & "'"
        dt = SQLQRY(sqlcmd, Nothing)
        If dt.Rows.Count = 0 Then
            MsgBox("没有找到这个住院病人！", vbOKOnly, "提示")
        Else
        txtName.Text = dt.Rows(0).Item("Name").ToString()
        txtTotFee.Text = dt.Rows(0).Item("Total_PreFee").ToString()
        End If
    End Sub
    ' 单击"确认"按钮，执行 mdOK_Click 事件代码，用于追加预付款
    Private Sub cmdOK_Click(sender As System.Object,
        ByVal e As System.EventArgs) Handles cmdOK.Click
        Dim PatientID As String                ' 病人住院号
        Dim addFee As Double                   ' 追加的预付款费用
        Dim sqlcmd As String                   ' 操作记录命令
        Dim da As SqlDataAdapter               ' 定义数据适配器变量
        Dim dt As DataTable                    ' 数据表对象
        PatientID = CboNo.Text                 ' 得到住院号
        If PatientID = "" Then
            MsgBox "还没有选择住院病人的住院号！", vbOKOnly, "提示"
            Exit Sub
        End If
        If IsNumeric(txtPreFee.Text) Then
            addFee = Val(txtPreFee.Text)       ' 转换追加的费用
        Else
            MsgBox "需要输入有效的预付款数值！", vbOKOnly, "提示"
            Exit Sub
        End If
        ' 更新记录
        sqlcmd = "SELECT * FROM Patient WHERE Patient_ID='" & PatientID & "'"
        da = Nothing
        dt = SQLQRY(sqlcmd, da)
        If dt.Rows.Count > 0 Then
```

```
                   ' 以下代码用于增加预付款
                   dt.Rows(0).Item("Total_PreFee") = dt.Rows(0).Item("Total_PreFee") + addFee
                   ' 以下代码为适配器更新记录，准备更新语句
                   da.UpdateCommand = New SqlCommandBuilder(da).GetUpdateCommand()
                   da.Update(dt)
                   MsgBox "追加预付款完成", vbOKOnly, "提示"
               Else
                   MsgBox "找不到住院号！ ", vbOKOnly, "提示"
               End If
           End Sub
           ' 单击"退出"按钮，执行 cmdExit_Click 事件代码
           Private Sub cmdExit_Click(sender As System.Object,
               ByVal e As System.EventArgs) Handles cmdExit.Click
               Me.Close()
               Me.Dispose()
           End Sub
```

要追加预付款，必须首先找到对应的住院病人（即住院号），本窗体通过对住院科室和住院号的选择来实现。住院科室和住院号的输入都采用下拉列表框，可方便地从大量病人信息中找到需要的信息。窗体装载时调用 frmPreFeeRecord_Load 事件，从病人档案数据表中读取所有不重复的住院科室名称并添加到住院科室下拉列表框中。进入窗体后，选择某个住院科室，则该科室的住院号都显示在住院号下拉列表框中。

选择了住院号后，对应病人的姓名和已预付款立即显示出来，以便进一步核对。输入需要追加的预付款后，单击"确认"按钮，将费用添加到病人档案表中的 Total_PreFee 字段中。

3.3.5　用药处方费用窗体

"用药处方费用"窗体 frmLcdFeeRecord 用于输入病人在住院期间产生的用药诊疗费用，该窗体的外观布局如图 3.11 所示。

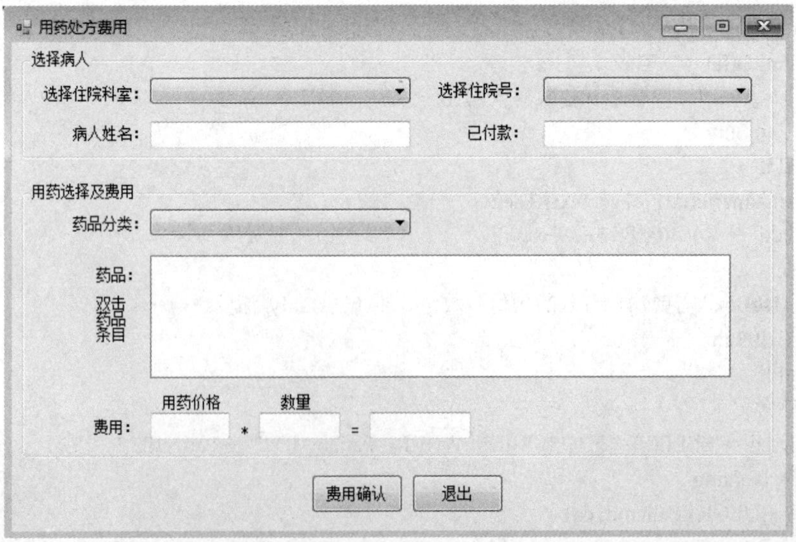

图 3.11　"用药处方费用"窗体布局

frmLcdFeeRecord 窗体中的控件名称与属性设置如表 3.10 所示。

表 3.10　"用药处方费用" 窗体及其控件名称与属性设置

控件类型	属性	属性值	控件类型	属性	属性值
Form	Text	用药处方费用	ComboBox（住院科室）	Name	CboOfc
	Name	frmLcdFeeRecord		DropDownStyle	Dropdown List
	StartPosition	CenterScreen	ComboBox（住院号）	Name	CboNo
	MaximizeBox	False		DropDownStyle	Dropdown List
Label	Text	选择住院科室:	ComboBox（药品分类）	Name	CboClass
Label	Text	选择住院号:		DropDownStyle	Dropdown List
Label	Text	病人姓名:	ListView（药品列表）	Name	LstLee
Label	Text	药品分类:		Size	464, 95
Label	Text	药品:		MultiSelect	False
Label	Text	双击药品条目选择	TextBox（病人姓名）	Name	txtName
Label	Text	费用:		Enabled	False
Label	Text	用药价格　数量	TextBox（预付款）	Name	txtTotFee
Label	Text	*		Enabled	False
Label	Text	=	TextBox（用药价格）	Name	txtPrice
Button	Text	费用确认		Enabled	False
	Name	cmdOK	TextBox（数量）	Name	txtNums
Button	Text	退出	TextBox	Name	txtFee
	Name	cmdExit		Enabled	False
GroupBox	Text	选择病人	GroupBox	Text	用药选择及费用

下面分析窗体 frLcdFeeRecord 的功能实现。

```
' 以下变量在窗体的类声明区中声明
Dim lecNo As String               ' 药品编号
Dim lecFee As Double              ' 用药费用
Dim objItem As ListViewItem       ' ListView 的 Item
' 窗体加载事件 frmLcdFeeRecord_Load
Private Sub frmLcdFeeRecord_Load (sender As System.Object,
    ByVal e As System.EventArgs) Handles MyBase.Load
    Dim dt As DataTable           ' 数据表对象
    Dim sqlcmd As String          ' 查询命令
    ' 以下代码用于清除下拉列表
    CboOfc.Items.Clear()
    CboNo.Items.Clear()
    CboClass.Items.Clear()
    ' 以下代码用于添加住院科室到下拉列表 CboOfc 中
    sqlcmd = "SELECT DISTINCT Consultation_Office FROM Patient"
    dt = SQLQRY(sqlcmd, Nothing)
    For i = 0 To dt.Rows.Count - 1
```

```
            CboOfc.Items.Add(dt.Rows(i).Item("Consultation_Office"))
        Next
        ' 以下代码用于添加药品分类到下拉列表 CboClass 中
        sqlcmd = "SELECT DISTINCT Class FROM Leechdom"
        dt = SQLQRY(sqlcmd, Nothing)
        For i = 0 To dt.Rows.Count - 1
            CboClass.Items.Add(dt.Rows(i).Item("Class"))
        Next
    End Sub
    ' 选择"住院科室"下拉列表时执行 CboOfc_SelectedIndexChanged 事件代码
    Private Sub CboOfc_SelectedIndexChanged(sender As System.Object,
        ByVal e As System.EventArgs) Handles CboOfc.SelectedIndexChanged
        ' 此处代码与 frmPreFeeRecord 窗体中的对应事件代码完全相同，略
    End Sub
    ' 选择"住院号"下拉列表时执行 CboNo_SelectedIndexChanged 事件代码
    Private Sub CboNo_SelectedIndexChanged(sender As System.Object,
        ByVal e As System.EventArgs) Handles CboNo.SelectedIndexChanged
        ' 此处代码与 frmPreFeeRecord 窗体中的对应事件代码完全相同，略
    End Sub
    ' 选择"药品分类"下拉列表时执行 CboClass_SelectedIndexChanged 事件代码
    Private Sub CboClass_SelectedIndexChanged(sender As System.Object,
        ByVal e As System.EventArgs) Handles CboClass.SelectedIndexChanged
        Dim dt As DataTable                      ' 数据表对象
        Dim sqlcmd As String                     ' 查询命令
        ' 以下代码用于查找对应药品分类的所有药品信息并显示在列表 LstLee 中
        sqlcmd = "SELECT * FROM Leechdom "
        sqlcmd = sqlcmd & " WHERE Class=' " & CboClass.Text & " ' "
        dt = SQLQRY(sqlcmd, Nothing)
        LstLee.Items.Clear()                     ' 清除原有内容
        LstLee.View = View.Details               ' 详细资料视图模式
        LstLee.FullRowSelect = True              ' 选择整行
        ' 添加 ListView 控件列标题，并指定列宽
        LstLee.Columns.Add("编号", 100, HorizontalAlignment.Left)
        LstLee.Columns.Add("名称", 100, HorizontalAlignment.Left)
        LstLee.Columns.Add("规格", 100, HorizontalAlignment.Left)
        LstLee.Columns.Add("用药价格", 100, HorizontalAlignment.Right)
        For i = 0 To dt.Rows.Count - 1
            ' 将 4 项数据增加到列表 LstLee 中
            objItem = LstLee.Items.Add(dt.Rows(i).Item("Leechdom_ID"))
            With objItem
                .SubItems.Add(dt.Rows(i).Item("Name"))
                .SubItems.Add(dt.Rows(i).Item("Specs"))
                .SubItems.Add(Format(dt.Rows(i).Item("Price"), "####0.00"))
            End With
        Next
    End Sub
```

```
' 双击药品条目列表 LstLee 后执行 LstLee_DoubleClick 事件代码
Private Sub LstLee_DoubleClick(sender As Object,
    ByVal e As System.EventArgs) Handles LstLee.DoubleClick
    Dim dt As DataTable                            ' 数据表对象
    Dim sqlcmd As String
    Dim lecPrice As Double
    ' 以下代码用于获得当前选择项的药品编号 lecNo
    ' 确定按钮事件还需要这个值，所以 lecNo 定义为窗体级变量
    lecNo = LstLee.SelectedItems.Item(0).Text      ' LstLee 当前行的第一列是 Item(0)
    ' 以下代码按药品编号从数据表中查找用药价格
    sqlcmd = "SELECT * FROM Leechdom WHERE Leechdom_ID='" & LecNo & "'"
    dt = SQLQRY(sqlcmd, Nothing)
    If dt.Rows.Count > 0 Then
        lecPrice = dt.Rows(0).Item("Price")
    End If
    txtPrice.Text = Format(lecPrice, "####0.00")
    txtNums_TextChanged(LstLee, New EventArgs())   ' 调用"数量"改变事件更新费用
    txtNums.Focus()                                ' 直接定位到"数量"输入框
End Sub
' 输入或改变数量时，执行 txtNums_TextChanged 事件，立即计算费用并放到变量 lecFee 中
Private Sub txtNums_TextChanged(sender As Object,
    ByVal e As System.EventArgs) Handles txtNums.TextChanged
    lecFee = Val(txtPrice.Text) * Val(txtNums.Text)
    txtFee.Text = lecFee
End Sub
' 单击"费用确认"按钮，执行 cmdOK_Click 事件代码，保存费用到数据库
Private Sub cmdOK_Click(ByVal sender As System.Object,
    ByVal e As System.EventArgs) Handles cmdOK.Click
    Dim CureFeeNo As Integer               ' 费用编号
    Dim sqlcmd As String
    Dim da As SqlDataAdapter               ' 定义数据适配器变量
    Dim dt As DataTable                    ' 数据表对象
    Dim PatNo As String                    ' 住院号
    PatNo = Trim(CboNo.Text)
    If PatNo = "" Then
        MsgBox "请首先选择住院病人", vbOKOnly, "提示"
        CboOfc.Focus()
        Exit Sub
    End If
    If Val(txtPrice.Text) = 0 Then
        MsgBox "请选择用药", vbOKOnly, "提示"
        LstLee. Focus()
        Exit Sub
    End If
    If lecFee = 0 Then
        MsgBox "费用为零", vbOKOnly, "提示"
```

```
      txtNums. Focus()
      Exit Sub
   End If
   ' 以下代码用于统计该病人使用该药品的记录次数 CureFeeNo
   sqlcmd = "SELECT cnt=count(*) FROM CureFee WHERE Patient_ID='" & PatNo & "'"
   sqlcmd = sqlcmd & " AND FeeItem_ID='" & lecNo & "'"
   dt = SQLQRY(sqlcmd, Nothing)
   CureFeeNo = dt.Rows(0).Item("cnt") + 1    ' 费用编号等于该病人使用该药品的记录次数递增
   ' 以下代码用于准备更新数据记录
   sqlcmd = "SELECT * FROM CureFee WHERE Patient_ID='" & PatNo & "'"
   sqlcmd = sqlcmd & " AND FeeItem_ID='" & lecNo & "'"
   da = Nothing
   dt = SQLQRY(sqlcmd, da)
   ' 以下代码为适配器增加新记录，准备插入语句
   da.InsertCommand = New SqlCommandBuilder(da).GetInsertCommand()
   Dim dr As DataRow = dt.NewRow()    ' 在适配器对象中新增一条空白记录并返回记录对象 dr
   dr("Fee_ID") = CureFeeNo                  ' 费用编号
   dr("Patient_ID") = PatNo                  ' 住院号
   dr("FeeItem_ID") = lecNo                  ' 药品编号
   dr("Fee_Type") = "用药处方费用"           ' 费用类型
   dr("Fee") = lecFee                        ' 费用
   ' 当前时间作为费用发生时间，读者也可以改变设计为从屏幕输入时间
   dr("Cured_Time") = Now
   dt.Rows.Add(dr)
   da.Update(dt)                             ' 保存
   MsgBox "添加费用完成", vbOKOnly, "提示"
End Sub
' 单击"退出"按钮，执行 cmdExit_Click 事件代码
Private Sub cmdExit_Click(ByVal sender As System.Object,
   ByVal e As System.EventArgs) Handles cmdExit.Click
   Me.Close()
   Me.Dispose()
End Sub
```

对用药进行收费处理时，必须首先找到对应的住院病人，所以本窗体与"追加预付款"窗体 frmPreFeeRecord 类似，通过对住院科室和住院号的选择来实现。同时，通过对药品分类的选择能较快地从大量的药品记录中筛选出病人的用药信息（筛选的方法很多，这里并不一定是最好的办法），然后就可以对该类药品进行选择。输入数量后，将自动计算单价与数量的乘积作为本次收费的总计，最后单击"费用确认"按钮写入数据库中，完成"用药费用"登记处理过程。

3.3.6 检查治疗费用窗体

"检查治疗费用"窗体 frmStdFeeRecord 用于输入病人在住院期间产生的非药物诊疗费用。窗体的外观布局如图 3.12 所示，与 frmLcdFeeRecord 类似。

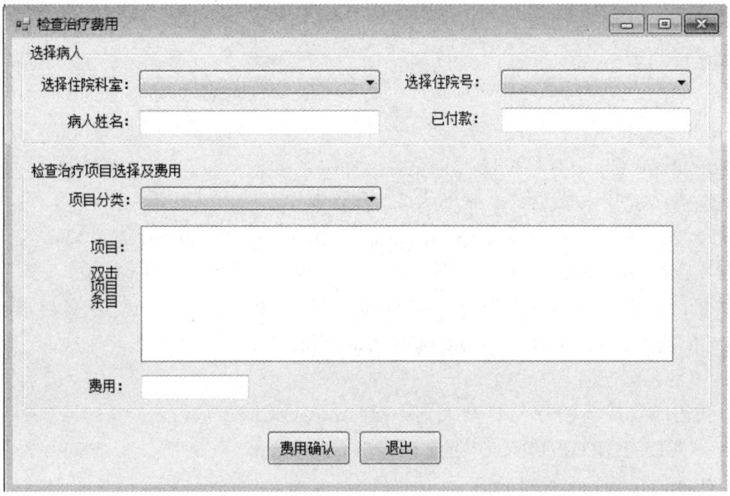

图 3.12 "检查治疗费用"窗体布局

frmStdFeeRecord 窗体中主要控件（Label 控件没有列出）的名称与属性设置如表 3.11 所示。

表 3.11 "检查治疗费用"窗体及其控件名称与属性设置

控件类型	属性	属性值	控件类型	属性	属性值
Form	Caption	检查治疗费用	TextBox （病人姓名）	Name	txtName
	Name	frmStdFeeRecord		Enabled	False
	StartPosition	CenterScreen	TextBox （已付款）	Name	txtTotFee
	MaximizeBox	False		Enabled	False
ComboBox	Name	CboOfc	TextBox （项目费用）	Name	txtFee
	DropDownStyle	Dropdown List		Enabled	False
ComboBox	Name	CboNo	Button	Text	费用确认
	DropDownStyle	Dropdown List		Name	cmdOK
ComboBox	Name	CboClass	Button	Text	退出
	DropDownStyle	Dropdown List		Name	cmdExit
GroupBox	Text	选择病人	ListView （检查项列表）	Name	LstItem
GroupBox	Text	检查治疗项目选择及费用		Size	464, 116
				MultiSelect	False

下面分析窗体 frmStdFeeRecord 的功能实现。

```
' 以下变量在窗体类声明区定义
Dim ItmNo As String                     ' 检查治疗项目的编号
Dim ItmPrice As Double                  ' 检查治疗项目的价格
Dim objItem As ListViewItem             ' ListView 的 Item
' 窗体加载事件 frmStdFeeRecord_Load
Private Sub frmStdFeeRecord_Load(ByVal sender As System.Object,
    ByVal e As System.EventArgs) Handles MyBase.Load
    Dim dt As DataTable                 ' 数据表对象
```

```
        Dim sqlcmd As String                    ' 查询命令
' 清除下拉列表
        CboOfc.Items.Clear()
        CboNo.Items.Clear()
        CboClass.Items.Clear()
        ' 以下代码添加住院科室到下拉列表 CboOfc 中
        sqlcmd = "SELECT DISTINCT Consultation_Office FROM Patient"
        dt = SQLQRY(sqlcmd, Nothing)
        For i = 0 To dt.Rows.Count - 1
            CboOfc.Items.Add(dt.Rows(i).Item("Consultation_Office"))
        Next
        ' 以下代码添加检查治疗项目分类到下拉列表 CboClass 中
        sqlcmd = "SELECT DISTINCT Class FROM CuredItem"
        dt = SQLQRY(sqlcmd, Nothing)
        For i = 0 To dt.Rows.Count - 1
            CboClass.Items.Add(dt.Rows(i).Item("Class"))
        Next
    End Sub
' 选择"住院科室"下拉列表时，执行 CboOfc_SelectedIndexChanged 事件代码
    Private Sub CboOfc_SelectedIndexChanged(ByVal sender As System.Object,
        ByVal e As System.EventArgs) Handles CboOfc.SelectedIndexChanged
        ' 此处代码与 frmPreFeeRecord 窗体中的对应事件代码完全相同，略
    End Sub
' 选择"住院号"下拉列表时，执行 CboNo_SelectedIndexChanged 事件代码
    Private Sub CboNo_SelectedIndexChanged(sender As System.Object,
        ByVal e As System.EventArgs) Handles CboNo.SelectedIndexChanged
        ' 此处代码与 frmPreFeeRecord 窗体中的对应事件代码完全相同，略
    End Sub
' 选择"费用项目分类"下拉列表时，执行 CboClass_SelectedIndexChanged 事件代码
    Private Sub CboClass_SelectedIndexChanged(ByVal sender As System.Object,
        ByVal e As System.EventArgs) Handles CboClass.SelectedIndexChanged
        Dim dt As DataTable                     ' 数据表对象
        Dim sqlcmd As String                    ' 查询命令
        ' 以下代码用于查找对应项目分类的所有检查治疗项目信息并显示在列表 LstItem 中
        sqlcmd = "SELECT * FROM CuredItem WHERE Class='" & CboClass.Text & "'"
        dt = SQLQRY(sqlcmd, Nothing)
        LstItem.Items.Clear()                   ' 清除原有内容
        LstItem.View = View.Details             ' 详细资料视图模式
        LstItem.FullRowSelect = True            ' 选择整行
        ' 以下代码用于添加 ListView 控件 LstItem 列标题，并指定列宽
        LstItem.Columns.Add("项目 Id", 100, HorizontalAlignment.Left)
        LstItem.Columns.Add("项目名称", 100, HorizontalAlignment.Left)
        LstItem.Columns.Add("费用", 100, HorizontalAlignment.Right)
        For i = 0 To dt.Rows.Count - 1
            ' 以下代码将 3 项数据增加到列表框 LstItem 中
```

```
        objItem = LstItem.Items.Add(dt.Rows(i).Item("Item_ID"))
        objItem.SubItems.Add(dt.Rows(i).Item("Name"))
        objItem.SubItems.Add(Format(dt.Rows(i).Item("Fee"), "####0.00"))
    Next
End Sub
' 双击检查治疗费用条目后执行 LstItem_DoubleClick 事件代码
Private Sub LstItem_DoubleClick(ByVal sender As Object,
    ByVal e As System.EventArgs) Handles LstItem.DoubleClick
    Dim dt As DataTable                         ' 数据表对象
    Dim sqlcmd As String
    Dim itemPrice As Double
    ' 获得当前选择项的检查项目编号(确定按钮还需要)
    ItmNo = LstItem.SelectedItems.Item(0).Text      ' LstItem 当前行的第一列是 Item(0)
    ' 按项目编号从数据表中查找项目价格
    sqlcmd = "SELECT * FROM CuredItem WHERE Item_ID='" & ItmNo & "'"
    dt = SQLQRY(sqlcmd, Nothing)
    If   dt.Rows.Count > 0 Then
        itemPrice = dt.Rows(0).Item("Fee")
    End If
    txtFee.Text = Format(itemPrice, "####0.00")
    txtFee.Focus()
End Sub
' 单击"费用确认"按钮，执行 cmdOK_Click 事件代码，保存费用到数据库
Private Sub cmdOK_Click(sender As System.Object, e As System.EventArgs) Handles cmdOK.Click
    Dim CureFeeNo As Integer                     ' 费用编号
    Dim sqlcmd As String
    Dim da As SqlDataAdapter                     ' 定义数据适配器变量
    Dim dt As DataTable                          ' 数据表对象
    Dim PatNo As String                          ' 住院号
    PatNo = Trim(CboNo.Text)
    If PatNo = "" Then
        MsgBox "请首先选择住院病人", vbOKOnly, "提示"
        CboOfc.Focus()
        Exit Sub
    End If
    If LstItem.Items.Count = 0 Or Val(txtFee.Text) = 0 Then
        MsgBox "请选择检查治疗项目", vbOKOnly, "提示"
        LstItem.Focus()
        Exit Sub
    End If
    If Val(txtFee.Text) = 0 Then
        MsgBox "费用为零", vbOKOnly, "提示"
        txtFee.Focus()
        Exit Sub
    End If
```

```
' 以下代码统计该病人使用该检查治疗项目的记录次数 CureFeeNo
sqlcmd = "SELECT cnt=count(*)    FROM CureFee WHERE Patient_ID='" & PatNo & "'"
sqlcmd = sqlcmd & " AND FeeItem_ID='" & ItmNo & "'"
dt = SQLQRY(sqlcmd, Nothing)
CureFeeNo = dt.Rows(0).Item("cnt") + 1    ' 该病人使用该检查治疗项目的记录次数递增
' 以下代码准备更新数据记录
sqlcmd = "SELECT * FROM CureFee WHERE Patient_ID='" & PatNo & "'"
sqlcmd = sqlcmd & " AND FeeItem_ID='" & ItmNo & "'"
da = Nothing
dt = SQLQRY(sqlcmd, da)
' 以下代码为适配器增加新记录，准备插入语句
da.InsertCommand = New SqlCommandBuilder(da).GetInsertCommand()
Dim dr As DataRow = dt.NewRow()    '在适配器对象中新增一条空白记录并返回记录对象 dr
dr("Fee_ID") = CureFeeNo                    ' 费用编号
dr("Patient_ID") = PatNo                     ' 住院号
dr("FeeItem_ID") = ItmNo                     ' 检查治疗项目编号
dr("Fee_Type") = "检查治疗费用"              ' 费用类型
dr("Fee") = Val(txtFee.Text)                 ' 费用
' 当前时间作为费用发生时间，读者也可以改变设计为从屏幕输入时间
dr("Cured_Time") = Now
dt.Rows.Add(dr)
da.Update(dt)                                ' 保存
MsgBox "添加费用完成", vbOKOnly, "提示"
End Sub
' 单击"退出"按钮执行 cmdExit_Click 事件代码
Private Sub cmdExit_Click(sender As System.Object, e As System.EventArgs) Handles cmdExit.Click
Me.Close()
Me.Dispose()
End Sub
```

　　与用药收费处理一样，对检查治疗进行收费处理必须首先找到对应的住院病人，所以本窗体与"追加预付款"窗体 frmPreFeeRecord 和"用药处方费用"窗体 frLcdFeeRecord 类似，通过对住院科室和住院号的选择来实现。同时，通过对项目分类的选择能较快地从检查治疗项目记录中筛选出指定诊疗项目记录，然后就可以对该类诊疗项目进行选择。双击项目条目后，对应该条目的诊疗费用会立即显示出来，但不能修改该费用（如果需要更改，可以将 txtFee 文本框的 Enabled 属性设置为 True，这样操作者就可以输入费用），最后单击"费用确认"按钮写入数据库中，完成"检查治疗费用"登记处理过程。

3.3.7　每日费用清单窗体

　　"每日费用清单"窗体 frmFeeDailyReport 用于计算和输出住院病人当天费用产生情况的明细清单，向病人进行费用的公示，图 3.13 为该窗体的外观布局。
　　窗体中需要将数据导出为 Excel，因此需要添加 Office 组件引用：单击 VS.NET 的主菜单"项目"→"添加引用"，弹出"添加引用"对话框，单击 COM 选项卡，在列表里选择 Microsoft Excel 14.0 Object Library（Excel 2010），再单击"确定"按钮返回。

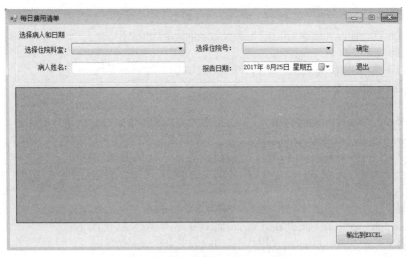

图 3.13 "每日费用清单"窗体布局

frmFeeDailyReport 窗体中的控件名称与属性设置如表 3.12 所示。

表 3.12 "每日费用清单"窗体及其控件名称与属性设置

控件类型	属性	属性值	控件类型	属性	属性值
Form	Text	每日费用清单	ComboBox	Name	CboOfc
	Name	frmFeeDailyReport		DropDownStyle	Dropdown List
	StartPosition	CenterScreen	ComboBox	Name	CboNo
	MaximizeBox	False		DropDownStyle	Dropdown List
GroupBox	Text	选择病人和日期	TextBox	Name	txtName
Label	Text	选择住院科室:		Enabled	False
Label	Text	选择住院号:	Button	Text	确定
Label	Text	病人姓名:		Name	cmdOK
Label	Text	报告日期:	Button	Text	退出
DataGridView	Name	dGridReport		Name	cmdExit
	ReadOnly	True	Button	Text	输出到 EXCEL
DateTime Picker	Name	DTReportDate		Name	cmdEXCEL

下面分析窗体 frmFeeDailyReport 的功能实现。

```
' 窗体加载事件 frmFeeDailyReport_Load
Private Sub frmFeeDailyReport_Load(ByVal sender As System.Object,
    ByVal e As System.EventArgs) Handles MyBase.Load
    Dim dt As DataTable                      ' 数据表对象
    Dim sqlcmd As String                     ' 查询命令
    CboOfc.Item.Clear()                      ' 清除下拉列表
    CboNo.Items.Clear()
    ' 以下代码添加住院科室到下拉列表 CboOfc 中
    sqlcmd = "SELECT DISTINCT Consultation_Office FROM Patient"
    dt = SQLQRY(sqlcmd, Nothing)
```

```vb
      For i = 0 To dt.Rows.Count - 1
         CboOfc.Items.Add(dt.Rows(i).Item("Consultation_Office"))
      Next
      ' 以下代码初始化报告日期为实际当天的日期
      DTReportDate.Value = Now
   End Sub
   ' 选择"住院科室"下拉列表时，执行 CboOfc_SelectedIndexChanged 事件代码
   Private Sub CboOfc_SelectedIndexChanged(ByVal sender As System.Object, _
      ByVal e As System.EventArgs) Handles CboOfc.SelectedIndexChanged
      ' 此处代码与 frmPreFeeRecord 窗体中的对应事件代码完全相同，略
   End Sub
   ' 选择"住院号"下拉列表时，执行 CboNo_SelectedIndexChanged 事件代码
   Private Sub CboNo_SelectedIndexChanged(ByVal sender As System.Object, _
      ByVal e As System.EventArgs) Handles CboNo.SelectedIndexChanged
      Dim dt As DataTable                      ' 数据表对象
      Dim sqlcmd As String                     ' 查询命令
      ' 以下代码查找对应住院号的病人姓名并显示在 txtName 控件里，以便显示核对
      sqlcmd = "SELECT Name,Total_PreFee FROM Patient "
      sqlcmd = sqlcmd & " WHERE Patient_ID='" & CboNo.Text & "'"
      dt = SQLQRY(sqlcmd, Nothing)
      If dt.Rows.Count = 0 Then
         MsgBox("没有找到这个住院病人！", vbOKOnly, "提示")
      Else
         txtName.Text = dt.Rows(0).Item("Name").ToString()
      End If
   End Sub
   ' 单击"确定"按钮，执行 cmdOK_Click 事件代码
   Private Sub cmdOK_Click(ByVal sender As System.Object, _
      ByVal e As System.EventArgs) Handles cmdOK.Click
      Dim dt As DataTable                      ' 数据表对象
      If Trim(CboNo.Text) = "" Then
         MsgBox "没有选择住院病人！", vbOKOnly, "提示"
         CboNo.Focus()
         Exit Sub
      End If
      If Trim(DTReportDate.Value) = "" Then
         MsgBox "没有选择日期！", vbOKOnly, "提示"
         DTReportDate.Focus()
         Exit Sub
      End If
      ' 以下代码中的数据源 – 来自 3.2 所创建的视图：DayReportView
      Dim sql As String
      sql = "SELECT Patient_ID,Name,Sex,Bed_No,"
      sql = sql & "Consultation_Office,Charge_Doctor,"
      sql = sql & "Total_PreFee,ISNULL(Lec_Name,'')+ISNULL(Crt_Name,'') AS ItemName,"
      sql = sql & "Fee,CONVERT(CHAR(10),Cured_Time,120) "
```

```
    sql = sql & "FROM DayReportView WHERE Patient_ID='" & CboNo.Text & "'"
    sql = sql & " AND CONVERT(CHAR(10),Cured_Time,120) = '"
    sql = sql & DTReportDate.Value.ToString("yyyy-MM-dd") & "'"        ' 转换日期格式
    dt = SQLQRY(sql, Nothing)
    If dt.Rows.Count = 0 Then
        cmdEXCEL.Enabled = False      '禁止输出按钮
        MsgBox("没有找到数据！", vbOKOnly, "提示")
        Exit Sub
    End If
    dGridReport.DataSource = dt                  ' 设置数据控件数据源
    SetHeadTitle()                               ' 设置每列标题和宽度
    ' 以下代码用于按查找结果开启输出按钮
    cmdEXCEL.Enabled = True
End Sub
' 过程 SetHeadTitle 设置 DataGrid 控件 dGridReport 的每列标题和宽度
Private Sub SetHeadTitle()
    ' 以下代码用于设置每列标题
    dGridReport.Columns(0).HeaderText = "住院号"
    dGridReport.Columns(1).HeaderText = "病人姓名"
    dGridReport.Columns(2).HeaderText = "性别"
    dGridReport.Columns(3).HeaderText = "床号"
    dGridReport.Columns(4).HeaderText = "住院科室"
    dGridReport.Columns(5).HeaderText = "主治医生"
    dGridReport.Columns(6).HeaderText = "已预交住院费"
    dGridReport.Columns(7).HeaderText = "诊疗项目"
    dGridReport.Columns(8).HeaderText = "诊疗费用"
    dGridReport.Columns(9).HeaderText = "诊疗时间"
    dGridReport.ColumnHeadersHeight = 28                ' 标题行高
    dGridReport.Columns(0).Width = 80                   ' 设置列宽
    dGridReport.Columns(1).Width = 80
    dGridReport.Columns(2).Width = 60
    dGridReport.Columns(3).Width = 60
    dGridReport.Columns(4).Width = 120
    dGridReport.Columns(5).Width = 80
    dGridReport.Columns(6).Width = 130
    dGridReport.Columns(7).Width = 120
    dGridReport.Columns(8).Width = 80
    dGridReport.Columns(9).Width = 110
End Sub
' 以下代码用于将数据输出到 EXCEL 执行代码
Private Sub cmdEXCEL_Click(ByVal sender As System.Object,
    ByVal e As System.EventArgs) Handles cmdEXCEL.Click
    Dim TRows As Integer
    Dim myexcel As New Microsoft.Office.Interop.Excel.Application
    Dim mybook As Microsoft.Office.Interop.Excel.Workbook
    Dim mysheet As Microsoft.Office.Interop.Excel.Worksheet
```

```vb
mybook = myexcel.Workbooks.Add                                      ' 添加一个新的 Book
mysheet = mybook.Worksheets("sheet1")
mysheet.Name = "每日诊疗费用清单"                                    ' 工作表名称
myexcel.ActiveSheet.PageSetup.Orientation = 2                        ' 设置为横向
mysheet.Columns("a:n").Font.Size = 10
mysheet.Columns("a:n").VerticalAlignment = -4108                     ' 垂直居中
mysheet.Columns("a:n").HorizontalAlignment = -4108                   ' 水平居中
mysheet.Columns(1).ColumnWidth = 8
mysheet.Columns(2).ColumnWidth = 8
mysheet.Columns(3).ColumnWidth = 6
mysheet.Columns(4).ColumnWidth = 6
mysheet.Columns(5).ColumnWidth = 18
mysheet.Columns(6).ColumnWidth = 8
mysheet.Columns(7).ColumnWidth = 11
mysheet.Columns(8).ColumnWidth = 8
mysheet.Columns(9).ColumnWidth = 8
mysheet.Columns(10).ColumnWidth = 9
mysheet.Rows(1).RowHeight = 20
' 以下代码将第一行十列合并为一列
mysheet.Range(mysheet.Cells(1), mysheet.Cells(1, 10)).MergeCells = True
TRows = dGridReport.RowCount                                        ' 记录数
mysheet.Range(mysheet.Cells(TRows + 2, 1), mysheet.Cells(2, 10)).Borders.LineStyle  _
    = Microsoft.Office.Interop.Excel.XlLineStyle.xlContinuous
' 以下代码设置第一行表头
mysheet.Cells(1, 1).Value = "每日诊疗费用清单"
mysheet.Cells(1, 1).Font.Size = 16
mysheet.Cells(1, 1).Font.Bold = True
mysheet.Rows(1).HorizontalAlignment = -4108
mysheet.Rows(1).VerticalAlignment = -4108
mysheet.Rows(2).RowHeight = 18
mysheet.Rows(2).Font.Bold = True
mysheet.Rows(2).HorizontalAlignment = -4108                         ' 第二行标题水平居中
mysheet.Cells(2, 1).Value = "住院号"
mysheet.Cells(2, 2).Value = "病人姓名"
mysheet.Cells(2, 3).Value = "性别"
mysheet.Cells(2, 4).Value = "床号"
mysheet.Cells(2, 5).Value = "住院科室"
mysheet.Cells(2, 6).Value = "主治医生"
mysheet.Cells(2, 7).Value = "已预交住院费"
mysheet.Cells(2, 8).Value = "诊疗项目"
mysheet.Cells(2, 9).Value = "诊疗费用"
mysheet.Cells(2, 10).Value = "诊疗时间"
' 以下代码从数据表对象中一行一列依次读出并放入 Excel 的工作表行列内
Dim startRow As Integer = 3                                         ' 从第 3 行开始才是具体数据
Dim mydt As DataTable = dGridReport.DataSource
For col = 0 To mydt.Columns.Count - 1
```

```
            For row = 0 To mydt.Rows.Count - 1
            mysheet.Cells(startRow + row, col + 1) = mydt.Rows(row).Item(col)
            Next
        Next
        myexcel.Visible = True
        mysheet = Nothing
    End Sub
    '单击“退出”按钮，执行 cmdExit_Click 事件代码
    Private Sub cmdExit_Click(ByVal sender As System.Object,
        ByVal e As System.EventArgs) Handles cmdExit.Click
        Me.Close()
        Me.Dispose()
    End Sub
```

单击系统菜单中的“收费管理”→“每日费用清单”命令后，就会出现 frmFeeDailyReport 窗体界面，此时先后通过选择“住院科室”和“住院号”下拉列表找到需要输出每日费用清单的病人，此时病人的姓名就会出现在窗体中，确认后再选择报告的日期，即产生费用的日期，最后单击“确定”按钮，即可看到在下方的数据网格控件中显示出当日的诊疗费用清单。如果需要输出到 Excel 以便打印出来，还可以单击“输出到 Excel”按钮。图 3.14 和图 3.15 为窗体运行后的实际效果以及导出到 Excel 的结果。

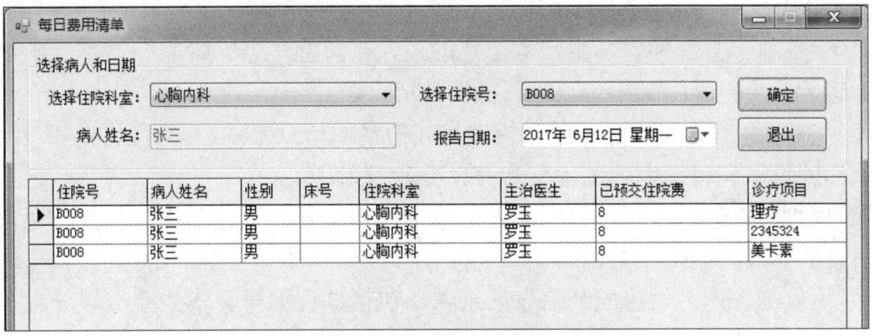

图 3.14　“每日费用清单”窗体执行效果

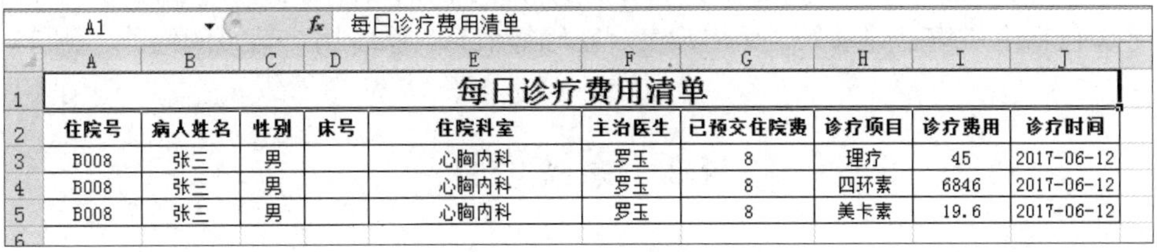

A1　每日诊疗费用清单

每日诊疗费用清单									
住院号	病人姓名	性别	床号	住院科室	主治医生	已预交住院费	诊疗项目	诊疗费用	诊疗时间
B008	张三	男		心胸内科	罗玉	8	理疗	45	2017-06-12
B008	张三	男		心胸内科	罗玉	8	四环素	6846	2017-06-12
B008	张三	男		心胸内科	罗玉	8	美卡素	19.6	2017-06-12

图 3.15　“每日费用清单”导出为 Excel 样例

由于受篇幅限制，本系统对资料管理、流动控制、办理出院模块的设计过程不进行描述，读者可参照病人管理和收费管理模块进行设计实现。

案例 4　学生信息管理系统

学生信息管理系统是一个非常通用的数据库管理系统。很多大、中、小学校都需要自己的学生档案管理系统，以便对本校学生的基本信息和学习情况进行管理。另外，较完整的学校信息化管理系统同样也需要有学生信息管理系统的支持。

4.1　系统需求分析

学生信息管理系统应符合教学管理的规定，满足教学信息管理的需要，达到操作过程中的直观、方便、实用、安全等要求。系统采用模块化程序设计的方法，便于系统功能的组合、修改、扩充和维护。

学生信息管理系统的主要任务是实现对学校各院系和所有学生的管理，系统的功能需求如下：

（1）院系信息管理。院系信息的录入，包括院系编号和院系名称等信息；院系信息的修改、删除、查询。

（2）学生基本信息管理。学生基本信息的录入，包括学号、姓名、性别、出生日期、所在院系、班级等信息；学生基本信息的修改、删除、查询。

（3）学生照片管理。照片的存储和管理与其他基本信息不同，需要独立出照片管理功能，包括学生照片的录入和将指定的图像文本存储到数据库中。

（4）课程设置管理。课程信息的录入，包括课程编号、课程名称、学分、课程内容等信息；课程信息的修改、删除、查询。

（5）学生成绩管理。学生成绩信息的录入，包括课程编号、学生编号、分数等信息；学生成绩信息的修改、删除、查询。

（6）系统用户管理。系统允许有多个用户使用，不同的用户可以访问不同的功能模块。系统用户管理包括用户信息的录入，如用户名、密码等信息，系统用户信息的修改、删除、查询。

4.2　系统设计

系统设计涉及系统功能设计、数据库设计和系统界面设计等几个方面。

4.2.1　系统功能设计

从系统功能描述可以看出，本实例可以实现 6 个主要功能，根据这些功能设计出系统的功能模块，如图 4.1 所示。

在图 4.1 的层次结构中，每一个节点都是一个最小的功能模块。每一个功能模块都需要针对不同的表完成相应的数据库操作，即添加记录、修改记录、删除记录及查询显示记录信息。

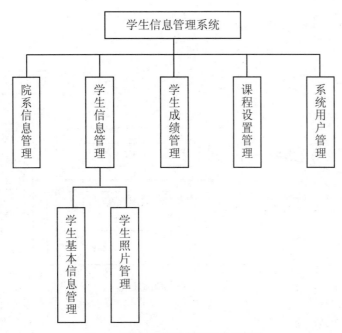

图 4.1 学生信息管理系统功能模块

　　下面分析系统各功能模块之间的关系。

　　（1）学生基本信息管理模块是整个系统的核心。除了院系信息管理模块外，其他各个模块都针对每个学生的某个方面进行管理。

　　（2）学生成绩管理模块涉及多种数据，由学生基本信息管理模块提供学生数据，由课程信息管理模块提供课程数据。

　　（3）用户管理包括用户信息管理和权限控制等模块。权限控制虽然不是一个独立存在的模块，但是它却贯穿整个系统的运行过程。用户管理模块的功能比较简单，在系统初始化时，有一个默认的"管理员"用户 Admin，由程序设计人员手动添加到数据库中。管理员用户可以创建用户、修改用户信息和删除用户，而普通用户只能修改自己的密码。

　　为了对系统有一个完整、全面的认识，还需要进行系统流程分析。系统流程就是用户使用系统时的工作过程。对于多类型用户的管理系统来说，每一类用户的工作流程都是不同的。多用户系统的工作流程都是从用户登录模块开始，对用户的身份进行认证。身份认证可以分为以下两个过程：

　　1）确认用户是否是有效的管理员用户。

　　2）确定用户的类型，在本系统中分为管理员用户和普通用户。第一个过程决定用户能否进入系统；第二个过程根据用户的类型决定用户的操作权限，从而决定用户的工作界面，如图4.2 所示。

　　在系统的工作流程中，还将体现各个功能模块之间的依存关系。如必须在院系信息管理模块中添加至少一个院系信息，才能添加学生的基本信息；必须有一条学生的基本信息，才能添加学生照片、管理学生的成绩等。

　　从图 4.2 中可以看到，每个用户可以进行 3 次身份认证。如果每次输入的用户名和密码都无法与数据库中的数据相匹配，则强制退出系统。

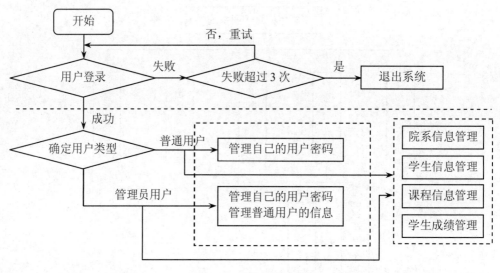

图 4.2 系统流程分析

4.2.2 数据库设计

数据库的设计涉及数据表字段、字段约束关系、字段间约束关系、表间约束关系等方面。本系统的数据库使用了本书配套教材《数据库技术与应用（SQL Server 2008）（第二版）》中第 2 章介绍的示例数据库 Student，省略了概念结构设计和逻辑结构设计（Student 数据库的设计参见配套教材 1.4.4 节）。

Student 数据库包含 4 个表：院系信息表 D_Info、学生基本信息表 St_Info、课程设置表 C_Info、选课信息表 S_C_Info。

为了实现系统的用户身份认证及用户管理功能，在 Student 数据库中增加一个用户信息表 Users，包含用户名 UserName、密码 Password、权限 Rights 三个字段，其结构如图 4.3 所示。

在创建表 Users 时，将默认的系统用户名 admin 插入列表中，默认的密码和用户名相同。同时修改了数据表 St_Info 的数据结构，增加了身份证号 IDCard 和照片 Photo 两个字段，其结构如图 4.4 所示。

列名	数据类型	允许 Null 值
UserName	varchar(40)	☐
Password	varchar(40)	☐
Rights	char(10)	☑

图 4.3 Users 表结构

列名	数据类型	允许 Null 值
St_ID	char(10)	☐
St_Name	varchar(20)	☐
St_Sex	char(2)	☑
Birthdate	datetime	☑
Cl_Name	varchar(15)	☑
Telephone	varchar(20)	☑
PSTS	char(4)	☑
Address	varchar(150)	☑
IDCard	char(18)	☑
Photo	varchar(50)	☑
Resume	varchar(255)	☑
D_ID	char(2)	☑

图 4.4 St_Info 数据结构

照片为图像信息，以文件形式存贮，SQL Server 存储图像的文件信息（即文件名）。

院系信息表 D_Info、课程设置表 C_Info 和选课信息表 S_C_Info 保持不变。

为了使 VB.NET 应用程序连接到 SQL Server 数据库，需要创建数据集。在 VB.NET 环境中，单击"数据"→"添加新数据源"菜单命令，按照向导的提示创建数据集 StdDSet，本项目将使用数据集 StdDSet 访问数据库 Student。

4.3　设计项目框架

当用户建立一个应用程序后，实际上 VB.NET 系统已根据应用程序的功能建立了一系列的文件，这些文件的有关信息要使用解决方案项目处理器来管理。每次保存项目时，这些信息都会被更新。

项目由各种类型的文件和文件夹组成，如 sln、vbproj、vb 等，这些文件和文件夹类型如表 4.1 所示。

表 4.1　项目的组成

文件类型	说明
解决方案定义文件（.sln、.suo）	解决方案定义文件表示一个项目组，通常 sln 包含一个项目中所有的工程文件信息；suo 为解决方案用户选项记录所有与之建立关联的选项，在每次打开时，都包含用户所做的自定义设置
项目文件（.vbproj）	存储一个项目的相关信息，如窗体、类引用等
窗体文件（.vb、.resx）	每个窗体都有 3 个文件，例如 Form1 的窗体文件是 Form1.Designer.vb、Form1.vb、Form1.resx，分别保存窗体及控件信息、代码、资源信息
MyProject 文件夹	其中的文件 AssemblyInfo.vb 保存了该程序集的名称、版本、程序集中所有文件的清单等信息
Bin 文件夹	调试和生成过程中产生的文件分别保存在此文件夹中的 debug 和 Release 子文件夹中

设计数据库应用程序需要创建项目存储的目录（如本实例目录为 StuP）。运行 VB.NET 启动程序，选择新建"Windows 窗体应用程序"项目，在 VB.NET 的"解决方案资源管理器"中有一个默认窗体 Form1.vb，系统就在此基础上设计系统的主界面。

选择"项目"→"属性"菜单命令，在项目属性窗口中将"程序集名称"命名为 StudentM，单击 ☒ 按钮关闭项目属性窗口。

根据 VB.NET 功能模块的划分原则，将项目中使用全局变量与数据库操作相关的声明、变量和函数放在模块文件中。

模块文件的建立通过选择"项目"→"添加模块"菜单命令，在弹出的"添加新项"对话框中选择"模块"常用项，单击"添加"按钮，在模块"解决方案资源管理器"中将出现名称为 Module1.vb 模块文件 ，在模块代码窗口中添加以下代码。

```
Module Module1
    Public strUserName As String      ' 存储登录系统的用户名，用于控制各种模块是否能执行
    Public strUserRight As String     ' 当前用户权限
    Public filepath As String         ' 设置照片文件存储路径
End Module
```

学生信息管理系统框架设计为对话框类型的操作界面，用户注册登录后，可对学生信息管理的各个功能模块进行操作。

4.4 系统实现

系统按功能可分为主界面模块、登录模块、学生基本信息管理模块、学生成绩管理模块、用户管理模块和课程信息管理模块等。

4.4.1 主界面

本程序采用流行的菜单界面设计技术，符合商业化软件设计要求，使用户能够在主界面上快速进入自己想要的程序模块，如图 4.5 所示。

从图 4.5 中可以很容易看清楚整个程序的结构，用户可以方便地从各个下拉菜单项进入各个模块。

（1）建立 MDI 父窗体。主界面窗体采用 MDI 窗体形式。VB.NET 的用户界面样式主要有两种：单文档界面（SDI）和多文档界面（MDI）。SDI 界面的应用程序一次只能打开一个文档，若要打开另一个文档，则必须先关闭已打开的文档；MDI 界面的应用程序允许同时显示多个文档，每一个文档都显示在自己的窗口中。

创建 MDI 窗体时，通过选择"项目"→"添加新项"菜单命令，打开"添加新项"对话框，选择 Windows Forms 常用分类项→"MDI 父窗体"常用项，单击"添加"按钮即建立了 MDI 父窗体，将窗体命名为 mfrmMain，其 Text 属性设置为"学生信息管理系统"，如图 4.5 所示，并以文件名 mfrmMain.vb 存储到 StuP 目录下。一个工程只能有一个 MDI 父窗体，如果要使其他窗体成为 mfrmMain 窗体的子窗体，必须将该窗体的 MdiParent 属性设置为 mfrmMain。

（2）建立学生管理系统菜单。mfrmMain 窗体中的菜单栏通过选择"工具箱"→"菜单和工具栏"选项卡中的 MenuStrip 控件，在组件盘中生成 MenuStrip1，会在窗体的左上角出现菜单设计栏，在此输入菜单项，如图 4.6 所示。

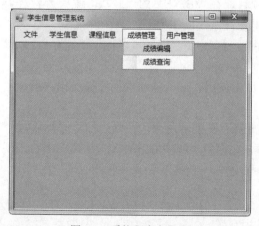
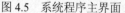

图 4.5 系统程序主界面

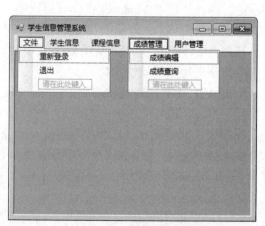

图 4.6 菜单设置

mfrmMain 窗体中的菜单控件及属性值设置如表 4.2 所示。

表 4.2　mfrmMain 窗体的菜单控件及属性值设置

控件名称	属性	属性值	控件名称	属性	属性值
Menu	Name	mnuFile	Menu	Name	mnuStScore
	Text	文件		Text	成绩管理
Menu	Name	mnuReLg	Menu	Name	mnuStScoreM
	Text	重新登录		Text	成绩编辑
	说明	为 mnuFile 子菜单		说明	为 mnuStScore 子菜单
Menu	Name	mnuExit	Menu	Name	mnuStScoreQ
	Text	退出		Text	成绩查询
	说明	为 mnuFile 子菜单		说明	为 mnuStScore 子菜单
Menu	Name	mnuStInfo	Menu	Name	mnuUser
	Text	学生信息		Text	用户管理
Menu	Name	mnuCourse			
	Text	课程信息			

在设计菜单时，应按照 Windows 的规范进行，这样不仅能使开发出的应用程序的菜单界面更加美观、丰富，而且能与 Windows 各软件协调一致，使大量熟悉 Windows 操作的用户能够根据平时的使用经验，掌握应用程序的各个功能和简捷的操作方法，增强软件的灵活性和可操作性。

通过菜单调用其他模块需要在菜单控件的 Click 事件中添加代码。因为系统的其他功能还没有实现，所以只能添加退出系统的代码。其他代码将在相应的功能实现后再添加到 mfrmMain 窗体中。

```
Private Sub mnuExit_Click(ByVal sender As System.Object,
    ByVal e As System.EventArgs) Handles mnuExit.Click
    Application.Exit()
End Sub
```

设置主窗体 mfrmMain 为应用程序启动窗体。

以上介绍了主窗体的设计，在该窗体中主要是进行界面设计和程序导航设计，并没有涉及具体的数据库设计，在后面的窗体分析中会涉及数据库的设计。

4.4.2　登录模块

用户要使用本系统，首先必须通过系统的身份认证，这个过程叫做登录。登录过程需要完成以下任务：

（1）根据用户名和密码来判断是否可以进入系统。

（2）根据用户类型决定用户拥有的权限。

在 StudentM 工程中创建一个新窗体，命名为 frmLogin，其布局如图 4.7 所示。

frmLogin 窗体中包含两个文本框和两个命令按钮，文本框用于输入用户名和密码，一个命令按钮用于用户身份认证，另一个命令

图 4.7　frmLogin 窗体布局

按钮用于取消用户输入的信息，以便重新操作。窗体的控件及属性值设置如表 4.3 所示。

表 4.3　frmLogin 窗体的控件及属性值设置

控件名称	属性	属性值	控件名称	属性	属性值
Form	Name	frmLogin	Label	Name	Label1
	Text	身份验证		Text	用户名
	ControlBox	False	Label	Name	Label2
DataSet	Name	StdDSet		Text	密码
BindingSource	Name	UsersBindingSource	TextBox	Name	txtUserName
	DataSource	StdDSet		Text	空
	DataMember	Users		Name	txtPwd
TableAdapter	Name	UsersTableAdapter	TextBox	Text	空
				PasswordChar	*
Button	Name	btnOk	Button	Name	btnCancel
	Text	确定		Text	取消

（1）公用变量。在 frmLogin 窗体的类声明部分加入以下代码。

```
Public Class frmLogin
    Public TryTimes As Integer
    …
End Class
```

变量 TryTimes 记录用户登录的尝试次数。

（2）身份验证。当用户单击"确定"按钮时，将触发 btnOk_Click 事件，进行身份验证。身份验证时，把当前用户输入的用户名和密码（存放在 txtUserName 和 txtPwd 控件中）与数据表 Users 中的对应用户进行比较：若用户名不正确，表示不存在该用户，不能登录；若只有密码不正确，则可以尝试 3 次，3 次之后再不正确时，退出应用程序。其代码如下：

```
Private Sub btnOk_Click(ByVal sender As System.Object,
    ByVal e As System.EventArgs) Handles btnOk.Click
    ' 数据有效性检查
    If txtUserName.Text = "" Then
        MsgBox("请输入用户名", , "登录")
        txtUserName.Focus()
        Exit Sub
    End If
    If txtPwd.Text = "" Then
        MsgBox("请输入密码", , "登录")
        txtPwd.Focus()
        Exit Sub
    End If
    ' 判断用户是否存在
    Dim fd As Integer
    fd = UsersBindingSource.Find("UserName", Trim(txtUserName.Text))
    UsersBindingSource.Position = fd
```

```
            If fd = -1 Then
              MsgBox("用户名不存在", , "登录")
              TryTimes = TryTimes + 1
              If TryTimes >= 3 Then
                MsgBox("已经三次尝试进入本系统不成功，系统将关闭", , "登录")
                End
              Else
                Exit Sub
              End If
            End If
            ' 判断密码是否正确
            If Trim(txtPwd.Text) <> Trim(UsersBindingSource.Current(1).ToString) Then
              MsgBox("密码错误", , "登录")
              TryTimes = TryTimes + 1
              txtPwd.SelectionStart = 0
              txtPwd.SelectionLength = Len(txtPwd.Text)
              txtPwd.Focus()
              If TryTimes >= 3 Then
                MsgBox("已经三次尝试进入本系统不成功，系统将关闭", , "登录")
                End
              Else
                Exit Sub
              End If
            Else
              strUserName = Trim(txtUserName.Text)
              strUserRight = Trim(UsersBindingSource.Current(2).ToString)
              Me.Dispose()
            End If
          End Sub
```

数据有效性检查是为了判断用户名是否为空，若为空，则直接退出该事件过程。判断用户是否存在，是通过 UsersBindingSource 控件的 Find 方法查找用户名（txtUserName）是否存在于 Users 表中：若不存在，则 fd=-1，退出过程，可继续输入用户名，直到有 3 次为止；若存在，则 fd 的值为表中记录号。再通过 UsersBindingSource 控件的当前记录的 Current(1)属性值获取第 1 个字段（即密码），查询该用户的密码与输入的密码是否一致，若不同，再退出。

当用户名和密码都正确时，登录成功后，使用 strUserName 存储登录的用户名，使用 strUserRight 存储登录的权限，以便其他模块检验用户权限。strUserName、strUserRight 为系统全局变量，在 Module1 模块中声明（参见 4.3），可以被所有窗体使用。

TryTimes 为窗体级变量，每当尝试登录不成功时，其值加 1，当登录用户尝试了 3 次都不成功时，则使用 End 命令退出整个应用程序；否则继续让用户输入用户信息。

（3）取消操作。"取消"按钮的功能是当用户不进行验证操作时，结束应用程序。实现该功能的代码如下：

```
        Private Sub btnCancel_Click(ByVal sender As System.Object,
        ByVal e As System.EventArgs) Handles btnCancel.Click
          End
        End Sub
```

（4）按回车键实现身份验证。有的用户在操作时习惯在输入一个数据后按回车键，以完成数据信息的输入，让程序自动进入身份验证，为实现此功能，可以在 txtPwd_KeyPress 事件中加入以下代码：

```
Private Sub txtPwd_KeyPress(ByVal sender As Object,
    ByVal e As System.Windows.Forms.KeyPressEventArgs) Handles txtPwd.KeyPress
    If    e.KeyChar = Chr(13)    Then
        btnOk_Click("确定", e)
    End If
End Sub
```

当有键被按下时触发 txtPwd_KeyPress 事件，按键的 ASCII 值通过参数 e 获取。e.KeyChar = Chr(13)表示输入的键值为回车键，调用 btnOk_Click 事件，实现单击"确定"按钮的操作。

（5）调用登录窗体。登录窗体应在主窗体 mfrmMain 启动前完成验证，其调用代码放在主窗体 mfrmMain_Load 事件中，代码如下：

```
Private Sub mfrmMain_Load(ByVal sender As System.Object,
    ByVal e As System.EventArgs) Handles MyBase.Load
    frmLogin.ShowDialog()
End Sub
```

为了保证用户身份确认后，才使 mfrmMain 窗体启动。frmLogin 窗体使用对话框模式调用 ShowDialog()，必须在 frmLogin 窗体执行完成后，才能执行 mfrmMain 窗体。

注意：当 frmLogin 窗体带有控制按钮时，窗体的关闭操作可以通过单击 frmLogin 窗体右上角的控制按钮 ✕ 完成，也可以通过 frmLogin 窗体的 btnOk_Click 事件中的 Me.Dispose()语句完成。但是这样就不能确保用户是通过身份验证后才退出窗体的，因此需要在登录窗体中取消控制按钮，即使其 ControlBox 属性值为 False，用户也只能通过单击"确定"或"取消"按钮来关闭登录窗体。

（6）重新登录。若要在 mfrmMain 窗体中（即系统运行过程中）更新用户，则需要重新登录。这可以通过选择"文件"→"重新登录"菜单命令调用 frmLogin 窗体实现而不必退出系统，其代码如下：

```
Private Sub mnuReLg_Click(ByVal sender As System.Object,
    ByVal e As System.EventArgs) Handles mnuReLg.Click
    frmLogin.ShowDialog()
End Sub
```

其中，mnuReLg 为"重新登录"菜单项控件名称。

提示：在设计窗体时，建议使用含义明确的字符串定义控件名称。如菜单控件名称以 mnu 开头，文本框以 txt 开头，命令按钮以 btn 开头。后面的字符串也具有特定的含义，如"重新登录"菜单控件名称定义为 mnuReLg，"姓名"文本框的名称定义为 txtName，"确定"按钮的名称定义为 btnOk，等等。这种命名规则能够使程序的结构清晰、可读性强、便于调试。

4.4.3　学生基本信息管理模块

"学生基本信息管理"模块实现以下功能：添加学生记录、修改学生基本信息、删除学生记录、查看学生基本信息。

为了方便用户查看学生基本信息，在"学生基本信息管理（frmStuM）"窗体上以只读方式显示某个学生记录（使用的控件为 Label），如图 4.8 所示，窗体右侧显示的是材料科学与工程学院材料科学 1701 班黄正刚的基本信息。查看的方式为通过组合框选择院系，一旦选定了某个院系，则该院系的所有班级便以列表框形式列出；一旦选定班级，同样在另一个列表框中将选定班级的所有学生列出。

图 4.8 "学生基本信息管理"窗体布局

添加与修改学生记录的操作涉及数据表中的数据变化，为了保证数据的完整性，通过调用另一个编辑窗体来实现。

"学生基本信息管理"窗体的控件及属性值设置如表 4.4 所示。

表 4.4 frmStuM 窗体的控件及属性值设置

控件名称	属性	属性值	控件名称	属性	属性值
Form	Name	frmStuM	PictureBox	Name	PictureBox1
	Text	学生基本信息管理	Button	Name	btnDel
DataSet	Name	StdDSet		Text	删除学生
BindingSource	Name	D_InfoBindingSource	Button	Name	btnEdit
	DataSource	StdDSet		Text	修改信息
	DataMember	D_Info	Button	Name	btnExit
TableAdapter	Name	D_InfoTableAdapter		Text	退出
BindingSource	Name	St_InfoBindingSource	Label	Name	lbName
	DataSource	StdDSet		DataBindings Text	St_InfoBindingSource - St_Name
	DataMember	St_Info			
TableAdapter	Name	St_InfoTableAdapter	Label	Name	lbSex
BindingSource	Name	stnameBindingSource		DataBindings Text	St_InfoBindingSource - St_Sex
	DataSource	StdDSet			
	DataMember	St_Info	Label	Name	lbBDate
BindingSource	Name	VClNameBindingSource		DataBindings Text	St_InfoBindingSource - Born_Date
	DataSource	StdDSet			
	DataMember	vClName(视图)	Label	Name	lbTel
TableAdapter	Name	VClNameTableAdapter		DataBindings Text	St_InfoBindingSource - Telephone
CombBox	Name	cmbClg			
	DataSource	D_InfoBindingSource	Label	Name	lbAdr
	DisplayMember	D_Name		DataBindings Text	St_InfoBindingSource - Address
	ValueMember	D_ID			

续表

控件名称	属性	属性值	控件名称	属性	属性值
ListBox	Name	lstClass	Label	Name	lbID
	DataSource	VClNameBindingSource		DataBindings Text	St_InfoBindingSource - St_ID
	DisplayMember	Cl_Name			
ListBox	Name	lstStName	Label	Name	lbIDCard
	DataSource	stnameBindingSource		DataBindings Text	St_InfoBindingSource - IDCard
	DisplayMember	St_Name			
Button	Name	btnAdd	Label	Name	Resume
	Text	添加学生		DataBindings Text	St_InfoBindingSource - Resume

控件 Label1～Label8 分别标识数据表 St_Info 的字段名：姓名、性别、出生日期、电话、家庭住址、学号、身份证号、简历等，将所有 Label 控件的 BorderStyle 属性设置为 Fixed3D，呈现表格外观。

由于班级数据在学生成绩管理时不会变化，因此可以使用 ListBox 控件 lstClass 来控制，其数据源为 VClNameBindingSource 控件，这是视图 vClName 的绑定控件。视图 vClName 在 SQL Server 中定义，其定义语句为：

```
CREATE VIEW vClName
AS
SELECT DISTINCT Cl_Name, D_ID    FROM    St_Info
```

vClName 用于从 St_Info 表中获取具有唯一班级名 Cl_Name（DISTINCT 关键字去除班级名重复值）和学院编号 D_ID 的虚拟表数据，与基本表数据操作方法相同。

当 frmStuM 窗体载入时，需要使院系组合框 cmbClg、班级列表框 lstClass、学生列表框 lstStName 都显示一个初始值，应在 frmStuM_Load 事件中添加以下代码：

```
Imports System.IO            ' 声明输入输出命名空间，用于文件操作
Public Class frmStuM
  ' 在窗体类声明区定义以下变量
  Dim    fd As Integer
  Private Sub frmStuM_Load(ByVal sender As System.Object,
    ByVal e As System.EventArgs) Handles MyBase.Load
     …  ' 此处系统自动生成的代码
    If cmbClg.Text = "" Then Exit Sub
    VClNameBindingSource.Filter = "D_ID ='" & Trim(cmbClg.SelectedValue) & "'"
    stnameBindingSource.Filter = "Cl_Name='" & Trim(lstClass.Text) & "'"
    fd = St_InfoBindingSource.Find("St_ID", "NULL")
    ' 以下 InStrRev 函数从右侧开始查找 StuP 出现的位置值，CurDir 函数返回当前路径
    ' 以下变量 filepath 在 Module1.vb 中定义
    filepath = Mid(CurDir(), 1, InStrRev(CurDir(), "StuP") + 4) & "pic\"
  End Sub
End Class
```

在 frmStuM 窗体中要实现下面所述的功能。

（1）选择学生记录。

在 frmStuM 窗体中，学生的选择是通过组合框（ComboBox）控件 cmbClg 来确定院系、列表框（ListBox）控件 lstClass 来确定班级、控件 lstStName 来确定学生。

由表 4.4 中可以看出，控件 cmbClg 由绑定控件 D_InfoBindingSource 提供数据源。控件 D_InfoBindingSource 的属性 DataSource 为数据集 StdDSet，属性 DataMember 控制其显示的数据来源于 D_Info 表。控件 cmbClg 的 DisplayMember 属性控制其显示的字段为 D_Name，即院系名称，而 ValueMember 属性控件其绑定的字段为 D_ID，即院系编号。这种设置方法可以方便地查找选定的院系所在的班级。

控件 lstClass 的数据源是绑定控件 VClNameBindingSource。控件 lstStName 的数据源是绑定控件 stnameBindingSource，与控件 cmbClg 相同，它显示的字段是 St_Name，而绑定的字段是 St_ID，以方便查找选定 St_ID 值为学生记录。

1）院系选择。当单击控件 cmbClg 时，选择一个院系名称，将使 lstClass 控件和 lstStName 控件随之发生改变。为此，必须在事件 cmbClg_SelectedIndexChanged 中添加以下代码：

```
Private Sub cmbClg_SelectedIndexChanged(ByVal sender As System.Object,
    ByVal e As System.EventArgs) Handles cmbClg.SelectedIndexChanged
    VClNameBindingSource.Filter = "D_ID =" & Trim(cmbClg.SelectedValue) & ""
    stnameBindingSource.Filter = "Cl_Name=" & Trim(lstClass.Text) & ""
End Sub
```

在事件 cmbClg_SelectedIndexChanged 中，设置了 VClNameBindingSource.Filter 属性，它筛选出选定院系所在的班级名称，使得 cmbClg 的 Text 属性显示的是院系名称 D_Name，但绑定的数据是院系编号 D_ID，院系编号 D_ID 由 cmbClg.SelectedValue 属性提供。所以事件 cmbClg_SelectedIndexChanged 刷新了控件 lstClass 的数据源，使之显示该院系的所有班级。

为了使控件 lstStName 和选择的学生信息随之刷新，在事件 cmbClg_SelectedIndexChanged 中还设置了 stnameBindingSource.Filter 属性的筛选条件，使之能够刷新 lstStName 控件的信息。

2）班级选择。lstClass_SelectedIndexChanged 事件的代码如下：

```
Private Sub lstClass_SelectedIndexChanged(ByVal sender As System.Object,
    ByVal e As System.EventArgs) Handles lstClass.SelectedIndexChanged
    stnameBindingSource.Filter = "Cl_Name=" & Trim(lstClass.Text) & ""
End Sub
```

以上设置了 stnameBindingSource.Filter 属性筛选条件：班级名称为 lstStName 选择班级的所有学生，实现了控件 lstStName 的刷新。

3）学生姓名选择。lstStName_Click 事件的代码如下：

```
Private Sub lstStName_Click(ByVal sender As Object,
    ByVal e As System.EventArgs) Handles lstStName.Click
    fd = St_InfoBindingSource.Find("St_ID", Trim(lstStName.SelectedValue))
    If fd = -1 Then Exit Sub           ' fd=-1，没有找到对应该学号的记录，fd 在类声明区定义
    Dim tstr As String,  file1 As String
    St_InfoBindingSource.Position = fd   ' fd>=0，表明找到了，设置当前记录为找到的记录号 fd
    tstr = St_InfoBindingSource.Current(9).ToString
    If tstr = "" Then Exit Sub
    ' 显示学生的照片，如果 tstr=""，表明没有照片，则 PictureBox1 不显示
    file1 = filepath & St_InfoBindingSource.Current(9)
```

' 以下过程 loadimagefile 为本窗体定义的以流式方式装载图片文件函数
' 目的是防止窗体独占图片文件
loadimagefile(file1, PictureBox1)
End Sub

在 lstStName_Click 事件中，使用 St_InfoBindingSource.Find 函数，查询 St_Info 表中被 lstClass 控件选择的学生基本信息记录。

用 Label 控件显示学生记录的各字段数据，绑定数据源为 St_InfoBindingSource，随着 St_InfoBindingSource 的更新，Label 控件显示的数据也随之变化。

提示：在程序设计中，经常需要把数据库中满足一定条件的数据读取到组合框或列表框中，以便用户选择。可以使用两种方法实现此功能：一是简单绑定方式，将 ComboBox 控件 DataBindings-Text 属性设置为要读取的字段（如 St_InfoBindingSource - St_Name），需要的数据就会出现在组合框的文本框中，列表中无数据；二是使用复杂绑定方式，将 ComboBox 控件的 DisplayMember 属性设置为 D_Name、ValueMember 属性设置为 D_ID，实现显示与绑定的数据分为不同的字段。

（2）添加学生基本信息。

用户单击 frmStuM 的"添加学生"按钮时，执行 btnAdd_Click 事件过程，其代码如下：

```
Private Sub btnAdd_Click(ByVal sender As System.Object,
    ByVal e As System.EventArgs) Handles btnAdd.Click
    frmStAdd.MdiParent = mfrmMain
    frmStAdd.Show()
End Sub
```

在 btnAdd_Click 事件代码中，设置了下面介绍的窗体 frmStAdd 的 MdiParent 属性（多文档父窗体）值为主窗体 mfrmMain，再使用 frmStAdd.Show 函数调用 frmStAdd 窗体，这样 frmStAdd 窗体就以子窗体的形式显示在主窗体 mfrmMain 中。

frmStAdd 窗体用于添加学生基本信息，基本信息中不包含照片数据本身，而是照片文件的路径名称，图 4.9 为该窗体的控件布局。

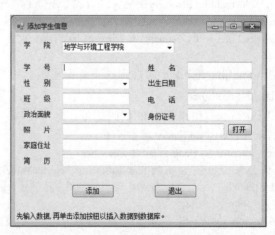

图 4.9　frmStAdd 窗体的控件布局

创建新窗体 frmStAdd，如表 4.5 所示设置控件及其属性值，所有字段控件都没有绑定到 St_InfoBindingSource 数据源。

表 4.5　frmStAdd 窗体的控件及其属性值设置

控件名称	属性	属性值	控件名称	属性	属性值
Form	Name	frmStAdd	ComboBox	Name	cmbSt_sex
	Text	添加学生		Items	男, 女
DataSet	Name	StdDSet	TextBox	Name	txtSt_ID
BindingSource	Name	D_InfoBindingSource	TextBox	Name	txtSt_Name
	DataSource	StdDSet	TextBox	Name	txtDate
	DataMember	D_Info	TextBox	Name	txtCl_Name
TableAdapter	Name	D_InfoTableAdapter	TextBox	Name	txtTel
BindingSource	Name	St_InfoBindingSource	TextBox	Name	txtIDCard
	DataSource	StdDSet	TextBox	Name	txtPhoto
	DataMember	St_Info	TextBox	Name	txtAdr
TableAdapter	Name	St_InfoTableAdapter	TextBox	Name	txtResume
ComboBox	Name	cmbClg	Button	Name	btnOpen
	DataSource	D_InfoBindingSource		Text	打开
	DisplayMember	D_Name	Button	Name	btnOk
	ValueMember	D_ID		Text	添加
ComboBox	Name	cmbPSTS	Button	Name	btnExit
	Items	党员,团员,其他,无		Text	退出

1）变量的定义。

在命名空间声明区输入以下语句：

> Imports System.IO

在窗体类声明区定义以下变量：

> Dim oldfile As String, newfile As String

2）学院选择。学院的选择使用 ComboBox 控件，绑定数据源 DataSource 属性为 D_InfoBindingSource，DisplayMember 属性为 D_Name，绑定字段 ValueMember 属性为 D_ID。

3）性别选择。性别的选择使用 ComboBox 控件，其 Items 属性为集合，用于填充其下拉列表，在设计时输入"男"和"女"两个选项。运行时，用户可在下拉列表中选择性别，既方便快捷又不容易出错。同样 PSTS 字段也是使用 Items 属性为下拉列表提供列表数据。

4）日期输入。日期的数据类型为字符型，在输入时加入提示信息，表明输入格式为 yyyy-mm-dd 即可。

5）照片载入。照片文件采用字段数据为照片的文件，文件存贮在项目文件夹的子文件夹 pic 中。使用"打开"按钮调用文件操作对话框控件，获取要载入的文件名，代码如下：

```
Private Sub btnOpen_Click(ByVal sender As System.Object,
    ByVal e As System.EventArgs) Handles btnOpen.Click
    Dim OpenFileDialog1 As New OpenFileDialog
    With OpenFileDialog1
        .Filter = "图片文件(*.jpg)|*.jpg|其他文件(*.png)|*.png|所有文件(*.*)|*.*"
        .FileName = ""
```

```
            .Title = "请选择图片文件名"
        End With
        If OpenFileDialog1.ShowDialog() = Windows.Forms.DialogResult.OK Then
            oldfile = OpenFileDialog1.FileName
            txtPhoto.Text = Mid(oldfile, InStrRev(oldfile, "\") + 1)
        End If
    End Sub
```

在以上代码中，OpenFileDialog1 为文件操作对话框类对象，With…End With 针对 OpenFileDialog1 对象设置其文件过滤器 Filter、初始文件名 FileName、对话框标题 Title 等属性。If 语句的条件用于判断用户是否选择了一个文件，是则条件满足，执行 Then 后面的语句，将 OpenFileDialog1 对象返回的要载入文件的路径（如 E:\tempfile\9.jpg）存放在 oldfile 中，文本框 txtPhoto 为要载入的文件的文件名（如 9.jpg）。

6）数据保存。当用户在 frmStAdd 窗体上完成了所有数据的输入后，通过 St_InfoTableAdapter 控件的 Insert 方法将数据保存到表 St_Info 中，该操作由按钮的 btnOk_Click 事件实现，其代码如下：

```
    Private Sub btnOk_Click(ByVal sender As System.Object,
        ByVal e As System.EventArgs) Handles btnOk.Click
        Dim a(12) As String            ' 用于存放每个文本框的数据
        If txtSt_ID.Text = "" Or txtSt_Name.Text = "" Then
            MsgBox("请输入信息!", , "提示")
            Exit Sub
        End If
        a(1) = Trim(txtSt_ID.Text)
        a(2) = Trim(txtSt_Name.Text)
        If cmbSt_sex.Text <> "" Then a(3) = Trim(cmbSt_sex.Text)
        If txtDate.Text <> "" Then a(4) = Trim(txtDate.Text)
        If txtCl_Name.Text <> "" Then a(5) = Trim(txtCl_Name.Text)
        If txtTel.Text <> "" Then a(6) = Trim(txtTel.Text)
        If cmbPSTS.Text <> "" Then a(7) = Trim(cmbPSTS.Text)
        If txtAdr.Text <> "" Then a(8) = Trim(txtAdr.Text)
        If txtIDCard.Text <> "" Then a(9) = Trim(txtIDCard.Text)
        If txtPhoto.Text <> "" Then a(10) = Trim(txtPhoto.Text)
        If txtResume.Text <> "" Then a(11) = Trim(txtResume.Text)
        If cmbClg.SelectedValue <> "" Then a(12) = Trim(cmbClg.SelectedValue)
        ' 以下代码保存照片文件到指定的照片文件夹
        If a(10) <> "" Then            ' 如果选择了照片，存储照片
        newfile = filepath & a(10)
        If File.Exists(newfile) Then
            MsgBox("文件名已存在", , "提示")
            Exit Sub
        End If
        If (File.Exists(oldfile)) Then
            File.Copy(oldfile, newfile)
        End If
        End If
        ' 以下代码插入数据记录
```

St_InfoTableAdapter.Insert(a(1), a(2), a(3), a(4), a(5), a(6), a(7), a(8), a(9), a(10), a(11), a(12))
St_InfoTableAdapter.Fill(StdDSet.St_Info)
' 以下代码更新 frmStuM 窗体的数据
frmStuM.St_InfoTableAdapter.Fill(frmStuM.StdDSet.St_Info)　' 刷新父窗体中的数据
frmStuM.VClNameTableAdapter.Fill(frmStuM.StdDSet.vClName)
MsgBox("添加成功!", , "提示")
End Sub

If 语句检查在 "学号" "姓名" 文本框中是否输入数据，若为空，则不能保存数据，这是数据有效性检查，避免数据库运行出错。St_InfoTableAdapter.Insert 插入数据，其参数的个数就是表 St_Info 的字段个数。数据插入到 St_Info 表中后，需要更新 frmStuM 窗体中的数据，语句 frmStuM.St_InfoTableAdapter.Fill(frmStuM.StdDSet.St_Info)将数据库的数据重新填充到 StdDSet 数据集的 St_Info 表中，达到更新数据的目的。由于是当前窗体调用 frmStuM 的 St_InfoTableAdapter，需要显式写出窗体的名称。采取同样的方法，实现 frmStuM 窗体的班级列表框 lstClass 数据的刷新。

（3）修改学生记录。

当用户单击 frmStuM 窗体的 "修改信息" 按钮时，触发 btnEdit_Click 事件，其代码如下：

```
Private Sub btnEdit_Click(ByVal sender As System.Object,
    ByVal e As System.EventArgs) Handles btnEdit.Click
    'lstStName 没有选择学生前，不调用 frmStEdit 窗体
    If lstStName.Text = "" Then
        MsgBox("请选择要修改的学生", , "提示")
        Exit Sub
    End If
    frmStEdit.MdiParent = mfrmMain
    frmStEdit.Show()
End Sub
```

在 btnEdit_Click 事件代码中，先判断是否在 lstStName 列表框中选择了学生，若没有，则表明没有要修改的记录，不调用 frmStEdit 窗体。

frmStEdit 窗体用于显示当前选择的学生基本信息并进行数据的修改。frmStEdit 窗体的布局、控件及属性设置与 frmStAdd 窗体相似，如图 4.10 所示，只需要增加一个 txtMfile 文本框即可。

图 4.10　frmStAdd 窗体布局

要将 frmStuM 窗体当前显示的学生信息显示在 frmStEdit 窗体中，作为需要修改的数据，则在 frmStEdit_Load 事件过程添加以下代码：

```
Private Sub frmStEdit_Load(ByVal sender As System.Object,
    ByVal e As System.EventArgs) Handles MyBase.Load
    …          ' 系统默认设置的代码
    ' fd 在窗体类声明区定义
    fd = St_InfoBindingSource.Find("st_id", Trim(frmStuM.lstStName.SelectedValue))
    If fd > 0 Then
        St_InfoBindingSource.Position = fd
        cmbClg.SelectedValue = St_InfoBindingSource.Current(11).ToString
        fieldsfilename = St_InfoBindingSource.Current(9).ToString
    End If
End Sub
```

在以上代码中，Trim(frmStuM.lstStName.SelectedValue)为 frmStuM 窗体当前选择的学生的学号，即 lstStName 列表框当前选择的绑定字段值。St_InfoBindingSource.Find 方法查找到选定学生在 St_Info 表中的记录位置，并使用 St_InfoBindingSource.Position = fd 语句设置该记录为当前记录。St_InfoBindingSource.Current(11)获取当前记录的第 11 个字段（即 D_ID）的值，语句 cmbClg.SelectedValue = St_InfoBindingSource.Current(11).ToString 设置选定学生所在学院名称显示在 cmbClg 组合框中。

"修改"按钮的 btnOk_Click 事件过程的代码如下：

```
Private Sub btnOk_Click(ByVal sender As System.Object,
    ByVal e As System.EventArgs) Handles btnOk.Click
    ' 在更新记录前，先更新照片文件
    If Trim(txtMfile.Text) <> "" Then    '如果选择了照片，存储照片
        newfile = filepath & Trim(txtMfile.Text)    ' newfile 在窗体类声明区定义
        ' 表明原来没有照片，现在载入照片的存在，那就不是当前的记录的照片文件，
        ' 需要重命名。fieldsfilename 在窗体类声明区定义
        If File.Exists(newfile) And fieldsfilename = "" Then
            MsgBox("文件名已存在", , "提示")
            Exit Sub
        End If
        If File.Exists(filepath & fieldsfilename) Then
            File.Copy(oldfile, filepath & fieldsfilename, True)    ' True 表明覆盖目标文件
        Else
            File.Copy(oldfile, newfile)
        End If
    End If
    St_InfoBindingSource.EndEdit()                  ' EndEdit 将更改应用于基础数据源。
    St_InfoTableAdapter.Update(StdDSet.St_Info)
    St_InfoTableAdapter.Fill(StdDSet.St_Info)       ' 当前窗体数据集更新
    St_InfoBindingSource.Position = fd
    frmStuM.St_InfoTableAdapter.Fill(frmStuM.StdDSet.St_Info)    ' 父窗体数据集更新
End Sub
```

"打开"按钮 btnOpen_Click 事件过程与 frmStAdd 窗体的该按钮事件相同，此处不再赘述。

（4）删除学生记录。

当用户单击 frmStuM 窗体的"删除学生"按钮时，将触发 btnDel_Click 事件，其代码如下：

```
Private Sub btnDel_Click(ByVal sender As System.Object,
    ByVal e As System.EventArgs) Handles btnDel.Click
    ' 检查是否选择要删除的学生记录
    If lstStName.SelectedIndex = -1 Then          '-1 表示没有选择
        MsgBox("请选择要删除的学生", , "删除")
        Exit Sub
    End If
    ' 确定是否删除
    If MsgBox("确定删除学生：" & lstStName.Text, vbYesNo, "删除") = vbNo Then
        Exit Sub
    End If
    ' 调用 Delete 方法删除选择的学生信息
    Dim oldstRow As StdDSet.St_InfoRow
    oldstRow = StdDSet.St_Info.FindBySt_ID(Trim(lstStName.SelectedValue))
    ' 删除记录之前，先删除照片文件
    Dim filestr As String
    filestr = filepath & oldstRow.Photo       ' oldstRow.Photo 为当前记录的 Photo 字段
    If File.Exists(filestr) Then
        File.Delete(filestr)
    End If
    oldstRow.Delete()                          ' 从 StdDSet 中删除学生记录
    St_InfoTableAdapter.Update(StdDSet.St_Info)
    St_InfoTableAdapter.Fill(StdDSet.St_Info)  ' 更新当前 lstName 中数据源
End Sub
```

在代码中，StdDSet.St_Info.FindBySt_ID 方法按学号字段查询要删除的记录，它有一个参数是"学号"，该参数必须是表的关键字。

（5）通过主界面调用学生基本信息管理窗体。

当设计好了学生基本信息管理窗体 frmStuM 后，就可以通过主界面 mfrmMain 窗体的"学生信息"菜单项来调用它，其代码如下：

```
Private Sub mnuStinfo_Click(ByVal sender As System.Object,
    ByVal e As System.EventArgs) Handles mnuStinfo.Click
    frmStuM.MdiParent = Me
    frmStuM.Show()
End Sub
```

其中，mnuStInfo 为"学生信息"菜单项控件名称。

4.4.4　课程信息管理模块

课程信息管理模块可以实现以下功能：添加课程信息、修改课程信息、删除课程信息、查看课程信息。

"课程信息管理"窗体布局如图 4.11 所示，4 个命令按钮分别控制添加课程、删除课程、修改信息和退出操作，课程信息查询直接在课程名称列表框选择某一课程，在窗体右侧显示其具体信息。

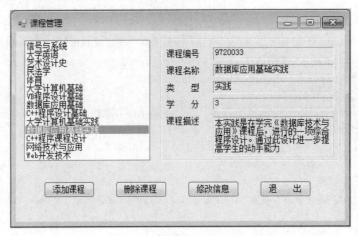

图 4.11　"课程信息管理"窗体布局

在项目中创建"课程信息管理"窗体并命名为 frmCourseM，如表 4.6 所示向窗体添加控件并设置控件的属性值。

表 4.6　frmCourseM 窗体的控件及属性值设置

控件名称	属性	属性值	控件名称	属性	属性值
Form	Name	frmCourseM	Button	Name	btnAdd
	Text	课程信息管理		Text	添加课程
DataSet	Name	StdDSet	Button	Name	btnDel
BindingSource	Name	C_InfoBindingSource		Text	删除课程
	DataSource	StdDSet	Button	Name	btnEdit
	DataMember	D_Info		Text	修改信息
TableAdapter	Name	C_InfoTableAdapter	Button	Name	btnExit
BindingSource	Name	nameBindingSource		Text	退出
	DataSource	StdDSet	Label	Name	lbCNo
	DataMember	C_Info		DataBindings	C_InfoBindingSource - C_No
ListBox	Name	lstCName		Text	
	DataSource	cnameBindingSource	Label	Name	lbCName
	DisplayMember	C_Name		DataBindings	C_InfoBindingSource - C_Name
	ValueMember	C_No		Text	
TextBox	Name	txtCDes	Label	Name	lbCtype
	MultiLine	True		DataBindings	C_InfoBindingSource - C_Type
	DataBindings	C_InfoBindingSource		Text	
	Text	- C_Des	Label	Name	lbCredit
				DataBindings	C_InfoBindingSource - C_Credit
				Text	

　　表 4.6 中不包含只用来显示标题的标签 Label1～Label5。C_InfoBindingSource 绑定控件提示课程信息的数据源，nameBindingSource 绑定控件为 lstCName 列表框提供课程名称的数据源。

　　（1）添加课程信息。

　　"添加课程"窗体名称为 frmCAdd，其布局如图 4.12 所示。

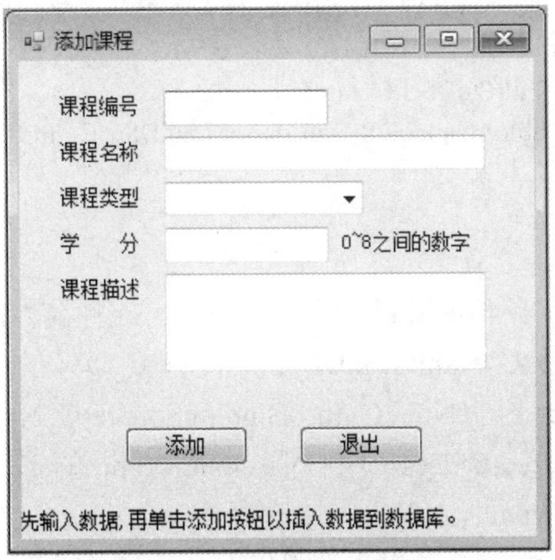

图 4.12　frmCAdd 窗体布局

　　窗体 frmCAdd 包括四个 TextBox 控件、一个 ComboBox 控件、一个数据集控件 StdDSet 等，控件及属性值设置如表 4.7 所示，其中不包含只用来显示标题的标签 Label1～Label5。

表 4.7　frmCAdd 窗体的控件及属性值设置

控件名称	属性	属性值	控件名称	属性	属性值
Form	Name	frmCAdd	TextBox	Name	txtC_No
	Text	课程信息	TextBox	Name	txtC_Name
DataSet	Name	StdDSet	TextBox	Name	txtC_Credit
BindingSource	Name	C_InfoBindingSource	TextBox	Name	txtC_Des
	DataSource	StdDSet		MultiLine	True
	DataMember	C_Info	Button	Name	btnOk
TableAdapter	Name	C_InfoTableAdapter		Text	确认
ComboBox	Name	cmbCType	Button	Name	btnExit
	Items	必修,选修,实践		Text	退出

　　当要添加的数据输入到窗体的各个控件中时，单击"添加"按钮，将记录插入到数据库的 C_Info 表中，其代码如下：

```
Private Sub btnOk_Click(ByVal sender As System.Object,
    ByVal e As System.EventArgs) Handles btnOk.Click
    Dim c(5) As String
    If txtC_No.Text = "" Or txtC_Name.Text = "" Or txtC_Credit.Text = "" Then
        MsgBox("请输入信息!", , "提示")
        Exit Sub
```

```
        End If
        c(1) = Trim(txtC_No.Text)
        c(2) = Trim(txtC_Name.Text)
        c(4) = Trim(txtC_Credit.Text)
        If cmbC_Type.Text <> "" Then c(3) = Trim(cmbC_Type.Text)
        If txtC_Des.Text <> "" Then c(5) = Trim(txtC_Des.Text)
        C_InfoTableAdapter.Insert(c(1), c(2), c(3), c(4), c(5))
        C_InfoTableAdapter.Fill(StdDSet.C_Info)
        rmCourseM.C_InfoTableAdapter.Fill(frmCourseM.StdDSet.C_Info)    '刷新父窗体中的数据
        MsgBox("添加成功!", , "提示")
    End Sub
```

（2）修改课程信息。

"修改课程"窗体名称为 frmCEdit，其窗体布局、控件属性等都与添加课程窗体相似。但 TextBox 控件 txtC_No、txtC_Name、txtC_Credit、txtC_Des 的 DataBindings-Text 属性值分别设置为 C_InfoBindingSource-C_No、C_InfoBindingSource-C_Name、C_InfoBindingSource-C_Credit、C_InfoBindingSource-C_Des。组合框 cmbC_Type 的 DataBindings-Text 属性值设置为 C_InfoBindingSource-C_Type。

在 frmCEdit 窗体类声明区定义了以下变量 fd，用于定义查找的记录位置：

```
    Dim fd As Integer
```

frmCEdit 窗体载入时，使用 C_InfoBindingSource.Find 方法将 C_Info 表的记录指针定位到父窗体 frmCourseM 的当前记录，其代码如下：

```
    Private Sub frmCEdit_Load(ByVal sender As System.Object,
        ByVal e As System.EventArgs) Handles MyBase.Load
            …           ' 系统默认设置的代码
        fd = C_InfoBindingSource.Find("C_Name", Trim(frmCourseM.lstCName.Text))
        If fd = -1 Then Exit Sub
        C_InfoBindingSource.Position = fd
    End Sub
```

当用户在 frmCEdit 窗体中修改了当前课程信息后，单击"修改"按钮以保存信息，btnOk_Click 事件代码如下：

```
    Private Sub btnOk_Click(ByVal sender As System.Object,
        ByVal e As System.EventArgs) Handles btnOk.Click
        If Trim(txtC_Credit.Text) = "" Or Trim(txtC_No.Text) = "" Or Trim(txtC_Name.Text) = "" Then
            MsgBox("数据不完整，课程编号、课程名称或学分不能为空!", , "输入错误")
            Exit Sub
        End If
        C_InfoBindingSource.EndEdit()                   ' EndEdit 将更改应用于基础数据源。
        C_InfoTableAdapter.Update(StdDSet.C_Info)
        C_InfoTableAdapter.Fill(StdDSet.C_Info)
        C_InfoBindingSource.Position = fd
        frmCourseM.C_InfoTableAdapter.Fill(frmCourseM.StdDSet.C_Info)
    End Sub
```

在保存信息之前，先检查添加或修改后的数据是否能保证数据的完整性，即课程编号、课程名称和学分不能为空。数据保存后，更新 frmCourseM 窗体的当前记录。

（3）删除课程信息。

当用户单击 frmCourseM 窗体的"删除课程"按钮时，触发 btnDel_Click 事件，其代码如下：

```
Private Sub btnDel_Click(ByVal sender As System.Object,
    ByVal e As System.EventArgs) Handles btnDel.Click
    '检查是否选择要删除的课程记录
    If lstCName.SelectedIndex = -1 Then
        MsgBox("请选择要删除的课程", , "删除")
        Exit Sub
    End If
    ' 确定是否删除
    If MsgBox("确定删除课程： " & lstCName.Text, vbYesNo, "删除") = vbNo Then
        Exit Sub
    End If
    ' 调用 Delete 方法删除选择的课程信息
    Dim oldCRow As StdDSet.C_InfoRow
    oldCRow = StdDSet.C_Info.FindByC_No(Trim(lstCName.SelectedValue))
    ' 从 StdDSet 中删除记录
    oldCRow.Delete()
    Me.C_InfoTableAdapter.Update(Me.StdDSet.C_Info)
    C_InfoTableAdapter.Fill(StdDSet.C_Info)          '更新当前 lstCName 中数据源
End Sub
```

执行 btnDel_Click 事件时，检查 lstCName.SelectedIndex 是否为-1，是则表示没有选择课程，不能删除。在删除课程记录前，还要让用户确定是否删除该记录，只有再次确定后，才通过 StdDSet.C_Info.FindByC_No 方法定位当前选定的课程记录，调用 DataRow 类对象 oldCRow 的 Delete 方法删除当前选定的记录，并刷新当前窗体的 StdDSet.C_Info 表数据，使之去掉删除的记录。

（4）课程设置模块的调用。

课程设置由 mfrmMain 窗体的"课程信息"菜单项控件 mnuCourse 调用，其代码如下：

```
Private Sub mnuCourse_Click(ByVal sender As System.Object,
    ByVal e As System.EventArgs) Handles mnuCourse.Click
    frmCourseM.MdiParent = Me
    frmCourseM.Show()
End Sub
```

4.4.5　学生成绩管理模块

学生成绩管理模块包含两个子菜单：成绩编辑和成绩查询。成绩编辑实现添加、删除和修改学生成绩等功能；成绩查询可以查询一个学生所有选修课程的成绩。

（1）学生成绩编辑。

"学生成绩编辑"窗体命名为 frmScoreM，其布局如图 4.13 所示。

从图 4.13 中可以看出，frmScoreM 窗体包含两个组合框：一个选择学生所修的课程名称；一个选择学生所在班级，班级中的学生成绩在 DataGridView 控件中列出。frmScoreM 窗体的控件及属性值设置如表 4.8 所示。

图 4.13　frmScoreM 窗体布局

表 4.8　frmScoreM 窗体的控件及属性值设置

控件名称	属性	属性值	控件名称	属性	属性值
Form	Name	frmScoreM	BindingSource	Name	C_InfoBindingSource
	Text	学生成绩编辑		DataSource	StdDSet
DataSet	Name	StdDSet		DataMember	C_Info
ComboBox	Name	cboC_Name	TableAdapter	Name	C_InfoTableAdapter
	DataSource	C_InfoBindingSource	BindingSource	Name	S_C_InfoBindingSource
	DisplayMember	C_Name		DataSource	StdDSet
	ValueMember	C_No		DataMember	S_C_Info
ComboBox	Name	cboCl_Name	TableAdapter	Name	S_C_InfoTableAdapter
	DataSource	VClNameBindingSource	BindingSource	Name	VScoreBindingSource
	DisplayMember	Cl_Name		DataSource	StdDSet
Button	Name	btnAdd		DataMember	vScore(视图)
	Text	添加成绩	TableAdapter	Name	VScoreTableAdapter
Button	Name	btnDel	BindingSource	Name	VClNameBindingSource
	Text	删除成绩		DataSource	StdDSet
Button	Name	btnEdit		DataMember	vClName(视图)
	Text	修改成绩	TableAdapter	Name	VClNameTableAdapter
Button	Name	btnExit	DataGridView	Name	ScoreDataGridView
	Text	退出		DataSource	VScoreBindingSource

　　课程编号 C_No 与课程名称 C_Name 在成绩管理时需要频繁使用，因此使用 ComboBox 控件 cboC_Name 分别控制数据的显示与绑定，其属性 DataSource 为绑定控件 C_InfoBindingSource，属性 DisplayMember 显示课程名称 C_Name 字段，ValueMember 属性绑定 C_No 字段。

　　DataGridView 控件 ScoreDataGridView 以网格方式显示数据源数据，其属性 DataSource 设置为绑定控件 VScoreBindingSource，数据来源于视图 vScore。视图 vScore 在 SQL Server 中定义，其定义语句为：

```
CREATE VIEW    vScore
AS
SELECT    St_Info.St_ID, St_Name, St_Sex, Cl_Name, C_Info.C_No, C_Name, Score
FROM    St_Info INNER JOIN    S_C_Info    ON    St_Info.St_ID = S_C_Info.St_ID
INNER JOIN    C_Info    ON    S_C_Info.C_No = C_Info.C_No
```

vScore 用于从 St_Info、S_C_Info、C_Info 中获取学号、姓名、性别、班级名、课程编号、课程名称、成绩字段的数据。

　　对于 ScoreDataGridView 控件，只要更新绑定控件 VScoreBindingSource 的数据，即可刷新 ScoreDataGridView 控件的数据，操作非常简单。

　　1）课程选择。当用户单击 cboC_Name 控件选择课程名称时，触发 cboC_Name_SelectedIndexChanged 事件，在 ScoreDataGridView 中显示选定课程的所有学生的成绩，其代码如下：

```
Private Sub cboC_Name_SelectedIndexChanged(ByVal sender As System.Object,
    ByVal e As System.EventArgs) Handles cboC_Name.SelectedIndexChanged
    VScoreBindingSource.Filter = "C_no=" & Trim(cboC_Name.SelectedValue) & ""
End Sub
```

　　2）班级选择。当用户单击 cboCl_Name 控件选择某一班级时，触发 cboCl_Name_SelectedIndexChanged 事件，在 ScoreDataGridView 中显示该班级所有学生的 cboC_Name 控件所选择的课程的成绩，其代码如下：

```
Private Sub cboCl_Name_SelectedIndexChanged(ByVal sender As System.Object,
    ByVal e As System.EventArgs) Handles cboCl_Name.SelectedIndexChanged
    VScoreBindingSource.Filter = "C_no=" & Trim(cboC_Name.SelectedValue)  &   "" _
        and   Cl_Name=" & Trim(cboCl_Name.Text) & ""
End Sub
```

　　3）调用"添加成绩"窗体。当用户单击"添加成绩"按钮时，将调用 frmSAdd 窗体，为 cboCl_Name 控件所选班级的学生添加 cboC_Name 控件所选课程的成绩，其代码如下：

```
Private Sub btnAdd_Click(ByVal sender As System.Object,
    ByVal e As System.EventArgs) Handles btnAdd.Click
    frmSAdd.MdiParent = mfrmMain
    frmSAdd.Show()
End Sub
```

　　4）调用"修改成绩"窗体。当用户单击"修改成绩"按钮时，将在 frmSEdit 窗体上显示 frmScoreM 窗体的 ScoreDataGridView 控件所选择的学生成绩信息，以便用户修改，其代码如下：

```
Private Sub btnEdit_Click(ByVal sender As System.Object,
    ByVal e As System.EventArgs) Handles btnEdit.Click
    frmSEdit.MdiParent = mfrmMain
    frmSEdit.Show()
End Sub
```

　　5）建立"添加成绩"窗体。添加成绩时，学生姓名从下拉列表框中选择，其中列出的学生姓名是所选课程和班级未添加成绩的学生，这样可避免重复添加同一学生、同一课程的成绩，窗体控件及属性值设置如表 4.9 所示。

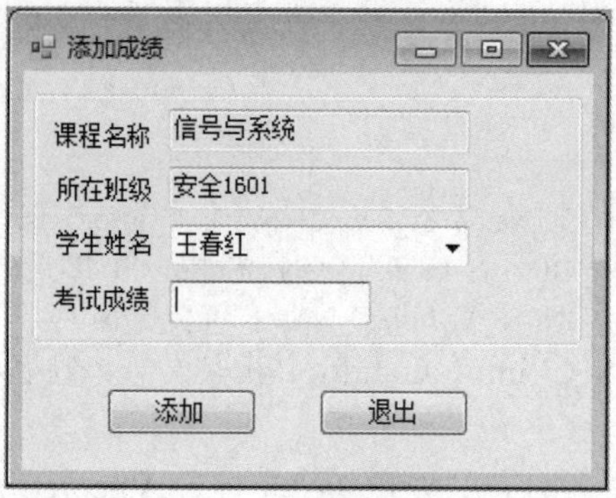

图 4.14　frmSAdd 窗体布局

表 4.9　frmSAdd 窗体的控件及属性值设置

控件名称	属性	属性值	控件名称	属性	属性值
Form	Name	frmSAdd	ComboBox	Name	cboStname
	Text	添加成绩		DataSource	stinfoBindingSource
DataSet	Name	StdDSet		DisplayMember	St_Name
BindingSource	Name	stinfoBindingSource		ValueMember	St_ID
	DataSource	StdDSet	TextBox	Name	txtCname
	DataMember	St_Info		ReadOnly	True
TableAdapter	Name	St_InfoTableAdapter	TextBox	Name	txtClname
BindingSource	Name	S_C_InfoBindingSource		ReadOnly	True
	DataSource	StdDSet	Button	Name	btnOk
	DataMember	S_C_Info		Text	添加
TableAdapter	Name	S_C_InfoTableAdapter	Button	Name	btnExit
TextBox	Name	txtScore		Text	退出

当 frmSAdd 窗体载入时，需要设置 TextBox 控件 txtCname 的值为 frmScoreM 窗体选定的课程名称、控件 txtClname 为班级名，frmSAdd_Load 事件代码如下：

```
' 以下变量定义在窗体类声明区
Dim scno As String, fd As Integer
Private Sub frmSAdd_Load(ByVal sender As System.Object,
    ByVal e As System.EventArgs) Handles MyBase.Load
    …           ' 系统默认设置的代码
    scno = Trim(frmScoreM.cboC_Name.SelectedValue)    ' scno 为 frmScoreM 选定课程编号
    txtCname.Text = frmScoreM.cboC_Name.Text
    txtClname.Text = frmScoreM.cboCl_Name.Text
    stinfoBindingSource.Filter = "cl_name='" & Trim(txtClname.Text) & "'"
End Sub
```

单击"添加"按钮，将当前窗体输入的成绩插入到数据库的 S_C_Info 中，代码如下：

```
Private Sub btnOk_Click(ByVal sender As System.Object,
    ByVal e As System.EventArgs) Handles btnOk.Click
    Dim sc(3) As String
    ' 以下 If 语句检测是否选择了课程与班级名，没有则退出
    If txtCname.Text = "" Or txtClname.Text = "" Then
        MsgBox("请选择课程与班级!", , "提示")
        Exit Sub
    End If
    ' 以下过滤器设置 S_C_InfoBindingSource 的数据
    ' 为 frmScoreM 窗体选定课程编号与班级名称
    S_C_InfoBindingSource.Filter = "C_No='" & scno & "'" _
            And St_ID='" & Trim(cboStname.SelectedValue) & "'"
    ' 以下检测 S_C_InfoBindingSource 是否有已选择了课程与班级名，有则退出，
    ' 表明该课程已有成绩
    If  S_C_InfoBindingSource.Count > 0  Then
        MsgBox("该课程已有成绩", , "提示")
        Exit Sub
    End If
    sc(1) = Trim(cboStname.SelectedValue) : sc(2) = scno
    If txtScore.Text <> "" Then sc(3) = Trim(txtScore.Text)
    S_C_InfoTableAdapter.Insert(sc(1), sc(2), sc(3))
    S_C_InfoTableAdapter.Fill(StdDSet.S_C_Info)
    frmScoreM.VScoreTableAdapter.Fill(frmScoreM.StdDSet.vScore)   ' 刷新父窗体中的数据
    MsgBox("添加成功!", , "提示")
End Sub
```

6）建立"修改成绩"窗体。窗体 frmSEdit 用于修改 frmScoreM 窗体选定的课程与班级学生的成绩，其窗体布局如图 4.15 所示。

图 4.15　frmScoreEdit 窗体布局

从图 4.15 中可以看出，窗体 frmSEdit 与窗体 frmSAdd 的布局、控件及属性设置等基本相同。但也有一些控件或属性与窗体 frmSAdd 不同，如表 4.10 所示。

表 4.10　frmSEdit 窗体的控件及属性值设置

控件名称	属性	属性值	控件名称	属性	属性值
BindingSource	Name	scinfoBindingSource	ComboBox	Name	cboStname
	DataSource	StdDSet		DataSource	VScoreBindingSource
	DataMember	S_C_Info		DisplayMember	St_Name
BindingSource	Name	VScoreBindingSource		ValueMember	St_ID
	DataSource	StdDSet	TextBox	Name	txtScore
	DataMember	vScore		DataBindings	scinfoBindingSource
BindingSource	Name	St_InfoBindingSource		Text	- Score
	DataSource	StdDSet	TableAdapter	Name	S_C_InfoTableAdapter
	DataMember	St_Info	TableAdapter	Name	VScoreTableAdapter
TableAdapter	Name	St_InfoTableAdapter			

当 frmSEdit 窗体载入时，对窗体的控件初始化，frmSEdit_Load 事件过程代码如下：

```
' 以下变量定义在窗体类声明区
Dim scno As String, fd As Integer
Private Sub frmSEdit_Load(ByVal sender As System.Object,
    ByVal e As System.EventArgs) Handles MyBase.Load
        …            ' 系统默认设置的代码
    scno = Trim(frmScoreM.cboC_Name.SelectedValue)
    txtCname.Text = frmScoreM.cboC_Name.Text
    txtClname.Text = frmScoreM.cboCl_Name.Text
    VScoreBindingSource.Filter = "Cl_Name='" & Trim(txtClname.Text) & "' and c_no='" & scno & "'"
    scinfoBindingSource.Filter = "St_ID='"    & VScoreBindingSource.Current(0).ToString    & "'
            And    c_no='"    & scno    & "'"
End Sub
```

在 frmSEdit_Load 事件代码中，首先从 frmScoreM 窗体中获取当前选定的课程名称、课程编号、班级名称，分别存储在控件 txtCname、变量 scno、控件 txtClname 中。然后为绑定控件 VScoreBindingSource 和 scinfoBindingSource 设置过滤器，筛选出选定的课程和班级的学生姓名。其中，控件 VScoreBindingSource 的数据来源是视图 vScore，其定义参见前面的内容。

当在组合框 cboStname 中选择要修改成绩的学生时，触发 cboStname_SelectedIndexChanged 事件，其代码如下：

```
Private Sub cboStname_SelectedIndexChanged(ByVal sender As System.Object,
    ByVal e As System.EventArgs) Handles cboStname.SelectedIndexChanged
    ' 检测 cboStname 控件是否选择了数据，没有则退出
    If CType(cboStname.SelectedValue, String) = "" Then Exit Sub
    scinfoBindingSource.Filter = "c_no='" & scno & "'"    ' 筛选课程
    ' 以下语句定位 scinfoBindingSource 的当前记录为 cboStname 选定的记录
    fd = scinfoBindingSource.Find("ST_ID", Trim(cboStname.SelectedValue))
    If fd = -1 Then Exit Sub
    scinfoBindingSource.Position = fd
End Sub
```

当用户单击 frmSEdit 窗体的"更新"按钮时，触发 btnOk_Click 事件，该事件将用户修改后的数据保存到 S_C_Info 表中，其代码如下：

```
Private Sub btnOk_Click(ByVal sender As System.Object,
    ByVal e As System.EventArgs) Handles btnOk.Click
    scinfoBindingSource.EndEdit()                'EndEdit 将更改应用于基础数据源
    S_C_InfoTableAdapter.Update(StdDSet.S_C_Info)
    ' 以下语句回填父窗体的 StdDSet.S_C_Info，使数据更新
    frmScoreM.VScoreTableAdapter.Fill(frmScoreM.StdDSet.vScore)
End Sub
```

7）成绩删除。当用户单击 frmScoreM 窗体的"删除成绩"按钮时，触发 btnDel_Click 事件，执行以下代码：

```
Private Sub btnDel_Click(ByVal sender As System.Object,
    ByVal e As System.EventArgs) Handles btnDel.Click
    ' 检查是否选择了要删除的成绩记录
    If ScoreDataGridView.Rows.Count <= 1 Then
      MsgBox("请选择要删除的课程或班级", , "删除")
      Exit Sub
    End If
    ' 确定是否删除
    If   MsgBox("确定删除成绩: ", vbYesNo, "删除") = vbNo Then
      Exit Sub
    End If
    ' 调用 Delete 方法删除选择的课程信息
    Dim oldScRow As StdDSet.S_C_InfoRow
    Dim s1 As String, s2 As String
    s1 = Trim(ScoreDataGridView.Rows(ScoreDataGridView.CurrentCell.RowIndex).Cells(0).Value)
    s2 = Trim(ScoreDataGridView.Rows(ScoreDataGridView.CurrentCell.RowIndex).Cells(3).Value)
    oldScRow = StdDSet.S_C_Info.FindBySt_IDC_No(s1, s2)
    ' 从 StdDSet 中删除记录
    oldScRow.Delete()
    Me.S_C_InfoTableAdapter.Update(Me.StdDSet.S_C_Info)
    S_C_InfoTableAdapter.Fill(StdDSet.S_C_Info)          ' 更新当前 ScoreDataGridView 的数据源
    VScoreTableAdapter.Fill(StdDSet.vScore)
End Sub
```

ScoreDataGridView.CurrentCell.RowIndex 用于获取 DataGridView 控件当前选定单元格所在的行号，ScoreDataGridView.Rows(<行号>).Cells(0).Value 用于获取 DataGridView 控件<行号>行的第 0 列（Cells(0)，对应学号 St_ID 字段）的值。

要删除的记录是通过 frmScoreM 窗体中的 ScoreDataGridView 控件选定的记录，而为 ScoreDataGridView 控件提供数据源的 VScoreBindingSource 控件中的数据来源于视图 vScore，所以不能直接删除，必须从 StdDSet.S_C_InfoRow 删除记录。

删除记录后，通过 S_C_InfoTableAdapter.Fill 和 VScoreTableAdapter.Fill 方法回填数据实现刷新。

（2）成绩查询。

每个学生都希望能一次查询自己所修课程的全部成绩，为此专门创建一个"学生查询成绩"窗体，命名为 frmScoreQ，窗体布局如图 4.16 所示。

图 4.16　frmScoreQ 窗体布局

frmScoreQ 窗体的控件及属性设置与 frmScoreM 窗体基本相同，如表 4.11 所示。

表 4.11　frmScoreQ 窗体的控件及属性值设置

控件名称	属性	属性值	控件名称	属性	属性值
Form	Name	frmScoreQ	BindingSource	Name	VClNameBindingSource
	Text	学生成绩查询		DataSource	StdDSet
DataSet	Name	StdDSet		DataMember	vClName(视图)
ComboBox	Name	cboStName	TableAdapter	Name	VClNameTableAdapter
	DataSource	St_InfoBindingSource	BindingSource	Name	St_InfoBindingSource
	DisplayMember	St_Name		DataSource	StdDSet
ComboBox	Name	cboCl_Name		DataMember	St_Info
	DataSource	VClNameBindingSource	TableAdapter	Name	S_C_InfoTableAdapter
	DisplayMember	Cl_Name		Name	VScoreBindingSource
Button	Name	btnExit	BindingSource	DataSource	StdDSet
	Text	退出		DataMember	vScore(视图)
DataGridView	Name	ScoreDataGridView	TableAdapter	Name	VScoreTableAdapter
	DataSource	VScoreBindingSource			

载入 frmScoreQ 窗体时，触发 frmScoreQ_Load 事件，其代码如下：

```
Private Sub frmScoreQ_Load(ByVal sender As System.Object,
    ByVal e As System.EventArgs) Handles MyBase.Load
```

```
    …              ' 系统默认设置的代码
    cboClName.Text = ""      '设置初始不显示选择项，但 item 绑定了数据源
    cboStName.Text = ""
End Sub
```

班级通过 cboClName 组合框绑定到视图 vClName 上中，选择 cboClName 控件的选项时，触发 cboClName_SelectedIndexChanged 事件，执行以下代码：

```
Private Sub cboClName_SelectedIndexChanged(ByVal sender As System.Object,
    ByVal e As System.EventArgs) Handles cboClName.SelectedIndexChanged
    VScoreBindingSource.Filter = "Cl_Name='" & Trim(cboClName.Text) & "'"
    St_InfoBindingSource.Filter = "Cl_Name='" & Trim(cboClName.Text) & "'"
    cboStName.Text = ""
End Sub
```

学生姓名通过 cboStName 组合框绑定到 St_Info 表，选择 cboClName 控件的选项时，触发 cboStName_SelectedIndexChanged 事件，执行以下代码：

```
Private Sub cboStName_SelectedIndexChanged(ByVal sender As System.Object,
    ByVal e As System.EventArgs) Handles cboStName.SelectedIndexChanged
    VScoreBindingSource.Filter = "Cl_Name='" & Trim(cboClName.Text)  &  "'"
        and  St_Name='"  & Trim(cboStName.Text)  & "'"
End Sub
```

以上两个事件过程的执行，都会设置 VScoreBindingSource.Filter 筛选条件，刷新 DataGridView 控件 ScoreDataGridView 的显示数据。

4.4.6　用户管理模块

系统将用户分为两种类型，即系统管理员和普通用户。根据用户类型的不同，用户管理模块的功能也不相同，包含以下情形：

（1）管理员用户可以创建普通用户、修改普通用户的用户名和密码、删除普通用户。

（2）管理员用户可以修改自身的密码。

（3）普通用户只能修改自身的密码。

创建"用户管理"窗体，命名为 frmUserM，窗体布局如图 4.17 所示。

图 4.17　frmUserM 窗体布局

窗体通过 ListBox 控件选择用户记录，其控件及属性值设置如表 4.12 所示。

表 4.12   frmUserM 窗体的控件及属性值设置

控件名称	属性	属性值	控件名称	属性	属性值
Form	Name	frmUserM	Button	Name	btnAdd
	Text	用户管理		Text	添加用户
BindingSource	Name	UsersBindingSource	Button	Name	btnDel
	DataSource	StdDSet		Text	删除用户
	DataMember	Users	Button	Name	btnEdit
TableAdapter	Name	UsersTableAdapter		Text	修改信息
TextBox	Name	txtUserName	Button	Name	btnExit
	DataBindings	UsersBindingSource		Text	退出
	Text	- UserName	ListBox	Name	lstUserName
TextBox	Name	txtUserType		DataSource	UsersBindingSource
	DataBindings	UsersBindingSource		DisplayMember	UserName
	Text	- Rights			

由表 4.12 可以看出，TextBox 控件 txtUserName（用户名）与 UsersBindingSource 控件数据源 Users 表的 UserName 字段绑定，但控件 txtUserType（用户类型）没有与 UsersBindingSource-Rights 绑定。要控制普通用户的权限只能修改密码而不能添加和删除用户，在窗体载入时由以下代码进行初始化：

```
Dim fd As Integer
Private Sub frmUserM_Load(ByVal sender As System.Object,
    ByVal e As System.EventArgs) Handles MyBase.Load
        …          ' 系统默认设置的代码
    If strUserRight = "普通用户" Then
        btnAdd.Enabled = False
        btnDel.Enabled = False
    End If
End Sub
```

以上代码中，如果当前登录用户是普通用户，则设置 btnAdd 和 btnDel 按钮不可用，即 Enabled 属性值为 False。

（1）查询用户信息。

要查询用户信息，可以在 ListBox 控件 lstUserName 中选择某一用户，则窗体右侧数据区显示该用户的信息，其代码如下：

```
Private Sub lstUserName_SelectedIndexChanged(ByVal sender As System.Object,
    ByVal e As System.EventArgs) Handles lstUserName.SelectedIndexChanged
    If lstUserName.Text = "" Then Exit Sub
    fd = UsersBindingSource.Find("username", lstUserName.Text)
    If fd = -1 Then Exit Sub
    UsersBindingSource.Position = fd
End Sub
```

（2）添加用户。

"添加用户"窗体名称为 frmUserAdd，当用户在 frmUserM 窗体中单击"添加用户"按钮时，执行以下代码，调用 frmUserAdd 窗体。

```
Private Sub btnAdd_Click(ByVal sender As System.Object,
    ByVal e As System.EventArgs) Handles btnAdd.Click
    frmUserAdd.MdiParent = mfrmMain
    frmUserAdd.Show()
End Sub
```

"添加用户"窗体名称为 frmUserAdd，该窗体的布局如图 4.18 所示。

图 4.18　frmUserAdd 窗体布局

frmUserAdd 窗体控件及属性值设置如表 4.13 所示。

表 4.13　frmUserEdit 窗体的控件及属性值设置

控件名称	属性	属性值	控件名称	属性	属性值
Form	Name	frmUserAdd	TextBox	Name	txtUserName
	Text	添加用户	TextBox	Name	txtPwd
DataSet	Name	StdDSet	Button	Name	btnOk
BindingSource	Name	userBindingSource		Text	添加
	DataSource	StdDSet	Button	Name	btnExit
	DataMember	Users		Text	退出
TableAdapter	Name	UsersTableAdapter	ComboBox	Name	cboUserType
				Items	管理员，普通用户

当用户单击 frmUserEdit 窗体的"确定"按钮时，触发 btnOk_Click 事件，对添加的用户信息进行保存，其代码如下：

```
Private Sub btnOk_Click(ByVal sender As System.Object,
    ByVal e As System.EventArgs) Handles btnOk.Click
    Dim c(3) As String
    If txtUserName.Text = "" Or txtPwd.Text = "" Then
        MsgBox("请输入信息!", , "提示")
        Exit Sub
    End If
    c(1) = Trim(txtUserName.Text) : c(2) = Trim(txtPwd.Text)
```

```
        If cboUserType.Text <> "" Then c(3) = Trim(cboUserType.Text)
        UsersTableAdapter.Insert(c(1), c(2), c(3))
        frmUserM.UsersTableAdapter.Fill(frmUserM.StdDSet.Users)    '刷新父窗体中的数据
        MsgBox("添加成功!", , "提示")
    End Sub
```

（3）修改用户。

"修改用户"窗体名称为 frmUserEdit，当用户在 frmUserM 窗体中单击"修改用户"按钮时，执行以下代码，调用 frmUserEdit 窗体。

```
    Private Sub btnEdit_Click(ByVal sender As System.Object,
        ByVal e As System.EventArgs) Handles btnEdit.Click
        frmUserEdit.MdiParent = mfrmMain
        frmUserEdit.Show()
    End Sub
```

frmUserEdit 窗体的布局如图 4.19 所示。

图 4.19   frmUserEdit 窗体布局

frmUserEdit 窗体控件及属性值设置如表 4.14 所示。

表 4.14   frmUserEdit 窗体的控件及属性值设置

控件名称	属性	属性值	控件名称	属性	属性值
Form	Name	frmUserEdit	TextBox	Name	txtUserName
	Text	编辑用户		DataBindings	userBindingSource
DataSet	Name	StdDSet		Text	- UserName
BindingSource	Name	userBindingSource	Button	Name	btnOk
	DataSource	StdDSet		Text	更新
	DataMember	Users	Button	Name	btnExit
TableAdapter	Name	UsersTableAdapter		Text	退出
TextBox	Name	txtPwd	ComboBox	Name	cboUserType
	DataBindings Text	userBindingSource - Password		Items	管理员,普通用户
TextBox	Name	txtPwdOk		DataBindings Text	userBindingSource - Rights

当 frmUserEdit 窗体载入时，触发 Form_Load 事件，执行以下代码：

```
Dim fd As Integer
Private Sub frmUserEdit_Load(ByVal sender As System.Object,
    ByVal e As System.EventArgs) Handles MyBase.Load
    …        ' 系统默认设置的代码
    If strUserRight = "普通用户" Then
        txtUserName.ReadOnly = True
        cboUserType.Enabled = False
    End If
    fd = userBindingSource.Find("username", Trim(frmUserM.lstUserName.Text))
    If fd = -1 Then Exit Sub
    userBindingSource.Position = fd
End Sub
```

如果当前用户是管理员权限，由于管理员用户可以创建、修改、删除普通用户，那么 frmUserM 窗体可以打开。frmUserEdit 窗体总是由 frmUserM 窗体调用来添加新用户或修改用户的用户名与密码。frmUserEdit 窗体的用户名 txtUserName 来自于 frmUserM 窗体的 lstUserName 的选定项，即在 frmUserM 窗体的 lstUserName 列表框中选定的用户。

若当前用户为普通用户，则 txtUserName 控件的 ReadOnly 属性设置为 True，表明为只读，cboUserType 控件的 Enabled 属性设置为 False，表明不可用。此时只有 txtPwd 和 txtPwdOk 控件可以操作，即实现了普通用户只有修改密码的权限控制。

当用户单击 frmUserEdit 窗体的"确定"按钮时，触发 btnOk_Click 事件，对修改的用户信息进行保存，其代码如下：

```
Private Sub btnOk_Click(ByVal sender As System.Object,
    ByVal e As System.EventArgs) Handles btnOk.Click
    ' 判断输入的用户名和密码是否为空，进行数据有效性检查
    If Trim(txtUserName.Text) = "" Then
        MsgBox("请输入用户名", , "提示")
        Exit Sub
    End If
    ' 判断密码与确认密码是否一致
    If Trim(txtPwdOk.Text) <> Trim(txtPwd.Text) Then
        MsgBox("密码和确认密码不相同，请重新输入", , "提示")
        Exit Sub
    End If
    userBindingSource.EndEdit()                    ' EndEdit 将更改应用于基础数据源
    UsersTableAdapter.Update(StdDSet.Users)        ' 需要 users 表有主键，否则产生错误
    frmUserM.UsersTableAdapter.Fill(frmUserM.StdDSet.Users)
End Sub
```

在 btnOk_Click 事件代码中，首先检查用户名和密码是否为空、确认密码与用户密码是否一致，是则调用 UsersTableAdapter.Update 方法更新用户表 Users，然后调用 frmUserM 窗体的 UsersTableAdapter.Fill 方法更新 frmUserM.StdDSet.Users 数据源。

（4）删除用户。

当用户单击 frmUserM 窗体的"删除用户"按钮时，触发 btnDel_Click 事件，执行以下代码：

```
Private Sub btnDel_Click(ByVal sender As System.Object,
    ByVal e As System.EventArgs) Handles btnDel.Click
    ' 以下 If 语句检查是否选择要删除的课程记录
    If lstUserName.SelectedIndex = -1 Then
        MsgBox("请选择要删除的用户", , "删除")
        Exit Sub
    End If
    ' 以下 If 语句确定是否删除
    If MsgBox("确定删除用户: " & lstUserName.Text, vbYesNo, "删除") = vbNo Then
        Exit Sub
    End If
    ' 以下语句调用 Delete 方法删除选择的课程信息
    Dim oldUserRow As StdDSet.UsersRow
    oldUserRow = StdDSet.Users.FindByUserName(Trim(lstUserName.Text))
    ' 从 StdDSet 中删除记录
    oldUserRow.Delete()
    UsersTableAdapter.Update(Me.StdDSet.Users)
    UsersTableAdapter.Fill(StdDSet.Users)          '更新当前 lstuserName 中数据源
End Sub
```

在该代码中，首先检查是否选择要删除的用户，再检查是否确定删除用户，都满足条件才调用 Delete 方法实施删除操作。

案例 5　企业库存信息管理系统

5.1　系统需求分析

库存信息涉及的数据信息非常丰富，包括产品、客户、用户、仓库等，同时对这些数据进行的操作也很复杂，如产品出入库操作、盘点操作、为了保障生产进行的警示操作等。另外，为了系统安全还应进行用户的管理。因此，根据需求分析，本系统的功能需求如下：

（1）系统管理。系统管理的功能是在该系统运行结束后，用户通过选择"系统管理"→"退出系统"菜单命令正常退出系统，回到 Windows 环境。

（2）基本信息管理。系统基本信息包括客户信息、用户信息、仓库信息等，系统应实现这些数据的录入、修改、删除等管理。

（3）产品信息管理。由于产品名目繁杂，应将其按类目来进行管理，系统需实现产品类目与产品信息的录入、修改、删除等。

（4）库存管理。产品涉及入库与出库操作，这是本系统的重要操作之一，系统应实现入库、出库与盘点操作。

（5）库存警示管理。当产品在库存中出现短线或超储时，系统应作出警示，使管理人员及时反应以保障生产。

（6）查询统计功能。查询统计是信息管理的重要功能之一，系统应该可以对库存产品进行各种类型的统计和查询，从而使用户能够全面地了解库存状况。

5.2　系统设计

系统设计包括系统功能设计和数据库设计两部分。

5.2.1　系统功能设计

本案例所描述的企业库存管理系统包括下面几个主要功能。

1. 基本信息管理功能

企业库存的基本信息包括客户信息、仓库信息和用户信息三个部分。客户可以分为供应商和购货商两种类型，在产品入库时，需要提供供应商的信息；在产品出库和退货时，需要提供购货商的信息。仓库信息包括仓库编号、仓库名称和仓库说明等信息。用户信息包括用户名、密码、员工姓名等信息。

基本信息管理模块可以实现的功能有客户信息、仓库信息、用户信息的录入、修改和删除操作。

2. 产品信息管理功能

系统需要对库存产品进行分类管理，本系统采用二级产品类目。一级类目描述产品所属的大致类别，如医药类、化学品类、电子类、机械类等；二级类目则在一级类目的基础上，对产品进行细致地划分，如化学品类又可以划分为药剂类、试剂类、燃料类、涂料类等。产品可以是用于生产的元器件、化学药品，也可以是工业机械产品等。

产品信息管理模块可以实现以下功能：

（1）产品类目的录入、修改和删除。产品类目信息包括产品类目编号、类目名称和类目级别等。

（2）产品信息的录入、修改和删除。产品信息包括产品编号、所属类目、产品名称、产品规格等。

（3）产品信息的查询。

3. 产品库存操作管理功能

产品库存操作由仓库管理员执行，就是把产品放入仓库或把产品从仓库中取出的操作，用专业术语来描述就是入库和出库。

库存操作管理模块可以实现以下功能：

（1）产品入库管理。

入库可以分为采购入库、生产入库、退货入库、退料入库等情况。采购入库指将从供应商处采购的产品入库；生产入库指将企业自己生产的产品入库；退货入库指售出的产品退货后，将退货产品入库；退料入库指用于本企业生产的原材料出库后没有完全使用，退回仓库。

入库操作需要记录相关的产品信息、仓库信息、客户信息、经办人、涉及金额和入库时间等信息。若入库记录的产品编号、产品价格、生产日期、仓库编号都相同，则表明为同一产品多次入库，可以在库存表 ProInStore 中合并数量，但在入库表 StoreIn 中应使用不同记录，因为其入库时间和经办人可以是不同的。

（2）产品出库管理。

出库可以分为销售出库、退货出库、用料出库等情况。销售出库指将卖给购货商的产品出库；退货出库指将本企业采购的原材料从仓库提出退货；用料出库指将本企业用于生产的原材料从仓库中提出到生产线。出库操作需要记录相关的产品信息、仓库信息、客户信息、经办人、涉及金额和出库时间等信息。

（3）库存盘点管理。库存盘点是指对库存产品进行整理，纠正不准确的库存数据。由于人为操作等原因，系统中的库存数据与实际数据之间可能会存在误差，所以每隔一段时间就要对库存进行盘点，从而保证库存数据的正确性。

4. 库存警示管理功能

库存警示是指对库存中接近或超过临界值的产品进行报警。产品信息中包含产品的合理数量范围和有效期限。产品数量小于合理数量的下限称为短线；产品数量大于合理数量的上限称为超储。产品出现短线、超储以及接近或超过有效期限时都需要报警。

库存警示管理模块可以实现的功能：库存产品数量报警和库存产品失效报警。

5. 统计查询管理功能

统计查询管理模块可以对库存产品进行各种类型的统计和查询，从而使用户能够全面地了解库存状况。

库存维护管理模块可以实现的功能：产品出入库统计报表和库存产品流水线统计报表。

5.2.2　功能模块划分

从功能描述的内容中可以看到，系统可以实现 5 个完整的功能，根据这些功能设计出的系统功能模块如图 5.1 所示。

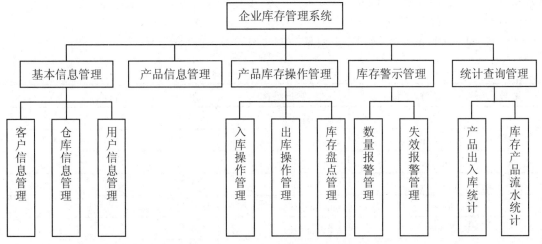

图 5.1　企业库存管理系统功能模块

在如图 5.1 所示的树状结构中，每个底层节点都是一个最小的功能模块。其中基本信息管理、产品信息管理等下属模块需要针对不同的表完成相同的数据库操作，即添加记录、修改记录、删除记录及查询显示记录信息；产品库存操作管理和库存警示管理等模块需要对多个表进行操作；统计查询管理模块通过视图操作数据表。

5.2.3　数据库设计

在完成了企业库存管理系统的功能模块划分后，对系统结构有了整体、全面的认识。本节将介绍系统的数据库表结构和创建表的脚本信息。

1.　创建数据库

在设计数据库表结构之前，首先要创建一个数据库。本系统使用的数据库名为 Stocks。用户可以在 SQL Server 的对象资源管理器中创建数据库，也可以在查询设计器中执行以下 T-SQL 语句创建。

```
CREATE DATABASE Stocks
ON
(NAME = N'Stocks_Data',
FILENAME = N'C:\Program Files\Microsoft SQL Server\MSSQL\Data\Stocks_Data.MDF' ,
SIZE = 10,
FILEGROWTH = 10%)
LOG ON
(NAME = N'Stocks_Log',
FILENAME = N'C:\Program Files\Microsoft SQL Server\MSSQL\Data\Stocks_log.LDF' ,
FILEGROWTH = 10%)
GO
```

以上 T-SQL 语句保存在 Stocks.sql 文档中。

2. 数据库逻辑结构设计

Stocks 数据库包含以下 8 个表：客户信息表 Client、仓库信息表 Storehouse、用户信息表 Users、产品类目表 ProType、产品信息表 Product、入库操作信息表 StoreIn、出库操作信息表 TakeOut、库存产品信息表 ProInStore，下面主要介绍这些表的结构。

（1）客户信息表 Client。

客户信息表 Client 用来保存客户信息，表结构如表 5.1 所示。

表 5.1　客户信息表 Client

编号	字段名称	数据结构	说明
1	ClientID	Char (4)	客户编号，关键字
2	ClientName	Varchar (30)	客户名称
3	ClientType	Tinyint NULL	客户类型，1—供应商，2—购货商
4	Contact	Varchar (30)	联系人
5	Address	Varchar (50)	通信地址
6	Postcode	Varchar (10)	邮政编码
7	Phone	Varchar (20)	联系电话
8	Fax	Varchar (20)	传真电话
9	ClientDescribe	Varchar (100)	客户描述

（2）仓库信息表 Storehouse。

仓库信息表 Storehouse 用来保存仓库信息，表结构如表 5.2 所示。

表 5.2　仓库信息表 Storehouse

编号	字段名称	数据结构	说明
1	StoreID	Char (4)	仓库编号，关键字
2	StoreName	Varchar (50)	仓库名称
3	StoreDescribe	Varchar (100)	仓库说明

（3）用户信息表 Users。

用户信息表 Users 用来保存用户信息，表结构如表 5.3 所示。

表 5.3　用户信息表 Users

编号	字段名称	数据结构	说明
1	UserName	Varchar (30)	用户名，关键字
2	Pwd	Varchar (10)	密码
3	EmpName	Varchar (50)	员工姓名

在 Users 表中，包含了用户名、员工姓名等字段，其中，用户名用于登录系统，员工姓名作为经办人用于入库、出库操作。

（4）产品类目表 ProType。

产品类目表 ProType 用来保存产品类目信息，表结构如表 5.4 所示。

表 5.4　产品类目表 ProType

编号	字段名称	数据结构	说明
1	ProTypeID	Char (4)	产品类目编号，关键字
2	ProTypeName	Varchar (50)	产品类目名称
3	UpperID	Char (4)	上级产品类目（如果 UpperID＝0，则表示此产品类目为一级类目）

在 ProType 中，包含了 ProTypeID、ProTypeName、UpperID 字段，其中，UpperID 用于表明当前类目的上级类目的编号。当 UpperID 为 0000 时，表明当前类目没有上级类目，即为一级类目，如化学品类、机械类等。当 UpperID 为其他值时，指明该类目的一级类目是哪种类目，如药剂、试剂等的一级类目为化学品类，如图 5.2 所示。

图 5.2 中，化学品类的 ProTypeID 为 0001、UpperID 为 0000，药剂类的 ProTypeID 为 0002、UpperID 为 0001，表明化学品类是药剂类的一级类目。同样，机械类的 ProTypeID 为 0005、UpperID 为 0000，机床类的 ProTypeID 为 0007、UpperID 为 0005，表明机械类是机床类的一级类目。

ProTypeID	ProTypeName	UpperID
0001	化学品	0000
0002	药剂	0001
0003	燃料	0001
0004	涂料	0001
0005	机械	0000
0006	阀门	0005
0007	机床	0005
0008	电动机	0005

图 5.2　类目表

（5）产品信息表 Product。

产品信息表 Product 用来保存产品的基本信息，表结构如表 5.5 所示。

表 5.5　产品信息表 Product

编号	字段名称	数据结构	说明
1	ProID	Char (4)	产品编号，关键字
2	ProName	Varchar (50)	产品名称
3	ProTypeID	Char (4)	产品类型编号
4	ProStyle	Varchar (50)	产品规格
5	ProUnit	Varchar (10)	计量单位
6	ProPrice	Decimal (15, 2)	参考价格
7	ProLow	Int	产品数量下限
8	ProHigh	Int	产品数量上限
9	ProValid	Int	有效期（以天为单位）
10	AlarmDays	Int	在到达有效期的前几天发出警告

（6）入库操作信息表 StoreIn。

入库操作信息表 StoreIn 用来保存入库操作的基本信息，表结构如表 5.6 所示。

表 5.6　入库操作信息表 StoreIn

编号	字段名称	数据结构	说明
1	StoreInID	Char (4)	入库编号，关键字
2	StoreInType	Varchar (20)	入库操作类型，包括采购入库、生产入库、退货入库、退料入库等
3	ProID	Char (4)	入库产品编号
4	CreateDate	Datetime	生产日期
5	ProPrice	Decimal (15, 2)	入库产品单价
6	ProNum	Int	入库产品数量
7	ClientID	Char (4)	客户编号。如果入库操作类型为采购入库，则客户为供应商；如果入库操作类型为退货入库，则客户为购货商；其他情况没有客户
8	StoreID	Char (4)	仓库编号
9	EmpName	Varchar (30)	经办人
10	OptDate	Datetime	入库日期

（7）出库操作信息表 TakeOut。

出库操作信息表 TakeOut 用来保存出库操作的基本信息，表结构如表 5.7 所示。

表 5.7　出库操作信息表 TakeOut

编号	字段名称	数据结构	说明
1	TakeOutID	Char (4)	出库编号，关键字
2	TakeOutType	Varchar (20)	出库操作类型，包括销售出库、生产出库、退货出库、用料出库等
3	ProID	Char (4)	出库产品编号
4	ProPrice	Decimal (15, 2)	出库产品单价
5	ProNum	Int	出库产品数量
6	ClientID	Char (4)	客户编号。如果出库操作类型为销售出库，则客户为购货商；如果出库操作类型为退货出库，则客户为供应商；生产出库、用料出库没有客户
7	StoreID	Char (4)	仓库编号
8	EmpName	Varchar (30)	经办人
9	OptDate	Datetime	出库日期

（8）库存产品信息表 ProInStore。

库存产品信息表 ProInStore 用来保存库存产品的基本信息，表结构如表 5.8 所示。

表 5.8　库存产品信息表 ProInStore

编号	字段名称	数据结构	说明
1	StoreProID	Char (4)	产品存储编号，关键字
2	ProID	Char (4)	产品编号

续表

编号	字段名称	数据结构	说明
3	ProPrice	Decimal (15, 2)	产品入库单价
4	ProNum	Int	产品数量
5	ClientID	Char (4)	客户编号。如果入库操作类型为采购入库，则客户为供应商；如果入库操作类型为退货入库，则客户为购货商；其他情况没有客户
6	CreateDate	Datetime	生产日期
7	StoreID	Char (4)	仓库编号

提示: 在设计表结构时，使用最多的是文本类型的数据。绝大多数情况下，建议使用 Varchar 数据类型，因为采用 Varchar 数据类型的字段会按照文本的实际长度动态定义存储空间，从而节省存储空间。当然，对于固定长度的文本，采用 Char 数据类型会适当提高效率。例如，编号字段 StoreProID 和 ProID 固定有 4 个字符，所以使用 Char(4)。

用户可以在对象资源管理器中手动创建这些表，但这是非常麻烦的工作。为了使读者能够非常方便地创建表，本书提供了创建表的脚本文件，它们保存在 Chp5\Db 目录中，其扩展名为.sql。

5.3　设计工程框架

在完成了系统设计后，就可以创建系统工程并设计工程的框架。

5.3.1　创建项目

运行 VB.NET，在"起始页"选择"新建项目"命令，打开"新建项目"对话框。在该对话框中选择 Visual Basic 模板→"Windows 应用程序"列表项，在"名称"文本框中输入 StocksMng 作为项目名称。单击"确定"按钮，创建 VB.NET 项目 StocksMng，将 Form1 窗体保存为 frmMain.frm。

5.3.2　添加数据源

为了连接 SQL Server 数据库，实现窗体控件和数据源的绑定，需要在项目中创建数据源。

数据源的创建通过选择"数据"→"添加新数据源"菜单命令，打开"数据源配置向导"对话框实现。

在"数据源配置向导"对话框中，分别选择数据源类型为"数据库"，"选择数据库模型"为"数据集"，添加连接"数据源"为 Microsoft SQL Server，设置"服务器名"（可以是本地计算机名或 Local）和"登录到服务器"的身份验证方式为"使用 Windows 身份验证"方式、"选择到一个数据库"的数据库名为 Stocks。测试连接成功后，在"选择数据库对象"对话框中，勾选 Stocks 中的表与视图，完成数据源的创建。此时默认命名数据集为 StocksDataSet，在后面的内容中，都以数据集 StocksDataSet 作为项目数据源，它出现在 VB.NET 集成环境的数据源面板中。

5.3.3 添加模块

系统将项目中使用的常量、全局变量和函数等对象在模块 VarM.bas 中进行管理，模块部分代码如下：

```
Module VarM
    Public OriEmpName As String   ' 当前登录用户的员工名称
    Public strUserName As String    ' 存储当前登录系统的用户名，用于控制各种模块是否能执行
End Module
```

OriEmpName、strUserName 为全局变量，可在各窗体之间传递数据。

5.4 系统实现

在 VB.NET 项目中，系统的界面和主要功能都是通过窗体来实现的，所以最后的工作就是根据系统功能划分来创建窗体、设置窗体的属性、编辑窗体中的代码。

5.4.1 主界面

系统主窗体采用菜单方式设计，通过菜单实现各功能模块的调用。主窗体命名为 frmMain，设计界面如图 5.3 所示。

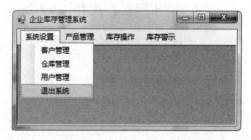

图 5.3 系统主窗体 frmMain 设计界面

在 frmMain 窗体上设计一个菜单，图 5.3 中列出了系统设置的子菜单。除此之外，库存操作与库存警示也包含了子菜单。frmMain 窗体中包含的主要控件及其属性值设置如表 5.9 所示。

表 5.9 frmMain 窗体控件及属性值设置

控件名称	属性	属性值	控件名称	属性	属性值
Form	Name	frmMain	Menu	Name	mnuOperate
	Text	企业库存管理系统		Text	库存操作
	IsMdiContainer	True	Menu	Name	mnu_In
Menu	Name	mnuSys		Text	入库操作
	Text	系统设置		说明	为 mnuOperate 子菜单
Menu	Name	mnu_Client	Menu	Name	mnu_Out
	Text	客户管理		Text	出库操作
	说明	为 mnuSys 子菜单		说明	为 mnuOperate 子菜单

续表

控件名称	属性	属性值	控件名称	属性	属性值
Menu	Name	mnu_Stocks	Menu	Name	mnu_Check
	Text	仓库管理		Text	盘点
	说明	为 mnuSys 子菜单		说明	为 mnuOperate 子菜单
Menu	Name	mnu_Users	Menu	Name	mnuAlarm
	Text	用户管理		Text	库存警示
	说明	为 mnuSys 子菜单	Menu	Name	mnu_Num
Menu	Name	mnu_Exit		Text	数量报警
	Text	退出系统		说明	为 mnuAlarm 子菜单
	说明	为 mnuSys 子菜单		Name	mnu_InValid
Menu	Name	mnuProduct	Menu	Text	失效报警
	Text	产品管理		说明	为 mnuAlarm 子菜单

　　frmMain 窗体的 IsMdiContainer 属性为 True，表明它为多文档窗体，其他窗体可以作为该窗体的子窗体运行。

　　因为系统的其他功能还没有实现，所以只能添加退出系统的代码，其他的代码将在相应的功能实现后再添加到窗体中。

　　当用户单击"退出"按钮时，将执行 mnu_Exit_Click 事件，退出系统，代码如下：

```
Private Sub mnu_Exit_Click(ByVal sender As System.Object,
    ByVal e As System.EventArgs) Handles mnu_Exit.Click
    End
End Sub
```

5.4.2　登录模块

　　用户要使用本系统，首先要通过系统的身份认证。登录过程需要根据用户名和密码来判断是否可以进入系统。

　　创建一个新窗体，设置窗体名为 frmLogin。登录窗体的布局如图 5.4 所示。本系统的登录窗体与学生档案管理系统的登录窗体非常相似，读者可以参照教材中学生档案管理系统的登录窗体来设置窗体 frmLogin 的属性。

　　在登录窗口中应取消控制按钮（即将 frmLogin 窗体的 ControlBox 属性设置为 False），使用户只能通过单击"确定"或"取消"按钮来关闭登录窗口。

图 5.4　登录窗体布局

　　要将 StocksDataSet 控件和 BindingSource 控件添加到窗体中，可以使用以下方法。

　　打开 VB.NET 中的"数据源"面板，展开数据源 StocksDataSet→表 Users 的树结构，选择 UserName 结点，按住左键将它拖拽到窗体上，此时在"组件盘"中自动生成 StocksDataSet

控件、ClientsBindingSource 控件、ClientsTableAdapter 控件、TableAdapterManager 控件、导航条控件等，利用这些控件可以实现各种数据集访问。

当用户单击"确定"按钮时，执行以下代码：

```vb
' 以下变量定义窗体类声明区中
Public TryTimes As Integer      ' 用户登录尝试次数
Private Sub btnOk_Click(ByVal sender As System.Object,
    ByVal e As System.EventArgs) Handles btnOk.Click
    ' 数据有效性检查
    If txtUserName.Text = "" Then
        MsgBox("请输入用户名", , "登录")
        txtUserName.Focus()
        Exit Sub
    End If
    If txtPwd.Text = "" Then
        MsgBox("请输入密码", , "登录")
        txtPwd.Focus()
        Exit Sub
    End If
        ' 判断用户是否存在
        Dim fd As Integer
        fd = UsersBindingSource.Find("UserName", Trim(txtUserName.Text))
        UsersBindingSource.Position = fd
    If fd = -1 Then
        MsgBox("用户名不存在", , "登录")
        TryTimes = TryTimes + 1
        If TryTimes >= 3 Then
            MsgBox("已经三次尝试进入本系统不成功，系统将关闭", , "登录")
            End
        Else
            Exit Sub
        End If
    End If
    ' 判断密码是否正确
    If Trim(txtPwd.Text) <> Trim(UsersBindingSource.Current(1).ToString) Then
        MsgBox("密码错误", , "登录")
        TryTimes = TryTimes + 1
        txtPwd.SelectionStart = 0
        txtPwd.SelectionLength = Len(txtPwd.Text)
        txtPwd.Focus()
        If TryTimes >= 3 Then
            MsgBox("已经三次尝试进入本系统不成功，系统将关闭", , "登录")
            End
        Else
            Exit Sub
        End If
    Else
```

```
' 以下变量在模块 VarM 中定义, 用于控制用户操作
    strUserName = Trim(txtUserName.Text)
    OriEmpName = Trim(UsersBindingSource.Current(2).ToString)
    Me.Dispose()
End If
End Sub
```

当用户成功登录时, 使用模块级公用变量 OriEmpName 存储当前登录用户的员工名称, 该名称将为入库、出库、库存盘点等操作提供经办人名称。

用户管理模块的功能与案例 4 中的用户管理模块相同, 读者可参照 4.4.6 节进行设计与编程。

5.4.3 客户管理模块

客户管理模块可以实现的功能有添加、修改、删除和查看客户信息。

1. 设计"修改客户信息"窗体

"修改客户信息"窗体可以用来修改客户信息。在当前项目中, 创建一个新窗体, 命名为 frmCltEdit, 窗体布局如图 5.5 所示。

图 5.5 frmCltEdit 窗体布局

窗体 frmCltEdit 包含的控件及其属性值如表 5.10 所示。

表 5.10 frmCltEdit 窗体控件及属性值设置

控件名称	属性	属性值	控件名称	属性	属性值
Form	Name	frmCltEdit	TableAdapter	Name	ClientsTableAdapter
	Text	修改客户信息	ComboBox	Name	CboType
DataSet	Name	StocksDataSet	Button	Name	btnOk
BindingSource	Name	ClientsBindingSource		Text	确定
	DataMember	Clients	Button	Name	btnExit
	DataSource	StocksDataSet		Text	退出

续表

控件名称	属性	属性值	控件名称	属性	属性值
TextBox	Name	txtCID	TextBox		
	ReadOnly	True		Name	txtCode
	DataBindings Text	ClientsBindingSource -ClientID		DataBindings Text	ClientsBindingSource - Postcode
TextBox	Name	txtOrg	TextBox	Name	txtPhone
	DataBindings Text	ClientsBindingSource -Client		DataBindings Text	ClientsBindingSource - Phone
TextBox	Name	txtContact	TextBox	Name	txtFax
	DataBindings Text	ClientsBindingSource - Contact		DataBindings Text	ClientsBindingSource - Fax
TextBox	Name	txtAddr	TextBox	Name	txtDescribe
	DataBindings Text	ClientsBindingSource - Address		DataBindings Text	ClientsBindingSource - ClientDescribe

数据集控件为 StocksDataSet，由"数据源配置向导"生成（参见 5.3.2 添加数据源）。如果没有特别说明，本章以后内容的各数据控件都使用该数据集与数据库 Stocks 建立连接。

在表 5.10 中，TextBox 控件都与相应的数据表中的字段进行了数据绑定，因此在窗体操作中，若用户修改了这些控件的值，也就修改了 ClientsBindingSource 控件对应字段的值。

下面分析窗体 frmCltEdit 中部分过程的代码。

（1）公共变量。

窗体 frmCltEdit 中有 3 个公共变量，定义在 frmCltEdit 窗体类声明区中。

```
    Dim fd As Intege                    ' 用于定位当前选定的客户记录
```

（2）窗体 frmCltEdit_Load 事件过程。

该事件过程用于定位当前要修改的记录，设置"客户类别"组合框的初始值。

```
    Private Sub frmCltEdit_Load(ByVal sender As System.Object,
        ByVal e As System.EventArgs) Handles MyBase.Load
        Me.ClientsTableAdapter.Fill(Me.StocksDataSet.Clients)
        ' 定位当前选定的客户记录
        fd = ClientsBindingSource.Find("ClientID",
            Trim(frmCltMng.DataGridView1.Rows(frmCltMng.DataGridView1.CurrentCell.RowIndex)
            . Cells(0).Value))
        If fd = -1 Then Exit Sub
        ClientsBindingSource.Position = fd
        ' 以下设置"客户类别"组合框的值
        CboType.SelectedIndex = ClientsBindingSource.Current(2).ToString - 1
    End Sub
```

以上代码中，frmCltMng.DataGridView1.CurrentCell.RowIndex 用于确定 frmCltMng 窗体中 DataGridView1 控件当前被选择的单元格所在行的行号，frmCltMng.DataGridView1.Rows(<

行号>). Cells(0).Value 用于获取 frmCltMng 窗体中 DataGridView1 控件第<行号>行第 0 列单元格的值。这个值作为 CboType 控件的当前值，即是何种客户类别。

（3）btnOk_Click 事件过程。

当用户单击"确定"按钮时，将触发 btnOk_Click 事件，将已修改的数据保存到 Clients 表中，其代码如下：

```
Private Sub btnOk_Click(ByVal sender As System.Object,
    ByVal e As System.EventArgs) Handles btnOk.Click
    ' 以下 If 语句检测 txtOrg 控件是否有数据，若没有，则退出。
    If Trim(txtOrg.Text) = "" Then
        MsgBox("单位编号或单位名称不能为空!", , "提示")
        Exit Sub
    End If
    ClientsBindingSource.EndEdit()                    ' EndEdit 将更改应用于基础数据源
    ClientsTableAdapter.Update(StocksDataSet.Clients)  ' Clients 表需要设置主键
    ClientsTableAdapter.Fill(StocksDataSet.Clients)
    ClientsBindingSource.Position = fd
    frmCltMng.ClientsTableAdapter.Fill(frmCltMng.StocksDataSet.Clients)   ' 更新父窗体数据
End Sub
```

以上代码中，ClientsBindingSource.EndEdit 方法设置绑定控件已编辑数据，ClientsTableAdapter.Update 方法使当前数据集中的数据更新到数据库中，ClientsTableAdapter.Fill 方法将数据库中的数据回填到数据集。

（4）btnExit_Click 事件过程。

当用户单击"取消"按钮时，将触发 btnExit_Click 事件，其代码如下：

```
Private Sub btnExit_Click(ByVal sender As System.Object,
    ByVal e As System.EventArgs) Handles btnExit.Click
    Me.Dispose()
End Sub
```

该事件过程的作用是：退出当前窗体，返回上级窗体。

2. 设计"添加窗户信息"窗体

"添加客户信息"窗体可以用来添加客户信息。在当前项目中，创建一个新窗体，命名为 frmCltAdd，窗体布局与图 5.5 中的 frmCltEdit 窗体相同，所包含的控件及其属性值基本相同，只有 TextBox 控件与 ClientsBindingSource 不进行数据绑定。

在窗体中输入数据，并单击"确定"按钮，将执行以下代码：

```
Private Sub btnOk_Click(ByVal sender As System.Object,
    ByVal e As System.EventArgs) Handles btnOk.Click
    ' 检查录入数据的有效性
    If Trim(txtOrg.Text) = "" Or Trim(txtCID.Text) = "" Then
        MsgBox("请输入客户编号与客户单位", , "客户管理")
        Exit Sub
    End If
    ' 添加记录，或判断客户名称是否已存在
    fd = ClientsBindingSource.Find("ClientName", Trim(txtOrg.Text))
```

```
        If fd <> -1 Then
            MsgBox("客户单位已经存在,请重新输入", , "客户管理")
            Exit Sub
        End If
        ' 插入记录
        Dim c(9) As String
        c(1) = Trim(txtCID.Text) : c(2) = Trim(txtOrg.Text)
        If Trim(CboType.Text) = "购货商" Then c(3) = 2 Else c(3) = 1
        If txtContact.Text <> "" Then c(4) = Trim(txtContact.Text)
        If txtAddr.Text <> "" Then c(5) = Trim(txtAddr.Text)
        If txtCode.Text <> "" Then c(6) = Trim(txtCode.Text)
        If txtPhone.Text <> "" Then c(7) = Trim(txtPhone.Text)
        If txtFax.Text <> "" Then c(8) = Trim(txtFax.Text)
        If txtDescribe.Text <> "" Then c(9) = Trim(txtDescribe.Text)
        ClientsTableAdapter.Insert(c(1), c(2), c(3), c(4), c(5), c(6), c(7), c(8), c(9))
        ClientsTableAdapter.Fill(StocksDataSet.Clients)
        frmCltMng.ClientsTableAdapter.Fill(frmCltMng.StocksDataSet.Clients)   '更新父窗体数据
        MsgBox("添加成功!", , "提示")
    End Sub
```

以上代码中，ClientsTableAdapter.Insert 方法在数据库中插入数据，其参数个数与类型都必须与表 Clients 的字段个数与类型一致。

frmCltAdd 窗体的其他按钮功能代码与 frmCltEdit 窗体相同，在此不再详述。

3. 设计客户信息管理窗体

创建一个新窗体，将窗体名称设置为 frmCltMng。参照表 5.11 添加控件并设置控件的属性值。

表 5.11　frmCltMng 窗体控件及属性值设置

控件名称	属性	属性值	控件名称	属性	属性值
Form	Name	frmCltMng	TableAdapter	Name	ClientsTableAdapter
	Text	客户信息管理	Button	Name	btnAdd
DataSet	Name	StocksDataSet		Text	添加
BindingSource	Name	ClientsBindingSource	Button	Name	btnEdit
	DataMember	Clients		Text	修改
	DataSource	StocksDataSet	Button	Name	btnDel
DataGridView	Name	DataGridView1		Text	删除
	DataSource	ClientsBindingSource	Button	Name	btnExit
ComboBox	Name	CboType		Text	返回
	Items	供应商, 购货商			

frmCltMng 窗体布局如图 5.6 所示，它使用 DataGridView 控件显示数据，这是一种常用的方法，其特点是简单直观、一目了然。DataGridView 控件的数据源由 ClientsBindingSource 控件提供。

图 5.6　frmCltMng 窗体的运行界面

下面分析窗体 frmCltMng 中几个过程的代码。

（1）btnEdit _Click 事件过程。

当用户单击"修改"按钮时，将触发 btnEdit_Click 事件，调用 frmCltEdit 窗体以修改客户信息，对应的代码如下：

```
Private Sub btnEdit_Click(ByVal sender As System.Object,
    ByVal e As System.EventArgs) Handles btnEdit.Click
    frmCltEdit.MdiParent = frmMain
    frmCltEdit.Show()
End Sub
```

以上代码中，frmCltEdit.MdiParent 的属性设置为 frmMain，表明 frmCltEdit 窗体作为 frmMain 窗体的子窗体运行于 frmMain 窗体中。frmCltEdit.Show 方法通过当前窗体（即 frmCltMng）调用了 frmCltEdit 窗体自己。

（2）btnAdd_Click 事件过程。

当用户单击"添加"按钮时，将触发 btnEdit_Click 事件，调用 frmCltAdd 窗体以添加客户信息，对应的代码如下：

```
Private Sub btnAdd_Click(ByVal sender As System.Object,
    ByVal e As System.EventArgs) Handles btnAdd.Click
    frmCltAdd.MdiParent = frmMain
    frmCltAdd.Show()
End Sub
```

（3）btnDel_Click 事件过程。

当用户单击"删除"按钮时，将触发 btnDel _Click 事件，将删除 adoClient 控件记录集的当前记录，对应的代码如下：

```
Private Sub btnDel_Click(ByVal sender As System.Object,
    ByVal e As System.EventArgs) Handles btnDel.Click
    ' 检查是否选择要删除的客户记录
    If DataGridView1.Rows.Count <= 1 Then
        MsgBox("请选择要删除的客户", , "删除")
        Exit Sub
    End If
```

```
          ' 确定是否删除
          If MsgBox("确定删除该客户? ", vbYesNo, "删除") = vbNo Then
            Exit Sub
          End If
          ' 调用 Delete 方法删除选择的课程信息
          Dim oldCRow As StocksDataSet.ClientsRow
          Dim s1 As String
          s1 = Trim(DataGridView1.Rows(DataGridView1.CurrentCell.RowIndex).Cells(0).Value)
          oldCRow = StocksDataSet.Clients.FindByClientID(s1)
          ' 从 StocksDataSet 中删除记录
          oldCRow.Delete()
          ClientsTableAdapter.Update(StocksDataSet.Clients)
          ClientsTableAdapter.Fill(StocksDataSet.Clients)           ' 更新当前 DataGridView1 的数据源
       End Sub
```

oldCRow 被定义为 StocksDataSet 数据集的一个数据行（DataRow）对象，StocksDataSet. Clients.FindByClientID 方法定位到当前选定行，通过 oldCRow.Delete 方法删除该行。

frmCltMng 窗体由 frmMain 窗体的"客户管理"菜单调用，mnu_Client_Click 事件过程代码如下：

```
       Private Sub mnu_Client_Click(ByVal sender As System.Object,
          ByVal e As System.EventArgs) Handles mnu_Client.Click
          frmCltMng.MdiParent = Me
          frmCltMng.Show()
       End Sub
```

以上代码中的 Me 代表的是当前具有 mnu_Client 菜单控件的窗体，即 frmMain。由此可以看出，单击 frmMain 窗体的"系统设置"→"客户管理"菜单命令，打开"客户信息管理"窗口（frmCltMng 窗体）；单击"客户信息管理"窗口的"添加""修改"按钮，打开"添加用户信息"窗口、"修改用户信息"窗口，所以 frmCltMng 窗体、frmCltAdd、frmCltEdit 窗体都是 frmMain 窗体的子窗体。

5.4.4　仓库管理模块

仓库管理模块可以实现添加、修改、删除、查看仓库信息等功能。

1. 设计"修改仓库信息"窗体

"修改仓库信息"窗体可以用来修改仓库信息。创建一个新窗体，窗体名称设置为 frmStrEdit。窗体 frmStrEdit 的布局如图 5.7 所示。

图 5.7　frmStrEdit 窗体布局

frmStrEdit 窗体控件及属性值设置如表 5.12 所示。

表 5.12　frmStrEdit 窗体控件及属性值设置

控件名称	属性	属性值	控件名称	属性	属性值
Form	Name	frmStrEdit	DataSet	Name	StocksDataSet
	Text	仓库信息编辑	TableAdapter	Name	StorehouseTableAdapter
BindingSource	Name	StorehouseBindingSource	TextBox	Name	txtDescribe
	DataMember	Storehouse		MultiLine	True
	DataSource	StocksDataSet		DataBindings Text	StorehouseBindingSource -StoreDescribe
TextBox	Name	txtStoreID	Button	Name	btnOk
	ReadOnly	True		Text	确定
	DataBindings Text	StorehouseBindingSource -StoreID	Button	Name	btnExit
TextBox	Name	txtStore		Text	退出
	DataBindings Text	StorehouseBindingSource -StoreName			

下面分析窗体 frmStrEdit 中的过程代码。

（1）公共变量。

frmStrEdit 定义了一个窗体类变量 fd，用于定位当前记录。

```
Dim fd As Integer
```

（2）frmStrEdit_Load 事件过程。

该事件过程用于定位当前要修改的记录。

```
Private Sub frmStrEdit_Load(ByVal sender As System.Object,
    ByVal e As System.EventArgs) Handles MyBase.Load
    Me.StorehouseTableAdapter.Fill(Me.StocksDataSet.Storehouse)
    fd = StorehouseBindingSource.Find("StoreID", Trim(frmStrMng.DataGridView1.Rows(
        frmStrMng.DataGridView1.CurrentCell.RowIndex).Cells(0).Value))
    If fd = -1 Then Exit Sub
    StorehouseBindingSource.Position = fd
End Sub
```

（3）btnOk _Click 事件过程。

当用户单击"确定"按钮时，将触发 btnOk _Click 事件，用于保存数据到 Storehouse 表中，对应的代码如下：

```
Private Sub btnOk_Click(ByVal sender As System.Object,
    ByVal e As System.EventArgs) Handles btnOk.Click
    If Trim(txtStoreID.Text) = "" Or Trim(txtStore.Text) = "" Then
        MsgBox("编号或仓库名称不能为空!", , "提示")
        Exit Sub
    End If
    StorehouseBindingSource.EndEdit()                         ' EndEdit 将更改应用于基础数据源
    StorehouseTableAdapter.Update(StocksDataSet.Storehouse)   ' Storehouse 表要有主键
    StorehouseTableAdapter.Fill(StocksDataSet.Storehouse)
```

```
        StorehouseBindingSource.Position = fd
        frmStrMng.StorehouseTableAdapter.Fill(frmStrMng.StocksDataSet.Storehouse)      '更新父窗体数据
    End Sub
```

代码中的设计方法请参照 5.4.3 节中的内容。

2. 设计"添加仓库信息"窗体

"添加仓库信息"窗体可以用来添加仓库信息。在当前项目中创建一个新窗体，命名为 frmStrAdd，窗体布局与图 5.7 中的 frmStrEdit 窗体相同，所包含的控件及其属性值也基本相同，只有 TextBox 控件与 StorehouseBindingSource 不进行数据绑定。

在窗体中输入数据，并单击"确定"按钮，将执行以下代码：

```
Private Sub btnOk_Click(ByVal sender As System.Object,
    ByVal e As System.EventArgs) Handles btnOk.Click
    ' 检查录入数据的有效性
    If Trim(txtStoreID.Text) = "" Or Trim(txtStore.Text) = "" Then
        MsgBox("请输入仓库编号或仓库名称", , "仓库管理")
        Exit Sub
    End If
    ' 添加记录，或判断仓库名称是否已存在
    fd = StorehouseBindingSource.Find("StoreID", Trim(txtStoreID.Text))
    If fd <> -1 Then
        MsgBox("仓库已经存在,请重新输入", , "仓库管理")
        Exit Sub
    End If
    ' 插入记录
    Dim c(3) As String
    c(1) = Trim(txtStoreID.Text) : c(2) = Trim(txtStore.Text)
    If txtDescribe.Text <> "" Then c(3) = Trim(txtDescribe.Text)
    StorehouseTableAdapter.Insert(c(1), c(2), c(3))
    StorehouseTableAdapter.Fill(StocksDataSet.Storehouse)
    frmStrMng.StorehouseTableAdapter.Fill(frmStrMng.StocksDataSet.Storehouse)
    MsgBox("添加成功!", , "提示")
End Sub
```

3. 设计"仓库信息管理"窗体

"仓库信息管理"窗体可以对仓库信息进行添加、修改、删除。创建一个新窗体，窗体名称设置为 frmStrMng，窗体 frmStrMng 的布局如图 5.8 所示。

图 5.8　frmStrMng 窗体布局

frmStrMng 窗体的控件及属性值设置如表 5.13 所示。

表 5.13　frmStrMng 窗体控件及属性值设置

控件名称	属性	属性值	控件名称	属性	属性值
Form	Name	frmStrMng	Button	Name	btnAdd
	Text	仓库信息管理		Text	添加
DataSet	Name	StocksDataSet	Button	Name	btnEdit
BindingSource	Name	StorehouseBindingSource		Text	修改
	DataMember	Storehouse	Button	Name	btnDel
	DataSource	StocksDataSet		Text	删除
TableAdapter	Name	StorehouseTableAdapter	Button	Name	btnExit
DataGridView	Name	DataGridView1		Text	退出
	DataSource	StorehouseBindingSource			

下面分析窗体 frmStrMng 中的过程代码。

（1）btnEdit _Click 事件过程。

当用户单击"修改"按钮时，将触发 btnEdit _Click 事件，调用 frmStrEdit 窗体以修改仓库信息，对应的代码如下：

```
Private Sub btnEdit_Click(ByVal sender As System.Object,
    ByVal e As System.EventArgs) Handles btnEdit.Click
    frmStrEdit.MdiParent = frmMain
    frmStrEdit.Show()
End Sub
```

（2）btnDel _Click 事件过程。

当用户单击"删除"按钮时，将触发 btnDel_Click 事件，删除 Storehouse 表的当前记录，对应的代码如下：

```
Private Sub btnDel_Click(ByVal sender As System.Object,
    ByVal e As System.EventArgs) Handles btnDel.Click
    ' 检查是否选择要删除的客户记录
    If DataGridView1.Rows.Count <= 1 Then
      MsgBox("请选择要删除的仓库", , "删除")
      Exit Sub
    End If
    ' 确定是否删除
    If MsgBox("确定删除该仓库信息? ", vbYesNo, "删除") = vbNo Then
      Exit Sub
    End If
    ' 调用 Delete 方法删除选择的课程信息
    Dim oldSRow As StocksDataSet.StorehouseRow
    Dim s1 As String
    s1 = Trim(DataGridView1.Rows(DataGridView1.CurrentCell.RowIndex).Cells(0).Value)
    oldSRow = StocksDataSet.Storehouse.FindByStoreID(s1)
    ' 从 StocksDataSet 中删除记录
```

```
        oldSRow.Delete()
        StorehouseTableAdapter.Update(StocksDataSet.Storehouse)
        StorehouseTableAdapter.Fill(StocksDataSet.Storehouse)        ' 更新当前 DataGridView1 的数据源
    End Sub
```

（3）btnAdd_Click 事件过程。

当用户单击"添加"按钮时，触发 btnAdd_Click 事件，调用 frmStrAdd 窗体以添加仓库信息，对应的代码如下：

```
        Private Sub btnAdd_Click(ByVal sender As System.Object,
        ByVal e As System.EventArgs) Handles btnAdd.Click
        frmStrAdd.MdiParent = frmMain
        frmStrAdd.Show()
    End Sub
```

5.4.5 产品管理模块

产品管理模块可以实现产品信息的添加、修改和删除功能。

1. 设计"修改产品信息"窗体

"修改产品信息"编辑窗体 frmProEdit，可以用来修改产品信息，其布局如图 5.9 所示。

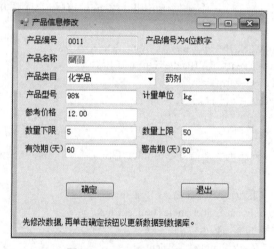

图 5.9 frmProEdit 窗体布局

frmProEdit 窗体的控件及属性值设置如表 5.14 所示。

表 5.14 frmProEdit 窗体的控件及属性值设置

控件名称	属性	属性值	控件名称	属性	属性值
Form	Name	frmProEdit	TextBox	Name	txtStyle
	Text	产品信息编辑		DataBindings Text	ProductBindingSource -ProStyle
DataSet	Name	StocksDataSet			
BindingSource	Name	ProductBindingSource	TextBox	Name	txtUnit
	DataMember	Product		DataBindings Text	ProductBindingSource - ProUnit
	DataSource	StocksDataSet			

控件名称	属性	属性值	控件名称	属性	属性值
TableAdapter	Name	StorehouseTableAdapter		Name	txtPrice
BindingSource	Name	ProTypeBindingSource	TextBox	DataBindings Text	ProductBindingSource - ProPrice
	DataMember	ProType		Name	txtNLow
	DataSource	StocksDataSet	TextBox	DataBindings Text	ProductBindingSource - ProLow
TableAdapter	Name	ProTypeTableAdapter			
BindingSource	Name	PType2BindingSource		Name	txtNHigh
	DataMember	ProType	TextBox	DataBindings Text	ProductBindingSource - ProHigh
	DataSource	StocksDataSet			
TextBox	Name	txtPID		Name	txtValid
	ReadOnly	True	TextBox	DataBindings Text	ProductBindingSource - ProValid
	DataBindings Text	ProductBindingSource -ProID			
TextBox	Name	txtName		Name	txtAlarm
	DataBindings Text	ProductBindingSource -ProName	TextBox	DataBindings Text	ProductBindingSource - AlarmDays
ComboBox	Name	cboType1		Name	cboType2
	DataSource	ProTypeBindingSource	ComboBox	DataSource	PType2BindingSource
	DisplayMember	ProTypeName		DisplayMember	ProTypeName
	ValueMember	ProTypeID		ValueMember	ProTypeID
Button	Name	btnOk	Button	Name	btnExit
	Text	确定		Text	退出

下面分析窗体 frmProEdit 中的过程代码。

（1）窗体变量。

frmProEdit 窗体类声明区定义了以下变量，用于定位当前变量。

```
Dim fd As Integer
```

（2）frmProEdit_Load 事件过程。

当窗体 frmProEdit 载入时，执行 frmProEdit_Load 事件过程，用于初始化产品类目为父窗体选定的一级类目与二级类目。

```
Private Sub frmProEdit_Load(ByVal sender As System.Object,
    ByVal e As System.EventArgs) Handles MyBase.Load
    …        ' 系统默认设置的代码
    ' 定位当前选定的客户记录
    fd = ProductBindingSource.Find("ProID", Trim(frmProMng.DataGridView1.Rows(
        frmProMng.DataGridView1.CurrentCell.RowIndex).Cells(0).Value))
    If fd = -1 Then Exit Sub
    ProductBindingSource.Position = fd
    ' 设置组合框的值
```

```
        ProTypeBindingSource.Filter = "UpperID='0000'"        ' 筛选一级类目的条件
        ' 以下语句筛选一级类目为 frmProMng.cboType1 选定的所有二级类目
        PType2BindingSource.Filter = "UpperID='" & Trim(frmProMng.cboType1.SelectedValue) & "'"
        ' 以下语句选定一级类目为 frmProMng.cboType1.SelectedIndex 选定的类目
        CboType1.SelectedIndex = frmProMng.cboType1.SelectedIndex
        ' 以下语句选定二级类目为 frmProMng.cboType2.SelectedIndex 选定的类目
        cboType2.SelectedIndex = frmProMng.cboType2.SelectedIndex
    End Sub
```

（3）btnOk_Click 事件过程。

btnOk_Click 事件过程将已修改的数据保存到 Product 表中，其代码如下：

```
    Private Sub btnOk_Click(ByVal sender As System.Object,
        ByVal e As System.EventArgs) Handles btnOk.Click
        If Trim(txtName.Text) = "" Then
            MsgBox("产品编号或产品名称不能为空!", , "提示")
            Exit Sub
        End If
        ProductBindingSource.EndEdit()                      ' EndEdit 将更改应用于基础数据源
        ProductTableAdapter.Update(StocksDataSet.Product)   ' Product 表要有主键
        ProductTableAdapter.Fill(StocksDataSet.Product)
        ProductBindingSource.Position = fd   '更新数据后,定位到选定的记录
        frmProMng.ProductTableAdapter.Fill(frmProMng.StocksDataSet.Product) '更新父窗体数据
    End Sub
```

2. 设计"添加产品信息"窗体

"添加产品信息"窗体用来添加产品信息。在当前项目中，创建一个新窗体，命名为 frmProAdd，窗体布局与图 5.9 中的 frmProEdit 窗体相同，所包含的控件及其属性值基本相同，只有 TextBox 控件与 ProductBindingSource 不进行数据绑定。

下面分析窗体 frmProAdd 中的过程代码。

（1）frmProAdd_Load 事件过程。

```
        Dim fd As Integer            ' 定位当前记录
        Private Sub frmProAdd_Load(ByVal sender As System.Object,
            ByVal e As System.EventArgs) Handles MyBase.Load
            …        ' 系统默认设置的代码
        ' 以下语句分别设置组合框为一级类目和二级类目
            ProTypeBindingSource.Filter = "UpperID='0000'"
            If CboType1.SelectedIndex = -1 Then Exit Sub
            PType2BindingSource.Filter = "UpperID='" & Trim(CboType1.SelectedValue) & "'"
            cboType2.Text = ""
        End Sub
```

（2）CboType1_SelectedIndexChanged 事件过程。

当一级类目被选择时，执行以下代码，用于改变二级类目组合框的列表项。

```
        Private Sub CboType1_SelectedIndexChanged(ByVal sender As System.Object,
            ByVal e As System.EventArgs) Handles CboType1.SelectedIndexChanged
            PType2BindingSource.Filter = "UpperID='" & Trim(CboType1.SelectedValue) & "'"
            cboType2.Text = ""
        End Sub
```

（3）btnOk_Click 事件过程。

在窗体中输入数据，单击"确定"按钮，将执行以下代码：

```
Private Sub btnOk_Click(ByVal sender As System.Object,
    ByVal e As System.EventArgs) Handles btnOk.Click
    ' 检查录入数据的有效性
    If Trim(txtName.Text) = "" Or Trim(txtPID.Text) = "" Then
        MsgBox("请输入产品编号与产品名称", , "产品管理")
        Exit Sub
    End If
    ' 判断产品是否已存在
    fd = ProductBindingSource.Find("ProID", Trim(txtPID.Text))
    If fd <> -1 Then
        MsgBox("产品已经存在,请重新输入", , "产品管理")
        Exit Sub
    End If
    ' 插入记录
    Dim c(10) As String
    c(1) = Trim(txtPID.Text) : c(2) = Trim(txtName.Text)
    If cboType2.SelectedIndex >= 0 Then c(3) = Trim(cboType2.SelectedValue)
    If txtStyle.Text <> "" Then c(4) = Trim(txtStyle.Text)
    If txtUnit.Text <> "" Then c(5) = Trim(txtUnit.Text)
    If txtPrice.Text <> "" Then c(6) = Trim(txtPrice.Text)
    If txtNLow.Text <> "" Then c(7) = Trim(txtNLow.Text)
    If txtNHigh.Text <> "" Then c(8) = Trim(txtNHigh.Text)
    If txtValid.Text <> "" Then c(9) = Trim(txtValid.Text)
    If txtAlarm.Text <> "" Then c(10) = Trim(txtAlarm.Text)
    ProductTableAdapter.Insert(c(1), c(2), c(3), c(4), c(5), c(6), c(7), c(8), c(9), c(10))
    ProductTableAdapter.Fill(StocksDataSet.Product)
    frmProMng.ProductTableAdapter.Fill(frmProMng.StocksDataSet.Product)   '更新父窗体数据
    MsgBox("添加成功!", , "提示")
End Sub
```

3. 设计产品信息管理窗体

"产品信息管理"窗体 frmProMng 的布局如图 5.10 所示。

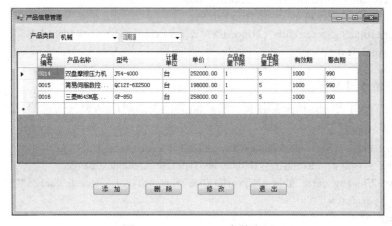

图 5.10　frmProMng 窗体布局

frmProMng 窗体的控件及属性值设置如表 5.15 所示。

表 5.15 frmProMng 窗体控件及属性值设置

控件名称	属性	属性值	控件名称	属性	属性值
Form	Name	frmProMng	ComboBox	Name	cboType1
	Text	产品信息管理		DataSource	ProTypeBindingSource
DataSet	Name	StocksDataSet		DisplayMember	ProTypeName
BindingSource	Name	ProductBindingSource		ValueMember	ProTypeID
	DataMember	Product	ComboBox	Name	cboType2
	DataSource	StocksDataSet		DataSource	PType2BindingSource
TableAdapter	Name	ProductTableAdapter		DisplayMember	ProTypeName
BindingSource	Name	ProTypeBindingSource		ValueMember	ProTypeID
	DataMember	ProType	Button	Name	btnAdd
	DataSource	StocksDataSet		Text	添加
TableAdapter	Name	ProTypeTableAdapter	Button	Name	btnEdit
BindingSource	Name	PType2BindingSource		Text	修改
	DataMember	ProType	Button	Name	btnDel
	DataSource	StocksDataSet		Text	删除
DataGridView	Name	DataGridView1	Button	Name	btnExit
	DataSource	ProductBindingSource		Text	退出

下面分析窗体 frmProMng 中的过程代码。

（1）frmProMng_Load 事件过程。

frmProMng_Load 事件过程用于初始化一级类目和二级类目组合框，其代码如下：

```
Private Sub frmProMng_Load(ByVal sender As System.Object,
    ByVal e As System.EventArgs) Handles MyBase.Load
    …      ' 系统默认设置的代码
    ProTypeBindingSource.Filter = "UpperID='0000'"
    If cboType1.SelectedIndex = -1 Then Exit Sub
    PType2BindingSource.Filter = "UpperID='" & Trim(cboType1.SelectedValue) & "'"
    cboType2.Text = ""
End Sub
```

（2）组合框事件过程。

组合框 cboType1 和 cboType2 用于一级产品类目和二级产品类目的选择，它们在用户选择后分别进行列表项刷新。

```
Private Sub cboType1_SelectedIndexChanged(ByVal sender As System.Object,
    ByVal e As System.EventArgs) Handles cboType1.SelectedIndexChanged
    PType2BindingSource.Filter = "UpperID='" & Trim(cboType1.SelectedValue) & "'"
    cboType2.Text = ""
End Sub
```

```
Private Sub cboType2_SelectedIndexChanged(ByVal sender As System.Object,
    ByVal e As System.EventArgs) Handles cboType2.SelectedIndexChanged
    ProductBindingSource.Filter = "ProTypeID='" & Trim(cboType2.SelectedValue) & "'"
End Sub
```

（3）btnEdit _Click 事件过程。

当用户单击"修改"按钮时，将触发 btnEdit_Click 事件，调用 frmProEdit 窗体以修改产品信息，对应的代码如下：

```
Private Sub btnEdit_Click(ByVal sender As System.Object,
    ByVal e As System.EventArgs) Handles btnEdit.Click
    If cboType2.Text = "" Then
        MsgBox("请选择产品类目!", , "产品管理")
        Exit Sub
    End If
    frmProEdit.MdiParent = frmMain
    frmProEdit.Show()
End Sub
```

以上代码中，If 语句判断 cboType2 控件是否被选择，若被选择，表明二级目录值不为空，可以调用修改产品信息窗体 frmProEdit。

（4）btnDel _Click 事件过程。

当用户单击"删除"按钮时，将触发 btnDel_Click 事件，对应的代码如下：

```
Private Sub btnDel_Click(ByVal sender As System.Object,
    ByVal e As System.EventArgs) Handles btnDel.Click
    ' 检查是否选择要删除的产品记录
    If DataGridView1.Rows.Count <= 1 Then
        MsgBox("请选择要删除的产品", , "删除")
        Exit Sub
    End If
     ' 确定是否删除
    If MsgBox("确定删除该产品? ", vbYesNo, "删除") = vbNo Then
        Exit Sub
    End If
    ' 调用 Delete 方法删除选择的课程信息
    Dim oldPRow As StocksDataSet.ProductRow
    Dim s1 As String
    s1 = Trim(DataGridView1.Rows(DataGridView1.CurrentCell.RowIndex).Cells(0).Value)
    oldPRow = StocksDataSet.Product.FindByProID(s1)
    ' 从 StocksDataSet 中删除记录
    oldPRow.Delete()
    ProductTableAdapter.Update(StocksDataSet.Product)
    ProductTableAdapter.Fill(StocksDataSet.Product)          '更新当前 DataGridView1 的数据源
End Sub
```

（5）btnAdd_Click 事件过程。

当用户单击"添加"按钮时，触发 btnAdd_Click 事件，执行以下代码：

```
Private Sub btnAdd_Click(ByVal sender As System.Object,
    ByVal e As System.EventArgs) Handles btnAdd.Click
```

```
        frmProAdd.MdiParent = frmMain
        frmProAdd.Show()
    End Sub
```

5.4.6 库存操作管理模块

库存操作管理模块可以实现入库操作、出库操作、库存盘点的添加、修改和删除等功能。

1. 设计入库操作管理模块

入库操作管理模块涉及三个窗体：添加入库单窗体 frmStrInAdd、修改入库单窗体 frmStrInEdit 和入库管理窗体 frmStrInMng。它们都是 frmMain 窗体的子窗体，frmStrInMng 窗体调用窗体 frmStrInAdd 和窗体 frmStrInEdit。

（1）"修改入库单"操作

"修改入库单"窗体 frmStrInEdit 可以用来修改产品的入库操作信息，它针对 StoreIn 表和 ProInStore 表进行操作，其布局如图 5.11 所示。该窗体由 3 类数据构成：客户信息、产品信息、入库信息，其中客户信息与产品信息分别来源于表 Client 和表 Product，作用是为操作者提供入库信息参考。

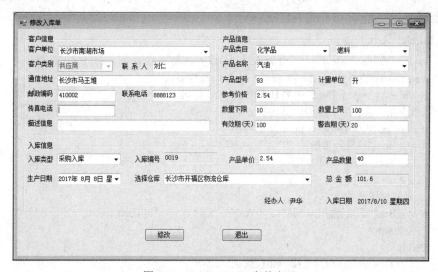

图 5.11　frmStrInEdit 窗体布局

frmStrInEdit 窗体控件及属性设置如表 5.16 所示。

表 5.16　frmStrInEdit 窗体控件及属性值设置

控件名称	属性	属性值	控件名称	属性	属性值
Form	Name	frmProMng	TextBox	Name	txtContact
	Text	编辑入库单		DataBindings Text	ClientsBindingSource -Contact
DataSet	Name	StocksDataSet			
BindingSource	Name	ClientsBindingSource	TextBox	Name	txtAddr
	DataMember	Clients		DataBindings Text	ClientsBindingSource -Address
	DataSource	StocksDataSet			

续表

控件名称	属性	属性值	控件名称	属性	属性值
TableAdapter	Name	ClientsTableAdapter		Name	txtCode
	Name	ProductBindingSource	TextBox	DataBindings Text	ClientsBindingSource -Postcode
BindingSource	DataMember	Product			
	DataSource	StocksDataSet		Name	txtPhone
TableAdapter	Name	ProductTableAdapter	TextBox	DataBindings Text	ClientsBindingSource -Phone
	Name	StorehouseBindingSource			
BindingSource	DataMember	Storehouse		Name	txtFax
	DataSource	StocksDataSet	TextBox	DataBindings Text	ClientsBindingSource -Fax
TableAdapter	Name	StorehouseTableAdapter			
	Name	ProTypeBindingSource		Name	txtDescribe
BindingSource	DataMember	ProType	TextBox	DataBindings Text	ClientsBindingSource -ClientDescribe
	DataSource	StocksDataSet			
TableAdapter	Name	ProTypeTableAdapter		MultiLine	True
	Name	PType2BindingSource		Name	txtSIID
BindingSource	DataMember	ProType	TextBox	ReadOnly	True
	DataSource	StocksDataSet		DataBindings Text	StoreInBindingSource -StoreInID
	Name	StoreInBindingSource			
BindingSource	DataMember	StoreIn		Name	txtProPrice
	DataSource	StocksDataSet	TextBox	DataBindings Text	StoreInBindingSource -ProPrice
TableAdapter	Name	StoreInTableAdapter			
	Name	ProInStoreBindingSource		Name	txtNum
BindingSource	DataMember	ProInStore	TextBox	DataBindings Text	StoreInBindingSource -ProNum
	DataSource	StocksDataSet			
TableAdapter	Name	ProInStoreTableAdapter	TextBox	Name	txtTotal
	Name	VSiPdPtypeBindingSource		Name	lbEmpName
BindingSource	DataMember	vSiPdPtype（视图）	Label	DataBindings Text	StoreInBindingSource -EmpName
	DataSource	StocksDataSet			
TableAdapter	Name	VSiPdPtypeTableAdapter		Name	cboStoreInType
	Name	cboType1	ComboBox	Items	采购入库，生产入库 退货入库，退料入库
	DataSource	ProTypeBindingSource			
ComboBox	DisplayMember	ProTypeName		Name	cboType
	ValueMember	ProTypeID	ComboBox	Items	供应商，购货商
	Name	cboType2		Name	cboPro
	DataSource	PType2BindingSource		DataSource	ProductBindingSource
ComboBox	DisplayMember	ProTypeName	ComboBox	DisplayMember	ProName
	ValueMember	ProTypeID		ValueMember	ProID

续表

控件名称	属性	属性值	控件名称	属性	属性值
ComboBox	Name	cboStore	ComboBox	Name	cboClt
	DataSource	StorehouseBindingSource		DataSource	ClientsBindingSource
	DisplayMember	StoreName		DisplayMember	ClientName
	ValueMember	StoreID		ValueMember	ClientID
TextBox	Name	txtStyle	Label	Name	lbOpDate
	DataBindings Text	ProductBindingSource -ProStyle		DataBindings Text	StoreInBindingSource -OptDate
TextBox	Name	txtUnit	日期控件	Name	DateTimePicker1
	DataBindings Text	ProductBindingSource -ProUnit	TextBox	Name	txtValid
				DataBindings Text	ProductBindingSource -ProValid
TextBox	Name	txtPrice		Name	txtAlarm
	DataBindings Text	ProductBindingSource -ProPrice	TextBox	DataBindings Text	ProductBindingSource -AlarmDays
TextBox	Name	txtNLow	Button	Name	btnOk
	DataBindings Text	ProductBindingSource -ProLow		Text	确定
TextBox	Name	txtNHigh	Button	Name	btnExit
	DataBindings Text	ProductBindingSource -ProHigh		Text	退出

在表 5.16 中，给窗体 frmStrInEdit 添加了绑定控件 VSiPdPtypeBindingSource，其数据源是视图 vSiPdPtype。由于 frmStrInEdit 窗体的数据是从 frmStrInMng 窗体的 DataGridView1 控件选定的，其 StoreIn 表中只包含二级类目编号，要为组合框 cboType1 和 cboType2 设置对应的一级类目和二级类目，涉及到三个表的查询：StoreIn、Product 和 ProType，因此将该查询定义为视图可简化操作。视图 vSiPdPtype 在 SQL Server 中定义，其定义语句为：

```
CREATE VIEW vSiPdPtype
AS
SELECT StoreIn.StoreInID,StoreIn.ProID,ProName,Product.ProTypeID, UpperID, ProTypeName
FROM    StoreIn INNER JOIN Product ON    StoreIn.ProID =    Product.ProID
INNER JOIN ProType ON Product.ProTypeID = ProType.ProTypeID
```

将视图 vSiPdPtype 添加到数据集 StocksDataSet，绑定数据控件的操作与基本表相同。

窗体 frmStrInEdit 的主要代码分析如下所述。

1）公共变量。

在窗体 frmStrInEdit 的类声明区定义以下公共变量。

```
Dim fd As Integer, pfd As Integer        ' 定位记录
Dim curNum As Integer                    ' 存贮当前记录的产品数量
```

2）frmStrInEdit_Load 事件过程。

在 frmStrInEdit_Load 事件中，通过获取 frmStrInMng 窗体的 DataGridView1 控件的当前选定行的入库数据，来初始化与之相关的客户信息、产品信息、入库信息等，对应的代码如下：

```
Private Sub frmStrInEdit_Load(ByVal sender As System.Object,
    ByVal e As System.EventArgs) Handles MyBase.Load
    …                ' 系统默认设置的代码
    ' 定位当前选定的客户记录
    fd = ClientsBindingSource.Find("ClientID", Trim(frmStrInMng.DataGridView1.Rows(
        frmStrInMng.DataGridView1.CurrentCell.RowIndex).Cells(5).Value))
    If fd = -1 Then Exit Sub
    ClientsBindingSource.Position = fd
    cboClt.SelectedValue = Trim(ClientsBindingSource.Current(0).ToString)
    ' 定位当前选定的入库记录
    fd = StoreInBindingSource.Find("StoreInID", Trim(frmStrInMng.DataGridView1.Rows(
        frmStrInMng.DataGridView1.CurrentCell.RowIndex).Cells(0).Value))
    If fd = -1 Then Exit Sub
    StoreInBindingSource.Position = fd
    ' 定位当前选定的出库仓库
    cboStore.SelectedValue = Trim(StoreInBindingSource.Current(7).ToString)
    curNum = Trim(StoreInBindingSource.Current(5).ToString)
    ' 设置 cboType1 为一级类目，cboType2 为二级类目
    pfd = VSiPdPtypeBindingSource.Find("StoreInID", Trim(StoreInBindingSource.Current(0).ToString))
    If pfd = -1 Then Exit Sub
    VSiPdPtypeBindingSource.Position = pfd
    pfd = ProductBindingSource.Find("ProID", Trim(VSiPdPtypeBindingSource.Current(1).ToString))
    If pfd = -1 Then Exit Sub
    ProductBindingSource.Position = pfd
    ProTypeBindingSource.Filter = "UpperID='0000'"
    PType2BindingSource.Filter = "UpperID='" _
        & Trim(VSiPdPtypeBindingSource.Current(4).ToString) & "'"
    cboType1.SelectedValue = Trim(VSiPdPtypeBindingSource.Current(4).ToString)
    cboType2.SelectedValue = Trim(VSiPdPtypeBindingSource.Current(3).ToString)
    txtTotal.Text = Val(txtProPrice.Text) * Val(txtNum.Text)
End Sub
```

单击 cboClt 控件时，由于 cboClt 控件绑定了数据源 ClientsBindingSource 控件，所以 Clients 表应定位到 cboClt 控件选定的记录。但 cboClt 控件 cboClt_SelectedIndexChanged 事件发生在记录定位前，利用该事件不能修改"客户类别"组合框的选定值，因此使用 ClientsBindingSource_CurrentChanged 事件来响应 cboClt 控件的选定项变化时应进行的操作。

3）ClientsBindingSource_CurrentChanged 事件过程。

ClientsBindingSource_CurrentChanged 事件是当 ClientsBindingSource 控件中的当前记录指针改变时触发。

```
Private Sub ClientsBindingSource_CurrentChanged(ByVal sender As System.Object,
    ByVal e As System.EventArgs) Handles ClientsBindingSource.CurrentChanged
    ' 以下 If 语句测试当前 ClientsBindingSource 是否有记录
    If ClientsBindingSource.Count <= 0 Then Exit Sub
```

```
        Dim n As Integer
        n = ClientsBindingSource.Current(2)
        CboType.SelectedIndex = n - 1
    End Sub
```

以上代码中，ClientsBindingSource.Count 获取从 Clients 表中筛选出的入库数据中的客户代码对应的记录个数（在本窗体的 Load 事件定位），小于等于 0 表明没有记录被选择，退出过程。ClientsBindingSource.Current(2)获取该记录的第 2 个字段（即客户类别）的值，若为 1，表明该客户为供应商；若为 2，表明该客户为购货商。该值比 CboType 控件的 Items 中的列表项的编号大 1，所以在设置选定 CboType 控件的选定项，使用了 CboType.SelectedIndex=n-1 语句。

4）Check 函数。

Check 函数的功能是进行入库数据与库存数据的有效性检查，其代码如下：

```
    Function Check() As Boolean
        Select Case cboStoreInType.Text
        Case "采购入库"          ' 采购入库指将从供应商处采购的产品入库；
            If cboType.Text <> "供应商" Then
                MsgBox("客户单位应为供应商", , "入库")
                Check = False
                Exit Function
            End If
        Case "退货入库"          ' 退货入库指售出的产品退货后，将退货产品入库
            If cboType.Text <> "购货商" Then
                MsgBox("客户单位应为购货商", , "入库")
                Check = False
                Exit Function
            End If
        End Select
        If   Val(txtNum.Text) < Val(txtNLow.Text) Or Val(txtNum.Text) > Val(txtNHigh.Text) Then
            MsgBox("产品数量超过了数量限额", , "入库")
            Check = False
            Exit Function
        End If
        If   DateAdd("d", Val(txtValid.Text), DateTimePicker1.Value) < Now Then
            MsgBox("产品已经过期，不能入库", , "入库")
            Check = False
            Exit Function
        End If
        Check = True
    End Function
```

以上代码中，"生产入库"和"退料入库"指本企业生产的产品入库和用料退回仓库，不涉及到客户，故不需要客户类别。

日期时间增减函数 DateAdd 的格式为：

DateAdd (interval As DateInerVal , number As Double , dt As DateTime) As DateTime

DateAdd 函数的功能是将参数 dt 指定的日期加上 number 个 interval。例如：DateAdd ("d",

5, #08/05/2017#)会返回#2017/08/10#，interval 的取值可以为"d""m""y"，其中"d"表示天数，"m"表示月，"y"表示年。

5）btnOk_Click 过程。

当用户单击"确定"按钮时，将触发 btnOk_Click 事件，对应的程序代码如下：

```
Private Sub btnOk_Click(ByVal sender As System.Object,
    ByVal e As System.EventArgs) Handles btnOk.Click
    ' 有效性检查
    If Not Check() Then
        Exit Sub
    End If
    StoreInBindingSource.EndEdit()                          ' EndEdit 将更改应用于基础数据源
    StoreInTableAdapter.Update(StocksDataSet.StoreIn)      ' 表要有主键
    StoreInTableAdapter.Fill(StocksDataSet.StoreIn)
    StoreInBindingSource.Position = fd   '更新数据后,定位到选定的记录
    frmStrInMng.StoreInTableAdapter.Fill(frmStrInMng.StocksDataSet.StoreIn) '更新父窗体数据
    ' 将产品保存到仓库中,把入库的数据赋值给库存信息表 ProInStore
    Dim d(7) As String
    d(2) = Trim(StoreInBindingSource.Current(2).ToString)
    d(3) = Trim(StoreInBindingSource.Current(4).ToString)
    d(4) = Trim(StoreInBindingSource.Current(5).ToString)
    d(5) = Trim(StoreInBindingSource.Current(6).ToString)
    d(6) = Trim(StoreInBindingSource.Current(3).ToString)
    d(7) = Trim(StoreInBindingSource.Current(7).ToString)
    ProInStoreBindingSource.Filter = "ProID='" & d(2) & "' And CreateDate='" & _
        d(6) & "' And StoreID='" & d(7) & "'"
    If ProInStoreBindingSource.Count > 0 Then        ' 如果已存在该产品的库存，则合并产品数量
        ' 库存编号 ProInStoreBindingSource.Current(0)不变
        ProInStoreBindingSource.Current(1) = d(2)
        ProInStoreBindingSource.Current(2) = d(3)
        ProInStoreBindingSource.Current(3) = Val(ProInStoreBindingSource.Current(3).ToString) _
            - curNum + d(4)
        ProInStoreBindingSource.Current(4) = d(5)
        ProInStoreBindingSource.Current(5) = d(6)
        ProInStoreBindingSource.Current(6) = d(7)
        ' 修改记录
        ProInStoreBindingSource.EndEdit()                          ' EndEdit 将更改应用于基础数据源
        ProInStoreTableAdapter.Update(StocksDataSet.ProInStore)   ' 表要有主键
        ProInStoreTableAdapter.Fill(StocksDataSet.ProInStore)
    Else
        ' 添加新记录
        ' 以下语句设置 ProInStore 表降序排序，当前记录的库存编号为最大值
        ProInStoreBindingSource.Sort = "StoreProID desc"
        d(1) = ProInStoreBindingSource.Current(0).ToString + 1
        d(1) = StrDup(4 - Len(Trim(d(1))), "0") & Trim(d(1))       ' 求一个最大库存编号
        ProInStoreTableAdapter.Insert(d(1), d(2), d(3), d(4), d(5), d(6), d(7))
        ProInStoreTableAdapter.Fill(StocksDataSet.ProInStore)
    End If
End Sub
```

以上代码中，在添加入库信息到 StoreIn 表的同时，检查该产品是否在 ProInStore 表中已有库存，若没有，则添加对应的库存记录，否则修改库存数据，将两者的库存数量合并。

6）txtNum_LostFocus 事件过程。

当产品数量改变时，即 txtNum 控件数据被修改，则响应事件 txtNum_LostFocus，将产品总金额计算出来并赋值给 txtTotal 控件。txtNum_LostFocus 事件过程代码如下：

```
Private Sub txtNum_LostFocus(ByVal sender As Object,
    ByVal e As System.EventArgs) Handles txtNum.LostFocus
    txtTotal.Text = Val(txtProPrice.Text) * Val(txtNum.Text)
End Sub
```

（2）"添加入库单"操作

"添加入库单"窗体用来添加入库信息。在当前项目中，创建一个新窗体，命名为 frmStrInAdd，窗体布局与图 5.11 中的 frmStrInEdit 窗体相同，所包含的控件及其属性值基本相同，只有输入入库数据的 TextBox 控件与 StoreInBindingSource 控件不进行数据绑定。

下面分析窗体 frmStrInAdd 中的过程代码。

1）frmStrInAdd_Load 事件过程。

在 frmStrInAdd_Load 事件中，对客户信息、产品信息、入库信息等进行初始化，对应的代码如下：

```
Dim fd As Integer                ' 定位当前记录
Private Sub frmStrInAdd_Load(ByVal sender As System.Object,
    ByVal e As System.EventArgs) Handles MyBase.Load
        …              ' 系统默认设置的代码
    ' 以下语句设置组合框的值，CboType1 为一级类目，cboType2 为二级类目
    ProTypeBindingSource.Filter = "UpperID='0000'"
    PType2BindingSource.Filter = "UpperID='" & Trim(CboType1.SelectedValue) & "'"
    CboType1.SelectedIndex = 0
    CboType2.SelectedIndex = 0
    ProductBindingSource.Filter = "ProTypeID='" & _
        Trim(PType2BindingSource.Current(0).ToString) & "'"
    ' 以下语句设置 cboType 的客户类型
    CboType.SelectedIndex = ClientsBindingSource.Current(2) - 1
    cboStoreInType.Text = ""                ' 入库类型初始不选择
    ' 以下语句设置入库日期与经办人
    lbOpDate.Text = Today.Year & "年" & Today().Month & "月" & Today().Day & "日"
    lbEmpName.Text = OriEmpName
End Sub
```

2）"产品类目"组合框 SelectedIndexChanged 事件。

组合框 cboType1 和 cboType2 用于一级产品类目和二级产品类目的选择，它们在用户选择后分别进行列表项刷新。

```
Private Sub CboType1_SelectedIndexChanged(ByVal sender As System.Object,
    ByVal e As System.EventArgs) Handles CboType1.SelectedIndexChanged
    If CboType1.SelectedIndex < 0 Then Exit Sub
    PType2BindingSource.Filter = "UpperID='" & Trim(CboType1.SelectedValue) & "'"
End Sub
```

```
Private Sub cboType2_SelectedIndexChanged(ByVal sender As System.Object,
    ByVal e As System.EventArgs) Handles CboType2.SelectedIndexChanged
    If CboType2.SelectedIndex < 0 Then Exit Sub
    ' 筛选二级类目为 cboType2 选定的类目
    ProductBindingSource.Filter = "ProTypeID='" & Trim(CboType2.SelectedValue) & "'"
End Sub
```

3）btnOk_Click 事件过程。

当用户单击 frmStrInAdd 窗体的"确定"按钮时，将触发 btnOk_Click 事件，对应的程序代码如下：

```
Private Sub btnOk_Click(ByVal sender As System.Object,
    ByVal e As System.EventArgs) Handles btnOk.Click
    ' 检查录入数据的有效性
    If Trim(txtSIID.Text) = "" Or Trim(cboStoreInType.Text) = "" Then
        MsgBox("请输入入库编号与入库类型", , "入库管理")
        Exit Sub
    End If
    ' 添加记录，判断入库编号是否已存在
    fd = StoreInBindingSource.Find("StoreInID", Trim(txtSIID.Text))
    If fd <> -1 Then
        MsgBox("入库编号已存在,请重新输入", , "入库管理")
        Exit Sub
    End If
    If Not Check() Then        ' 检测数据的有效性，Check 函数与 frmStrInEdit 窗体中的相同
        Exit Sub
    End If
    ' 插入记录
    Dim c(10) As String
    c(1) = Trim(txtSIID.Text) : c(2) = Trim(cboStoreInType.Text)
    If cboPro.SelectedIndex >= 0 Then c(3) = Trim(cboPro.SelectedValue)
    If DateTimePicker1.Text <> "" Then c(4) = Format(DateTimePicker1.Value, "yyyy-MM-dd")
    If txtProPrice.Text <> "" Then c(5) = Trim(txtProPrice.Text)
    If txtNum.Text <> "" Then c(6) = Trim(txtNum.Text)
    If cboClt.SelectedIndex >= 0 Then c(7) = Trim(cboClt.SelectedValue)
    If cboStore.SelectedIndex >= 0 Then c(8) = Trim(cboStore.SelectedValue)
    If lbEmpName.Text <> "" Then c(9) = Trim(lbEmpName.Text)
    If lbOpDate.Text <> "" Then c(10) = Format(Now, "yyyy-MM-dd")
    ' 以下语句中的 DateValue 为字符串转换成日期函数
    StoreInTableAdapter.Insert(c(1), c(2), c(3), DateValue(c(4)), c(5), c(6),
        c(7), c(8), c(9), DateValue(c(10)))
    StoreInTableAdapter.Fill(StocksDataSet.StoreIn)
    frmStrInMng.StoreInTableAdapter.Fill(frmStrInMng.StocksDataSet.StoreIn)    '更新父窗体数据
    ' 将产品保存到仓库中，把入库的数据赋值给库存信息表 ProInStore
    ' 以下语句设置 ProInStore 表降序排序，当前记录的库存编号为最大值
    ProInStoreBindingSource.Sort = "StoreProID desc"
    Dim d(7) As String
    d(1) = ProInStoreBindingSource.Current(0).ToString + 1
```

```
        d(1) = StrDup(4 - Len(Trim(d(1))), "0") & Trim(d(1))          ' 求一个最大库存编号
        ' ProInStore 中的字段与 StoreIn 的字段值相同，可以将 c 数组的值赋给 d 数组
        d(2) = c(3) : d(3) = c(5) : d(4) = c(6) : d(5) = c(7) : d(6) = c(4) : d(7) = c(8)
        ProInStoreBindingSource.Filter = "ProID='" & d(2) & "' And CreateDate='"  _
            & d(6) & "' And StoreID='" & d(7) & "'"
        If ProInStoreBindingSource.Count > 0 Then
        ' 以下语句合并同一产品在库存表的数量值
        ProInStoreBindingSource.Current(3) = Val(d(4))  _
            + Val(ProInStoreBindingSource.Current(3).ToString)
            ' 修改记录
            ProInStoreBindingSource.EndEdit()              ' EndEdit 将更改应用于基础数据源。
            ProInStoreTableAdapter.Update(StocksDataSet.ProInStore)    '表要有主键
            ProInStoreTableAdapter.Fill(StocksDataSet.ProInStore)
        Else
            ' 如果没有该产品的库存记录，则添加新记录
            ProInStoreTableAdapter.Insert(d(1), d(2), d(3), d(4), d(5), d(6), d(7))
            ProInStoreTableAdapter.Fill(StocksDataSet.ProInStore)
        End If
        MsgBox("添加成功!", , "提示")
    End Sub
```

以上代码中，在添加入库信息到 StoreIn 表的同时，检查该产品是否在 ProInStore 表中已有库存，若没有，则添加对应的库存记录，否则修改库存数据，将两者的库存数量合并。

其他事件过程代码都与 frmStrInEdit 窗体的相同，它们是设置"总金额"的 txtNum_LostFocus 事件、ClientsBindingSource_CurrentChanged 事件、有效性检查函数 Check，读者可以参考 frmStrInEdit 窗体的对应内容。

（3）"入库管理"操作

"入库管理"窗体 frmStrInMng 浏览用户选择的入库信息，调用 frmStrInEdit 窗体修改选定的入库信息，调用 frmStrInAdd 窗体添加新入库单，窗体的布局如图 5.12 所示。

图 5.12　frmStrInMng 窗体布局

frmStrInMng 窗体的控件及属性值设置如表 5.17 所示。

表 5.17 frmStrInMng 窗体控件及属性值设置

控件名称	属性	属性值	控件名称	属性	属性值
Form	Name	frmStrInMng	BindingSource	Name	StoreInBindingSource
	Text	入库管理		DataMember	StoreIn
DataSet	Name	StocksDataSet		DataSource	StocksDataSet
ComboBox	Name	cboStrInType	TableAdapter	Name	StoreInTableAdapter
	Items	采购入库，生产入库 退货入库，退料入库	BindingSource	Name	StorehouseBindingSource
				DataMember	Storehouse
Button	Name	btnAdd		DataSource	StocksDataSet
	Text	编辑入库单	TableAdapter	Name	StorehouseTableAdapter
Button	Name	btnEdit	ComboBox	Name	cboStore
	Text	编辑入库单		DataSource	StorehouseBindingSource
Button	Name	btnExit		DisplayMember	StoreName
	Text	退出		ValueMember	StoreID
			DataGridView	Name	DataGridView1
				DataSource	StoreInBindingSource

窗体 frmStrInMng 的主要代码分析如下：

（1）frmStrInMng_Load 过程。

当窗体载入时，触发 frmStrInMng_Load 事件，初始化组合框为未选定。

```
Private Sub frmStrInMng_Load(ByVal sender As System.Object,
    ByVal e As System.EventArgs) Handles MyBase.Load
    …          ' 系统默认设置的代码
    cboStore.Text = ""
    cboStrInType.Text = ""
End Sub
```

（2）组合框单击事件过程。

仓库名称组合框 cboStore_SelectedIndexChanged 和入库类型组合框 cboStrInType_SelectedIndexChanged 事件过程用于根据用户选择刷新 StoreInBindingSource 控件。

```
Private Sub cboStore_SelectedIndexChanged(ByVal sender As System.Object,
    ByVal e As System.EventArgs) Handles cboStore.SelectedIndexChanged
    StoreInBindingSource.Filter = "StoreID=" & Trim(cboStore.SelectedValue) & ""
End Sub
Private Sub cboStrInType_SelectedIndexChanged(ByVal sender As System.Object,
    ByVal e As System.EventArgs) Handles cboStrInType.SelectedIndexChanged
    If cboStrInType.Text = "" Then Exit Sub
    StoreInBindingSource.Filter = "StoreID=" & Trim(cboStore.SelectedValue) & "" _
        And StoreInType=" & cboStrInType.Text & ""
End Sub
```

（3）btnAdd_Click 过程。

当用户单击"添加入库单"按钮时，触发该事件，调用 frmStrInAdd 窗体，为表 StoreIn 添加入库信息，为表 ProInStore 更新库存信息。

```
Private Sub btnAdd_Click(ByVal sender As System.Object,
    ByVal e As System.EventArgs) Handles btnAdd.Click
    frmStrInAdd.MdiParent = frmMain
    frmStrInAdd.Show()
End Sub
```

（4）btnEdit_Click 过程。

当用户单击"修改入库单"按钮时，触发该事件，调用 frmStrInEdit 窗体，为表 StoreIn 修改入库信息，为表 ProInStore 更新库存信息。

```
Private Sub btnEdit_Click(ByVal sender As System.Object,
    ByVal e As System.EventArgs) Handles btnEdit.Click
    If cboStore.Text = "" Or cboStrInType.Text = "" Then
        MsgBox("请选择仓库或类目", , "入库")
        Exit Sub
    End If
    frmStrInEdit.MdiParent = frmMain
    frmStrInEdit.Show()
End Sub
```

2. 设计出库操作管理模块

出库操作管理模块涉及三个窗体："添加出库单"窗体 frmTakeoutAdd、"修改出库单"窗体 frmTakeoutEdit 和"出库管理"窗体 frmTakeoutMng。它们都是 frmMain 窗体的子窗体，frmTakeoutMng 窗体调用窗体 frmTakeoutAdd 和窗体 frmTakeoutEdit。

"修改出库单"窗体 frmTakeoutEdit 用来修改产品出库信息，该窗体的布局如图 5.13 所示。

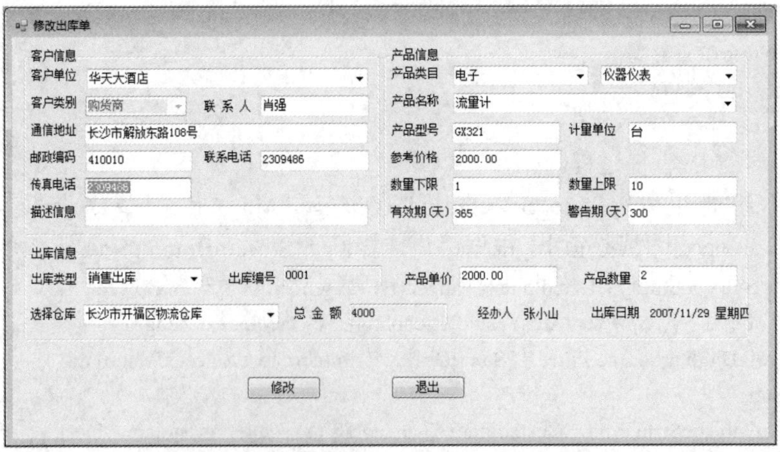

图 5.13　frmTakeoutEdit 窗体布局

frmTakeoutEdit 窗体与修改入库单窗体 frmStrInEdit 的窗体界面、数据源、控件等都很相似。表 5.18 中列出了 frmStrInEdit 窗体与出库信息相关的部分控件及属性，其他控件及属性值参照表 5.16 进行设置。

表 5.18　frmTakeoutEdit 窗体控件及属性值设置

控件名称	属性	属性值	控件名称	属性	属性值
Form	Name	frmTakeoutEdit	BindingSource	Name	TakeOutBindingSource
	Text	修改出库单		DataMember	TakeOut
ComboBox	Name	cboTakeoutType		DataSource	StocksDataSet
	Items	销售出库，生产出库 退货出库，用料出库	BindingSource	Name	VToPdPtypeBindingSource
				DataMember	vToPdPtype
TextBox	Name	txtProPrice		DataSource	StocksDataSet
	DataBindings Text	TakeOutBindingSource -ProPrice	TableAdapter	Name	VToPdPtypeTableAdapter
			TextBox	Name	txtTOID
TextBox	Name	txtNum		ReadOnly	True
	DataBindings Text	TakeOutBindingSource -ProNum		DataBindings Text	TakeOutBindingSource -TakeOutID
TableAdapter	Name	TakeOutTableAdapter			

在表 5.18 中，给窗体 frmTakeoutEdit 添加了绑定控件 VToPdPtypeBindingSource，其数据源是视图 vToPdPtype。该视图查询出库产品的一级类目与二级类目的信息，会涉及三个表：TakeOut、Product、ProType。视图 vToPdPtype 在 SQL Server 中定义，其定义语句为：

```
CREATE VIEW vToPdPtype
AS
SELECT TakeOut.TakeOutID, TakeOut.ProID, ProName, Product.ProTypeID, UpperID,ProTypeName
FROM TakeOut INNER JOIN Product ON    TakeOut.ProID = Product.ProID
INNER JOIN ProType ON    Product.ProTypeID = ProType.ProTypeID
```

视图 vToPdPtype 的其他操作与入库操作的视图 vSiPdPtype 相同。

其他的绑定控件有：ProductBindingSource、ClientsBindingSource、ProTypeBindingSource、PType2BindingSource、StorehouseBindingSource，其设置方法也可以参照入库操作进行。

窗体 frmStrInEdit 的主要代码分析如下：

（1）frmTakeoutEdit_Load 事件过程。

frmTakeoutEdit_Load 事件对 frmTakeoutEdit 窗体的控件属性进行初始化，其代码如下：

```
Dim fd As Integer, pfd As Integer, curNum As Integer
Private Sub frmTakeoutEdit_Load(ByVal sender As System.Object,
    ByVal e As System.EventArgs) Handles MyBase.Load
    …        ' 系统默认设置的代码
    Dim currentrow As Integer
    currentrow = frmTakeoutMng.DataGridView1.CurrentCell.RowIndex
    ' 定位当前选定的客户记录
    fd = ClientsBindingSource.Find("clientID",
        Trim(frmTakeoutMng.DataGridView1.Rows(currentrow).Cells(4).Value))
    If fd = -1 Then Exit Sub
    ClientsBindingSource.Position = fd
    cboClt.SelectedValue = Trim(ClientsBindingSource.Current(0).ToString)
```

```
                    ' 定位当前选定的出库记录
                    fd = TakeOutBindingSource.Find("TakeOutID",
                        Trim(frmTakeoutMng.DataGridView1.Rows(currentrow).Cells(0).Value))
                    If fd = -1 Then Exit Sub
                    TakeOutBindingSource.Position = fd
                     curNum = TakeOutBindingSource.Current(4).ToString      '当前出库数据
                    ' 定位当前选定的出库仓库
                    cboStore.SelectedValue = Trim(TakeOutBindingSource.Current(6).ToString)
                    ' 设置 CboType1 为一级类目，cboType2 为二级类目
                    pfd = VToPdPtypeBindingSource.Find("TakeOutID",
                        Trim(TakeOutBindingSource.Current(0).ToString))
                    If pfd = -1 Then Exit Sub
                    VToPdPtypeBindingSource.Position = pfd
                    pfd = ProductBindingSource.Find("ProID", Trim(VToPdPtypeBindingSource.Current(1).ToString))
                    If pfd = -1 Then Exit Sub
                    ProductBindingSource.Position = pfd
                    ProTypeBindingSource.Filter = "UpperID='0000'"
                    PType2BindingSource.Filter = "UpperID='"              _
                        & Trim(VToPdPtypeBindingSource.Current(4).ToString) & "'"
                    cboType1.SelectedValue = Trim(VToPdPtypeBindingSource.Current(4).ToString)
                    cboType2.SelectedValue = Trim(VToPdPtypeBindingSource.Current(3).ToString)
                    txtTotal.Text = Val(txtProPrice.Text) * Val(txtNum.Text)
                End Sub
```

（2）btnOk_Click 事件过程。

当鼠标单击 frmTakeoutEdit 窗体的"修改"按钮时，执行以下代码，将当前窗体已修改的数据更新到出库 TakeOut 表和 ProInStore 表中：

```
        Private Sub btnOk_Click(ByVal sender As System.Object,
            ByVal e As System.EventArgs) Handles btnOk.Click
            ' 有效性检查
            If Not Check() Then
                Exit Sub
            End If
            ' 把出库的数据赋值给库存信息表 ProInStore
            ' 出库时，修改库存产品的数量
            ' 筛选条件：产品编号 c(3)，库存量>=出库量 c(5)，仓库编号同 c(7)
            Dim c(9) As String
            If cboPro.SelectedIndex >= 0 Then c(3) = Trim(cboPro.SelectedValue)
            If txtNum.Text <> "" Then c(5) = Trim(txtNum.Text)
            If cboStore.SelectedIndex >= 0 Then c(7) = Trim(cboStore.SelectedValue)
            ProInStoreBindingSource.Filter = "ProID='" & c(3) & "' And StoreID='" & c(7) & "'"
            ' 以下 if 判断出库数据是否比为库存信息大，大则出错，不能插入出库记录
            If ProInStoreBindingSource.Count <= 0 Then
               MsgBox("该产品出库数超过库存数", , "出库")
               Exit Sub
            End If
                If ProInStoreBindingSource.Count > 0 Then
```

```
        ' 以下语句修改库存量
        ProInStoreBindingSource.Current(3) = Val(ProInStoreBindingSource.Current(3).ToString) _
            - Val(c(5)) + curNum
        ' 修改记录
        ProInStoreBindingSource.EndEdit()                    ' EndEdit 将更改应用于基础数据源
        ProInStoreTableAdapter.Update(StocksDataSet.ProInStore)   ' ProInStore 表需要设置主键
        ProInStoreTableAdapter.Fill(StocksDataSet.ProInStore)
    End If
    TakeOutBindingSource.EndEdit()                           ' EndEdit 将更改应用于基础数据源
    TakeOutTableAdapter.Update(StocksDataSet.TakeOut)        ' TakeOut 表需要设置主键
    TakeOutTableAdapter.Fill(StocksDataSet.TakeOut)
    TakeOutBindingSource.Position = fd   ' 更新数据后,定位到选定的记录
    frmTakeoutMng.TakeOutTableAdapter.Fill(frmTakeoutMng.StocksDataSet.TakeOut)
End Sub
```

窗体 frmTakeoutEdit 的其他代码有:ClientsBindingSource_CurrentChanged 事件、txtNum_LostFocus 事件、Check 函数,请参照入库操作管理模块编写。

窗体 frmTakeoutAdd 的设计与编程也请参照入库操作管理模块进行。

"出库管理"窗体 frmTakeoutMng 用于浏览用户选择的出库信息,通过其"添加出库单"按钮与"修改出库单"按钮分别调用 frmTakeoutAdd 窗体和 frmTakeoutEdit 窗体以添加和修改出库单信息,该窗体的布局如图 5.14 所示。

图 5.14　frmTakeoutMng 窗体布局

窗体 frmTakeoutMng 的代码部分请参照入库操作管理模块理解并编写。

5.4.7　库存警示管理模块

库存警示管理模块可以实现以下功能:

（1）实现数量报警管理,即当库存产品的数量低于下限或超过上限时报警。

（2）实现失效报警管理,即当库存产品将达到有效期时报警。

1. 设计产品数量报警管理模块

"产品数量报警管理"窗体用来显示所有需要进行数量报警的产品信息。为了更方便地统计产品数量报警信息，需要在 SQL Server 中创建三个视图 Total_Num、vAlarmLow 和 vAlarmHigh。视图 Total_Num 用于统计每种库存产品的数量，视图 vAlarmLow 和 vAlarmHigh 分别统计每种库存产品少于下线与多于上线的数量。

创建视图 Total_Num 的代码如下：

```
CREATE VIEW Total_Num
SELECT    ProInStore.ProID, SUM( ProInStore.ProNum) AS Total
FROM ProInStore INNER JOIN    Product ON    ProInStore.ProID = Product.ProID
GROUP BY    ProInStore.ProID
```

视图 vAlarmLow 和 vAlarmHigh 都将视图 Total_Num 作为虚拟表参与连接查询，创建它们的代码如下：

```
CREATE VIEW    vAlarmLow
AS
SELECT Product.ProID AS 产品编号, ProName AS 产品名称,   Total AS 库存产品总数,
       ProLow AS 数量下限, ProLow - Total AS 短线产品数量
FROM    Product INNER JOIN Total_Num ON Product.ProID =Total_Num.ProID
       AND Product.ProLow > Total_Num.Total
CREATE VIEW vAlarmHigh
AS
SELECT Product.ProID AS 产品编号,   ProName AS 产品名称,    Total AS 库存产品总数,
       ProHigh AS 数量上限, Total - ProHigh AS 超储产品数量
FROM Product INNER JOIN Total_Num ON Product.ProID = Total_Num.ProID
       AND Product.ProHigh < Total_Num.Total
```

创建一个新窗体，将窗体名称设置为 frmNumAlarm，该窗体的布局如图 5.15 所示。

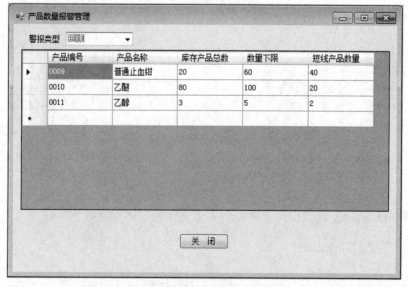

图 5.15　frmNumAlarm 窗体布局

frmNumAlarm 窗体的控件及属性值设置如表 5.19 所示。

表 5.19　frmNumAlarm 窗体控件及属性值设置

控件名称	属性	属性值	控件名称	属性	属性值
Form	Name	frmNumAlarm	BindingSource	Name	VAlarmLowBindingSource
	Text	入库管理		DataMember	vAlarmLow
DataSet	Name	StocksDataSet		DataSource	StocksDataSet
ComboBox	Name	cboAType	TableAdapter	Name	VAlarmLowTableAdapter
	Items	短线, 超储	BindingSource	Name	VAlarmHighBindingSource
Button	Name	btnExit		DataMember	vAlarmHigh
	Text	关闭		DataSource	StocksDataSet
DataGridView	Name	DataGridView1	TableAdapter	Name	VAlarmHighTableAdapter

下面对窗体 frmNumAlarm 的主要代码进行分析。

（1）frmNumAlarm_Load 事件过程。

当窗体 frmNumAlarm 运行时，将触发 frmNumAlarm_Load 事件，对应的程序代码如下：

```
Private Sub frmNumAlarm_Load(ByVal sender As System.Object,
    ByVal e As System.EventArgs) Handles MyBase.Load
    …        ' 系统默认设置的代码
    cboAType.SelectedIndex = 0
    DataGridView1.DataSource = VAlarmLowBindingSource
End Sub
```

（2）cboAType_SelectedIndexChanged 事件过程。

当用户单击 cboAType 组合框时，将触发 cboAType_SelectedIndexChanged 事件，其代码如下：

```
Private Sub cboAType_SelectedIndexChanged(ByVal sender As System.Object,
    ByVal e As System.EventArgs) Handles cboAType.SelectedIndexChanged
    ' 数量少于下线
    If cboAType.SelectedIndex = 0 Then
        DataGridView1.DataSource = VAlarmLowBindingSource
    Else
        ' 数量多于上线
        DataGridView1.DataSource = VAlarmHighBindingSource
    End If
End Sub
```

2. 设计产品失效报警管理模块

"产品失效报警管理"窗体用来显示所有需要进行失效报警的产品信息。为了更方便地统计产品失效报警信息，需要创建一个视图 PISValid，它的作用是统计库存产品的价格、数量、生产日期、仓库名称和距离失效期的天数等信息。创建视图 PISValid 的代码如下：

```
CREATE VIEW dbo.PISValid
AS
SELECT ProInStore.StoreProID AS 仓库存储编号, ProName AS 产品名称,
    ProInStore.ProPrice AS 产品价格,ProInStore.ProNum AS 产品数量,
    ProInStore.CreateDate AS 生产日期, Storehouse.StoreName AS 仓库名称,
    DATEDIFF(day, DATEADD(day, Product.ProValid, ProInStore.CreateDate), GETDATE())
```

AS 距离失效期的天数

FROM ProInStore INNER JOIN Product ON ProInStore.ProID = Product.ProID

AND DATEDIFF(day, ProInStore.CreateDate, GETDATE()) >= Product.AlarmDays

INNER JOIN Storehouse ON ProInStore.StoreID = Storehouse.StoreID

在 SELECT 语句中使用了 ROUND、DATEDIFF、DATEADD、GETDATE 等 SQL Server 的内部函数，这些函数的主要功能如表 5.20 所示。

表 5.20 视图 PISValid 使用的函数功能说明

函数名称	功能说明
ROUND	根据指定的长度和精度对数字表达式进行四舍五入
DATEDIFF	在向指定日期加上一段时间的基础上，返回新的 Datetime 值
DATEADD	返回两个指定日期的时间差
GETDATE	按 Datetime 值的 SQL Server 标准内部格式，返回当前系统日期和时间

关于这些函数的具体使用方法，请查阅 SQL Server 的联机帮助。

创建一个新窗体，将窗体名称设置为 frmValidAlarm，窗体 frmValidAlarm 的布局如图 5.16 所示。

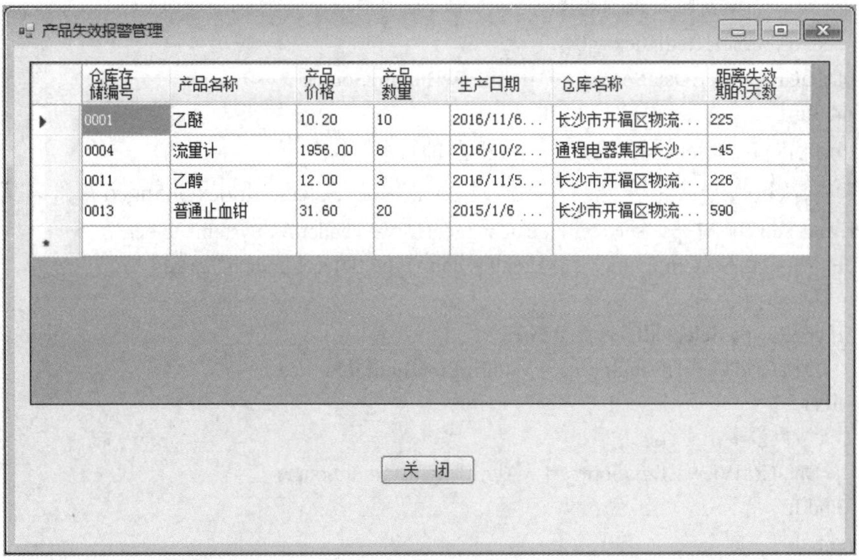

图 5.16 frmValidAlarm 窗体布局

窗体 frmValidAlarm 上添加了 PISValidBindingSource 控件和 DataGridView1 控件。PISValidBindingSource 控件的 DataSource 属性为 StocksDataSet，DataMember 属性为 PISValid（视图）；DataGridView1 控件的 DataSource 属性为 PISValidBindingSource。

其他控件及属性值参照数量报警模块设置。

参考文献

[1] 王小玲，杨长兴. 数据库技术与应用实践教程. 北京：中国水利水电出版社，2012.

[2] 贾振华. SQL Server 数据库及应用. 北京：中国水利水电出版社，2012.

[3] 董翔英. SQL Server 基础教程. 2 版. 北京：科学出版社，2010.

[4] 东方人华. SQL Server 2008 与 Visual Basic.NET 数据库入门与提高. 北京：清华大学出版社，2002.

[5] 杨昭，周军. 数据库技术课程设计案例精编. 北京：中国水利水电出版社，2006.

[6] 严晖，刘卫国. 数据库技术与应用实践教程——SQL Server. 北京：清华大学出版社，2007.

[7] 王小玲，安剑奇. 数据库技术与应用（SQL Server 2008 版）. 北京：中国水利水电出版社，2014.

[8] 王小玲，严晖. 数据库技术与应用（SQL Server 2008 版）实践教程. 北京：中国水利水电出版社，2014.

[9] 郑阿奇. SQL Server 实用教程（SQL Server 2012 版）. 北京：电子工业出版社，2015.

[10] 刘卫国. Visual Basic.NET 程序设计. 北京：中国铁道出版社，2017.